追寻终极能源
——美国聚变能计划的历史

[美]史蒂芬·O.迪恩 著

程 功 张惠鸽 译

西南交通大学出版社
·成都·

四川省版权局
著作权合同登记章
图进字 21-2021-330 号

First published in English under the title
Search for the Ultimate Energy Source: *A History of the U. S. Fusion Energy Program*
by Stephen O. Dean, edition: 1
Copyright © Springer Science+Business Media New York, 2013*
Simplified Chinese edition ©2024 by Chengdu Southwest Jiaotong University Press Co., Ltd.
All rights reserved.
本书原版为英文版，由 Springer Nature Customer Service Center GmbH 出版，中文简体版经 Springer Nature Customer Service Center GmbH 授权，由西南交通大学出版社独家出版。版权所有，违者必究。

图书在版编目（ＣＩＰ）数据

追寻终极能源：美国聚变能计划的历史／（美）史蒂芬·O. 迪恩（Stephen O. Dean）著；程功，张惠鸽译. —成都：西南交通大学出版社，2024.12
书名原文：Search for the Ultimate Energy Source: A History of the U. S. Fusion Energy Program
ISBN 978-7-5643-9024-2

Ⅰ. ①追… Ⅱ. ①史… ②程… ③张… Ⅲ. ①核能－研究－美国 Ⅳ. ①TL

中国版本图书馆 CIP 数据核字（2022）第 221367 号

追寻终极能源——美国聚变能计划的历史
Search for the Ultimate Energy Source: A History of the U. S. Fusion Energy Program

[美] 史蒂芬·O. 迪恩（Stephen O. Dean） 著		策划编辑	李芳芳　李华宇　张文越
程　功　张惠鸽 译		责任编辑	何明飞
		封面设计	GT 工作室

印张	21.75　字数　325千	成品尺寸	185 mm × 240 mm
版次	2024年12月第1版	印次	2024年12月第1次
出版	西南交通大学出版社	地址	四川省成都市金牛区二环路北一段111号西南交通大学创新大厦21楼
印刷	四川煤田地质制图印务有限责任公司	邮政编码	610031
网址	http://www.xnjdcbs.com	发行部电话	028-87600564　028-87600533
书号	ISBN 978-7-5643-9024-2	定价	88.00元

图书如有印装质量问题　本社负责退换
盗版举报电话：028-87600562

中译本序

核聚变能,是指轻原子核(如氘、氚等)在极高温度和压力下聚合成较重原子核时,因质量亏损而释放的一种巨大能量。它不仅是恒星绽放璀璨光芒的能量之源,也是人类破解未来能源困境的希望之光。在全球能源需求持续增长与环境保护压力日益加剧的双重挑战下,核聚变能因其能量密度大、燃料资源丰富、内在安全性高以及清洁无污染等显著优点,被认为是推动社会可持续发展、实现人类能源自由的"终极能源"。

1952年,氢弹的成功爆炸不仅首次向世界展示了非可控核聚变的巨大威力,也点燃了人们追求可控核聚变造福人类的伟大梦想。七十多年来,可控核聚变的探索之路充满了无数艰辛和挑战,但智慧与勇敢的聚变科学家和工程师们在这条道路上披荆斩棘、砥砺前行。

经过多年的努力,近年来可控核聚变实现了一系列里程碑式的突破:2022年12月5日,美国国家点火装置成功实现聚变点火,首次实现能量增益超过1,验证了激光惯性约束聚变的科学可行性;2023年4月12日,中国EAST装置成功完成403秒稳态长脉冲高约束模等离子体运行,再次刷新了磁约束领域的世界纪录;同年12月28日,欧洲JET装置在短短6秒内释放了69兆焦耳的能量,将磁约束聚变装置最大输出能量推向新的高峰;2024年10月5日,日本JT-60SA作为ITER(国际热核聚变实验堆)前驱实验装置,创造了160立方米高温等离子体体积的新纪录。

上述里程碑式的进展掀起了可控核聚变能源研发的新一轮热潮。为加快迈入核聚变能源研发新时代的快车道，多国政府纷纷加大对聚变能商业化应用的规划与投资。美国政府提出了聚变能源"十年愿景"，计划在本世纪30年代末将聚变能接入国家电网；英国发布了《核聚变能源战略》，承诺注资10亿英镑推动聚变能研究，力争于本世纪30年代实现商业化应用；我国在《"十四五"现代能源体系规划》中明确提出，将可控核聚变的前期研究纳入整体布局，并积极推动聚变能发展规划的制定与实施，以期在这场全球能源革命中抢占先机。《2024年全球聚变行业报告》显示，全球投资核聚变产业资本逾70亿美元，聚变能源公司已超过45家。全球聚变能研发进入一个前所未有的快速发展阶段。

"它山之石，可以攻玉"，借鉴和分析国际聚变能源领域的先行经验和教训，对我国聚变能源研究与发展大有裨益。中物院激光聚变研究中心做了很有意义的一件事，引进并翻译了反映美国聚变能发展的著作《追寻终极能源——美国聚变能计划的历史》。该书由美国聚变学术界资深专家及聚变能协会（FPA）创始人史蒂芬·O. 迪恩博士撰写，是目前唯一全面记录美国聚变能源政策演变、科学探索与技术进展的纪实性著作。他以丰富翔实的第一手资料，生动还原了美国核聚变计划从起步、成长、挫折到复兴的曲折历程，深刻剖析了各历史阶段的政策导向、科研成就以及面临的技术与经济挑战。

希望本书能够帮助读者系统把握美国聚变能源发展的历史脉络，深刻理解良好的政策引导、科学的战略规划、充足的资金支持和稳定的科研团队对于聚变科学及聚变能源可持续发展的重要性，为我国聚变能源发展提供启发和参考。同时，本书还可作为相关参考资料，帮助读者深入认识可控核聚变科学研究的复杂性与挑战性，深刻体会其深远的科学意义和社会价值。

作为一位深耕聚变研究领域的科研工作者，我衷心希望本书能够成为普及聚变科学知识及聚变能源发展历史的桥梁，希望通过本书来激发更多怀揣聚变梦想的青年才俊加入到这一充满挑战与机遇的事业中。我深信，通过不断的学习和创新，中国实现聚变商业发电将不再遥远。

2024.12.20

原著序言

> 千里之行，始于足下。

1958年夏，我在波士顿学院完成物理专业大二年级学业后，收到了来自科学图书馆的每月精选图书推荐邮件。推荐的是阿玛萨·毕晓普（Amasa S. Bishop）的《舍伍德计划（Project Sherwood）——美国可控聚变计划》。[1]该书描述了美国在原子能委员会（AEC）支持下于1951年开始的一个先前高度机密的研究项目（20世纪50年代大部分时间，毕晓普一直在负责这个项目）。

在导言中，毕晓普指出，"常规燃料的实际存量正在以惊人的速度减少"，并表示"一种巨大的新能源——核聚变能源即将出现，这是非常重要的，也是非常幸运的。"他接着说，"如果目前的工作是有效的，人类将找到他们所面临最紧迫的一个问题的终极解决办法。人类将开发出一种新的、实用的能源，这种能源将满足人类需求，不仅仅是在未来几百年或几千年，甚至可拓展到人类所能预见的未来"。

聚变是目前宇宙中最主要的能量来源。它是太阳和数十亿颗恒星光和热的来源。在地球上，它的能量直接以氢弹聚变的形式被释放出来，而氢弹是迄今为止人类已知的最强大的炸弹。聚变不仅是太阳光和热的来源，也是生命得以在地球上存在的能量来源。因此，科学家们寻找在地球上产生聚变能的方法，这种方法可以为日益增长的能源需求提供长期解决方案。

人们追求聚变能的原因自始至终未变：因为它能提供一种经济可用的、基本上取之不尽、用之不竭的高效燃料资源；它将为满足日益增长的全球能源需求提供一种选择；它将提供一种安全性高、环境友好的能源，也将催生各种应用所需的新技术。

聚变能有时又被称为能源的"圣杯"（Holy Grail），其研究人员被比作探险中的骑士。或许正因如此，或许只是巧合，20 世纪 50 年代美国的秘密聚变研究计划被冠名"舍伍德计划"。早期聚变科学家之一，洛斯·阿拉莫斯的詹姆斯·塔克（James Tuck），经常被称为"舍伍德森林的修士塔克"。他是早期聚变工作中众多具有传奇色彩的先驱之一。

大量的核聚变批评者笑称，关于核聚变能唯一有把握的是，成功的希望总是在 20 年、30 年或 50 年之后。幸运的是，赞成的人数总是超过批评的，他们常把聚变能称为"终极能源"。

读完毕晓普的书，我被迷住了。对于一个尝试在众多物理和技术领域中选择职业道路的年轻人来说，这样的选择对我似乎不言而喻。这是科学技术的一个新领域，具备产生重大社会效益的巨大潜力，对一个人的职业生涯而言，将具有很大的吸引力。我做出了这个选择，并在过去 50 多年一直追逐着这个梦想。1960 年从波士顿学院获得物理学学士学位后，我去了麻省理工学院（MIT），并在 AEC 奖学金资助下于 1962 年获得了核工程硕士学位。随后，我在美国 AEC 的小型聚变项目管理团队找到了一份工作，并在那里工作了 6 年，同期在马里兰大学攻读物理学博士学位（本书第 3 章讲述了那段岁月）。

事实证明，英国、苏联也已经开始独立研究如何驾驭太阳这种能量。以氢弹聚变形式释放能量来得很快，但要产生受控热核反应，或者现在所说的核聚变，仍然难以捉摸。高温、离子化的氢气（称为"氢等离子体"）更难被装在各种"磁瓶"中，这远超科学家最初的设想。因此，在 1958 年第二次联合国日内瓦和平利用原子能会议上，美国、英国和苏联解密了他们的研究。毕晓普的书就是经 AEC 授权，在这次会议期间发行的。

本书是聚变概念的初级读本，呈现的是我参与聚变研究历史的个人观点（其他人可能有不同的观点），并聚焦于能量"问题"和聚变如何以及何时可能找到出路。我要解释的问题是：什么是核聚变能？为什么它总是看起来遥不可及？它会成功吗？它能被正确地称为"终极能源"吗？

斯蒂芬·O. 迪恩（Stephen O. Dean）
美国马里兰州盖瑟斯堡

译：程功　校：尚万里　张惠鸽

目录

第1章　聚变基本原理 ··· 001

　1.1　能　量 ·· 001
　1.2　一些简单的核物理知识 ································ 002
　1.3　聚变研究的历史渊源 ·································· 003
　1.4　为什么要探索聚变？ ·································· 006
　1.5　聚变反应 ·· 007
　1.6　劳森判据 ·· 009
　1.7　加　热 ·· 010
　1.8　其他关键技术 ·· 011

第2章　聚变概念 ·· 012

　2.1　磁　瓶 ·· 012
　2.2　惯性约束：微爆炸 ···································· 017
　2.3　其他概念 ·· 018

第3章 奋斗的岁月（20世纪60年代） ········ 021
  3.1 磁约束聚变 ········ 022
  3.2 托卡马克的兴起 ········ 026
  3.3 惯性约束聚变 ········ 028

第4章 光辉的岁月（20世纪70年代） ········ 030
  4.1 托卡马克 ········ 031
  4.2 制定规划 ········ 033
  4.3 管　理 ········ 034
  4.4 托卡马克聚变试验反应堆 ········ 047
  4.5 高密度系统：箍缩 ········ 050
  4.6 波纹环 ········ 052
  4.7 开放系统：磁镜 ········ 054
  4.8 1976年磁聚变计划 ········ 055
  4.9 美国能源部 ········ 059
  4.10 发电站设计 ········ 062
  4.11 托卡马克装置中超过劳森理想点火温度 ········ 063
  4.12 聚变能协会 ········ 066

第5章 卡特计划与里根议程（1980—1985年） ········ 069
  5.1 1980年磁聚变能源工程法案 ········ 069
  5.2 佩维特的麻烦 ········ 072
  5.3 金特纳辞职 ········ 073
  5.4 磁镜和波纹环 ········ 078
  5.5 惯性约束 ········ 079
  5.6 管　理 ········ 079

5.7	能源研究咨询委员会评估	083
5.8	磁聚变咨询委员会战略	086
5.9	安塞尔·亚当斯	087
5.10	威廉·R.埃利斯	089
5.11	托卡马克定标	090
5.12	惯性约束二三事	091
5.13	工业界的参与	092
5.14	步入低谷	093
5.15	专访特里韦尔皮斯	094
5.16	预算与现实	098

第6章 成功与灾难（1985—1989年） 101

6.1	重组	102
6.2	里根-戈尔巴乔夫峰会	103
6.3	能源独立宣言	104
6.4	惯性约束聚变回顾	106
6.5	哈利特-百夫长	110
6.6	紧凑型点火托卡马克	110
6.7	国际热核实验反应堆	111
6.8	抢位置游戏	111
6.9	先进反应堆创新性评估研究	112
6.10	国会证词	112
6.11	罗伯特·亨特的到来	115
6.12	紧凑型点火托卡马克的惨败	116
6.13	惯性约束聚变二三事	120
6.14	能源部的聚变政策	122

第 7 章　复兴的希望（1990—1995 年） 123

- 7.1 给能源部长詹姆斯·沃特金斯的建议 123
- 7.2 聚变政策咨询委员会评估开始 125
- 7.3 布什-戈尔巴乔夫峰会 127
- 7.4 美国公共广播公司电影：来自太阳的火焰 127
- 7.5 聚变政策咨询委员会报告 128
- 7.6 预算削减 130
- 7.7 加速聚变能发展计划 131
- 7.8 1991 年国家能源战略 131
- 7.9 新聚变能源咨询委员会 131
- 7.10 哈珀上台 134
- 7.11 国际热核实验反应堆项目取得进展 136
- 7.12 另一个聚变法规 137
- 7.13 1992 年和 1994 年电力研究所聚变评估 139
- 7.14 惯性聚变与国家点火装置的起源 142
- 7.15 问题的迹象 144

第 8 章　金融海啸（1995—1999 年） 147

- 8.1 与美国的契约 147
- 8.2 国家点火装置 148
- 8.3 1995 年总统科学技术顾问委员会聚变评估 149
- 8.4 国会动手了 151
- 8.5 工业界的回应 154
- 8.6 放弃聚变能源任务 154
- 8.7 托卡马克物理实验装置重生为韩国超导托卡马克先进研究装置 162
- 8.8 1997 年总统科学技术顾问委员会能源报告 162

8.9	聚变能路线研讨会	164
8.10	告别托卡马克聚变试验反应堆	166
8.11	聚变学术界试图重组	166
8.12	国会勒令美国退出国际热核实验反应堆合作	169
8.13	聚变能协会会议：迈向聚变能的高费效比步骤	169
8.14	1998—1999年能源部长咨询委员会评估	170
8.15	1999年斯诺马斯聚变会议	172
8.16	聚变能源科学咨询委员会对聚变计划优先级及平衡的评论	173
8.17	管理和预算办公室的观点	173
8.18	2000年前不会有聚变示范发电站出现	174

第9章 新千年：科学与能源（2000—2008年） 176

9.1	国家能源政策发展小组	177
9.2	国家科学院关于聚变科学研究质量的报告	179
9.3	燃烧等离子体物理	180
9.4	国际热核实验反应堆崛起？	182
9.5	美国聚变研究50年	184
9.6	高平均功率激光器计划	184
9.7	2002年聚变夏季研讨会	185
9.8	另一个科学院聚变审查小组	187
9.9	美国重新加入国际热核实验反应堆项目	188
9.10	35年计划	188
9.11	燃烧等离子体评估委员会报告	191
9.12	国际热核实验反应堆与美国国内聚变计划	194
9.13	2005年能源政策法案	195
9.14	更多的美国国内聚变预算削减	197

9.15 戴维斯、罗伯茨和威利斯退休 …………………………………… 197
9.16 2007惯性约束聚变能研讨会 …………………………………… 198
9.17 国际聚变合作50年 ……………………………………………… 200

第10章 奥巴马政府（2009—2012年） …………………………… 201

10.1 新的任命 ………………………………………………………… 201
10.2 惯性约束聚变能 ………………………………………………… 203
10.3 国家点火装置开始运行并期待实现点火 ……………………… 204
10.4 投资改进和管理变革 …………………………………………… 205
10.5 国际热核实验反应堆的变化 …………………………………… 206
10.6 磁聚变方案的削减 ……………………………………………… 208
10.7 磁-惯性聚变异军突起 ………………………………………… 210
10.8 示范电站之路的复兴 …………………………………………… 211
10.9 惯性约束聚变能评估 …………………………………………… 211
10.10 2013财年美国聚变计划困境 ………………………………… 216
10.11 美国核学会聚变能分会对2013财年预算提案的评论 ……… 221
10.12 聚变能源科学咨询委员会启动另一项优先研究 …………… 222
10.13 国会的行动 …………………………………………………… 223
10.14 国际热核实验反应堆理事会的华盛顿会议 ………………… 227
10.15 不确定性 ……………………………………………………… 228

第11章 应　用 …………………………………………………………… 229

11.1 电力能源 ………………………………………………………… 229
11.2 制　氢 …………………………………………………………… 230
11.3 聚变-裂变混合反应堆 ………………………………………… 230
11.4 核裂变反应堆燃料 ……………………………………………… 231

11.5	核废料转化	232
11.6	其他废料的处理	232
11.7	海水淡化	233
11.8	衍生品	233

第 12 章　工程挑战 235

12.1	材　料	235
12.2	氚	237
12.3	复杂性	238
12.4	维　护	238
12.5	成　本	239

第 13 章　能　源 241

13.1	主要能源消耗	241
13.2	石　油	242
13.3	电	242
13.4	煤　炭	243
13.5	天然气	243
13.6	水	244
13.7	核　能	244
13.8	再生能源	244
13.9	气候变化	245
13.10	供　需	245

第 14 章　展望 2012 · · · · · · 247

- 14.1 美国对聚变能是认真的吗？ · · · · · · 247
- 14.2 聚变科学和聚变进展 · · · · · · 252
- 14.3 聚变失败 · · · · · · 254
- 14.4 如果放慢脚步，迈向终极聚变能源的道路更漫长 · · · · · · 256
- 14.5 惯性聚变能展望：2012 · · · · · · 258
- 14.6 是时候让聚变学术界关注未来了 · · · · · · 259
- 14.7 惯性聚变能：超级激光和超级内爆 · · · · · · 261
- 14.8 磁约束聚变能研究：参与 60 年后的思考 · · · · · · 263
- 14.9 40 年磁聚变研究的回顾与展望 · · · · · · 265

第 15 章　终极能源？ · · · · · · 272

- 15.1 政　见 · · · · · · 272
- 15.2 进　展 · · · · · · 274
- 15.3 希　望 · · · · · · 277

后　记 · · · · · · 279

致　谢 · · · · · · 286

推荐阅读和信息来源 · · · · · · 287

参考文献 · · · · · · 289

人名汇总 · · · · · · 301

主题词与缩略语 · · · · · · 316

译后记 · · · · · · 329

第 1 章
聚变基本原理

回顾历史越深远，未来愿景越美好。

1.1 能 量

物理学家将"能量"一词定义为"做功的能力"。物理定律告诉我们，能量既不能创造也不能消灭，只能从一种形式转化为另一种形式。实际上，地球上大部分能量来自太阳。太阳是一个巨大的天然聚变源，它将光和热以能量的形式辐射到周围的太阳系和更远的宇宙。大多数恒星都发生着与太阳类似的过程。太阳辐照到地球上的能量以多种方式被捕获和储存，其中最重要的方式是留存在生物体内。地球上大量的化石燃料就是由动植物经过数十亿年的能量转化储存而来的。能量也会从现存的生物体中释放出来，最常见的是燃烧木材，但也可通过化学方法将农作物和其他有机物转化为可燃燃料。

20 世纪初，科学家发现了地球上储存的另一种能源：核能。这种能量是通过将原子转化为其他原子和亚原子粒子（例如中子）而释放出的动能。爱因斯坦著名的质能转换公式 $E=mc^2$ 可精确地计算这种能量，而这种能量比燃烧同等质量有机物释放的能量要大几百万倍。重元素铀的裂变放能是人们首先发现和利用的一种核能形式。轻元素（如氢）聚变产生能量的方式随后也被发现，并且每单位质量转化的能量大约是重元素裂变能量的 8 倍，但对应的技术难度更大。

迄今为止，能量在地球的生命演化进程中起了重要作用。起初，人类利用来源于食物并存储于体内的能量开展工作。后来，他们发现了火，并历经多个世纪学会了用火来改善自己的生活。火为家庭、烹饪食物提供热量，并最终为蒸汽机等许多新技术提供动力，也用于工业中的化学处理。化石燃料也从最初的燃烧取暖、照明发展到了发电。发电站的发明也只是人们如何学会将能量从一种形式转换成另一种形式，然后使用新形式更有效地工作的实例之一。内燃机的发明产生了今天使用的运输系统，这是另一实例。20世纪中叶起，核能发电开始补充到化石燃料发电中。

1.2 一些简单的核物理知识

核聚变能是核能的一种形式。目前核电站使用裂变能提供全球约20%的电力——裂变是重原子核分裂成轻原子核的过程。而聚变，顾名思义，是轻原子核聚合成重原子核的过程。在这两种转换过程中，质量转换成能量并遵循著名的爱因斯坦质能方程：$E=mc^2$，其中c是光速，m是在转化过程中"消失"的质量。光速是一个非常大的数字，质能方程中只需要非常少量的质量转换就能产生非常巨大的能量。

原子核由带电荷的质子和不带电荷的中子组成。当质子和中子以恰当的数量组合在一起时，原子核是稳定的。打破这种平衡，将呈现转变成另一种元素的趋势。研究表明，排列在元素周期表两端的轻元素和重元素是比较容易将质量转化为能量的。

事实证明原子核聚合比原子核分裂难度更大。一般来讲，重元素铀的裂变比轻元素氢的聚变要相对容易很多。这是因为一个重元素可以通过向它的原子核中注入一个不带电荷的中子，使原子核不稳定，从而导致裂变；相反要聚变两个原子核，必须克服两个原子核中强大的库仑斥力，而库仑斥力会随着原子核相互靠近而迅速增加。因此，自然界中只有在极高温度（百万摄氏度）的太阳和恒星中才会出现这种情况，在极高温度下，原子核以非常高的速度相互靠近。

在20世纪50年代，根据众所周知的电磁学理论和核物理原理提出了实现聚变的基本方法。[2] 原子核带有正电荷，因此可被磁场约束和引导。由于两个原子核之间的库仑斥力随着原子核中电荷数的增加而增大，由此可推断，单电荷氢同位素之间最容易实现聚变。然而，即使那样，两个原子核高速相互靠近，其被散射的可能性也比聚合在一起的可能性大一千倍。因此，需要采用一些手段来约束原子核足够长的时间以使它们能产生多次碰撞。各种形状的磁瓶（magnetic bottles）似乎是理想的解决方案（参见第 2 章）。

1.3 聚变研究的历史渊源

聚变物理的起源可以追溯到核物理发展早期，它也是核物理的自然演变过程。1908 年，欧内斯特·卢瑟福（Ernest Rutherford）爵士因其在原子结构理论方面的开创性工作以及展示放射性元素如何转变为元素周期表中的其他元素而获得诺贝尔奖。1919 年，卢瑟福还开展了较轻的元素碰撞产生较重元素的实验研究——这一过程后来被称为"聚变"。同年，英国物理学家弗朗西斯·阿斯顿（Francis Aston）利用自己发明的质谱仪（他后来靠该项发明获得了诺贝尔奖），阐释了同一种元素存在不同的"同位素"（即同一种元素的原子具有不同的原子量），并发现了当时令人震惊的事实——氦核的质量小于构成它的氢核的质量之和。1920 年，阿瑟·爱丁顿（Arthur Eddington）爵士在英国科学促进学院的一次演讲中，提出氢到氦的轻元素"聚变"是太阳和恒星的能量来源。

元素周期表中最轻的元素氢由一个质子和一个电子组成，它还有两种同位素：氘（原子核中有一个质子和一个中子）和氚（原子核中有一个质子和两个中子），如图 1.1 所示。尽管很早就预测到氘和氚的存在，但氘直到 1932 年才首次被确认，氚在 1934 年被确认。20 世纪 30 年代，世界各地的科学家都在积极研究并完善元素周期表以及通过反应来解释太阳和恒星能量演化过程。1934 年，卢瑟福和他的同事们用科克罗夫特-沃尔顿（Cockcroft–Walton）粒子加速器证实了氘氘聚变可产生氦的过程。

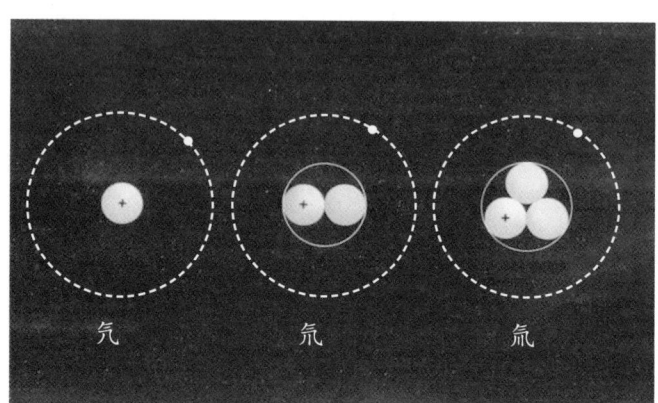

图 1.1　氢的同位素

注：一个普通的氢原子核包含一个带正电的质子。氢的另两种"重同位素"是氘（原子核中也含有一个中子）和氚（含有两个中子）。图中还显示了一个带负电荷的电子，它围绕原子核运动，形成氢原子。在高温氢气中，电子从原子中剥离出来，由此产生出自由运动的电子和原子核的集合体，被称为等离子体。

1936 年，汉斯·贝特（Hans Bethe）在《现代物理学评论》上发表了一篇评论文章。1938 年，该文章引起了美国国家航空咨询委员会兰利实验室（Langley lab）坎特罗维茨（Kantrowitz）和雅各布斯（Jacobs）在美国开展聚变实验的兴趣。他们建造了一个简单的圆环（环形）容器，容器周围缠绕着磁线圈，用以产生一个"磁瓶"，同时利用射频发射器引入约 150 W 的功率，希望将氢气加热到 1×10^6 ℃。实验因没有产生预期的结果而被放弃。1939 年，澳大利亚物理学家彼得·汤恩曼（Peter Thonneman）提出了聚变反应堆的概念。彼得·汤恩曼后来在英国聚变计划中发挥了关键作用。[3]

二战期间，英国和美国从事原子弹研究的科学家已经开始思考核聚变的问题了。1946 年，两位英国物理学家乔治·汤普森（George Thompson）爵士和摩西·布莱克曼（Moses Blackman）为他们在帝国理工学院设计的一种环形、电流驱动的"箍缩"（pinch）聚变装置提交了涉密专利申请。1947 年，帝国理工学院的两位博士生斯坦·库森（Stan Cousins）和艾伦·韦尔（Alan Ware）在那里建造并运行了一个小型磁箍缩实验装置（参见第2章对箍缩和其他概念的讨论）。早期活跃在英国聚变计划中的学者之一詹姆斯·塔克（James Tuck），战争期间曾在洛斯·阿拉莫斯（Los Alamos）工作，一度回到英国工作，后又重返洛斯·阿拉莫斯从事氢弹研究。以幽默著称的塔克于1952年在洛斯·阿拉莫斯建造了一个称之为"或许器"（Perhapsatron）的箍缩装置（见图1.2），因为他说，"也许它会起作用，也许不会。"有人开玩笑说，它或许也应该被称为"没戏器"（Impossibilitron）。

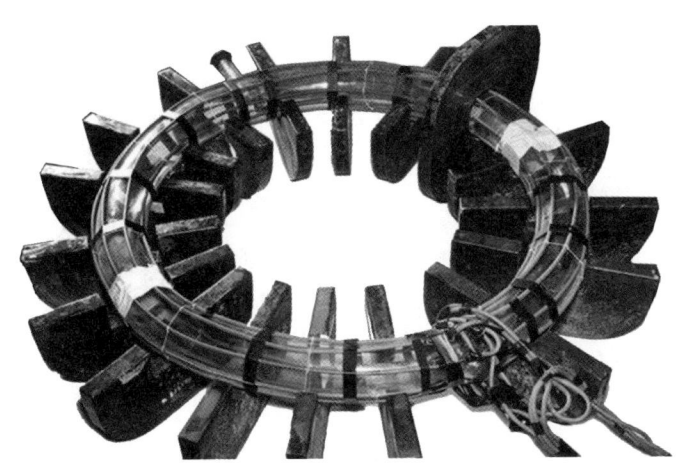

图1.2　或许器

注：美国在洛斯·阿拉莫斯的第一个聚变实验装置——由一个简单的环形容器组成，容器周围装有磁铁（此处显示切开的一半），容器内充满氘气。然后在气体中感应出电流，形成等离子体，并对气体进行加热（洛斯·阿拉莫斯国家实验室格伦·伍登提供）。

尽管20世纪40年代，美国核武器实验室的科学家们偶尔会开展非正式聚变讨论，内容主要是如何制造氢弹。但导致可控聚变研究真正启动的，通常被认为是1951年3月25日《纽约时报》的一篇头版文章，报道说阿根廷声称有一座运行中的聚变发电站。虽然最终证实这一说法不实，但却引起了美国、英国和苏联科学家和政治家的关注，并促使他们开始认真研究可控核聚变的可能性。此后不久，在美国，詹姆斯·塔克领导下的洛斯·阿拉莫斯，莱曼·斯皮策（Lyman Spitzer）领导下的普林斯顿大学，爱德华·泰勒（Edward Teller）、赫伯特·约克（Herbert York）和理查德·F. 波斯特（Richard F. Post）领导下的加州大学辐射实验室 [现为劳伦斯·利弗莫尔国家实验室（LLNL）] 都开始开展相关实验。美国的聚变计划是高度保密的，而英国和苏联的保密程度要低一些。[1,4]

在苏联，人们认为奥列格·拉夫伦蒂耶夫（Oleg Lavrentiev）是第一个呼吁关注核聚变研究的人，他于 1949 年和 1950 年给政府写信。[5] 这些信件先后引起了苏联科学家伊戈尔·塔姆（Igor Tamm）和安德烈·萨哈罗夫（Andrei Sakharov）的关注。1951 年，政府在莫斯科原子能研究所所长伊戈尔·库尔恰托夫（Igor Kurchatov）的指导下，正式启动了聚变计划。库尔恰托夫组建了一个由列夫·阿特西莫维奇（Lev Artsimovich）领导的实验项目，一个由米哈伊尔·列昂托维奇（Mikhail Leontovich）领导的理论项目。哈尔科夫（Kharkov）、列宁格勒（Leningrad）和苏呼米（Sukhumi）研究所后来也参与了这项工作。

1.4　为什么要探索聚变？

科学家和工程师探索聚变能源的主要原因如下：

（1）聚变能将源源不断地为人类提供一种便利、持续、高效的能源。聚变的主要燃料氘可从水中获得，费用低廉。氚可依靠丰富的锂资源产生。每消耗单位质量的燃料，聚变反应释放的能量大约是裂变反应的 8 倍，是燃烧化石燃料的 100 多万倍。聚变能是比太阳能或风能更集中的能源。

（2）聚变能为满足日益增长的全球能源需求提供了一种选择。聚变能、裂变能和各种非水力可再生能源是已知仅有的可长期替代化石燃料的能源。化石燃料，尤其是石油，是一种分布不均衡的不可再生资源，使用中会造成环境破坏。未来，公众对裂变能和化石能源的态度存在不确定性。非水力可再生能源的未来经济性和满足需求的能力也不确定。

（3）它将提供一种安全环保的能源。与化石能源相比，聚变能没有化学燃烧产物，没有温室气体排放，没有大规模的燃料开采和运输要求，也不产生大量废料。与裂变相比，聚变没有"临界"风险，也没有反应"失控"导致"反应堆熔毁"的可能性，聚变的副产物是对生物危害低的短寿命放射性物质，更不会产生武器级可裂变材料。与太阳能和其他非水电可再生能源相比，聚变能对有害物质的开采和使用更少，不受云层或天气影响，不需要储能，更适合大规模发电，并会大大降低对土地的需求。

（4）它还将为各种应用提供新技术（详见第11章）。聚变能是科学技术的前沿。除电力应用外，它还存在其他潜在应用，包括生产氢作为运输或燃料电池的燃料、海水淡化、放射性废料销毁、为裂变反应堆生产燃料、特殊同位素的生产、食品消毒杀菌。聚变科学和技术还衍生出许多近期商业应用，包括销毁有毒废料、制造微型集成电路、沉积制备防腐蚀涂层、超导应用、紫外光源、用于工业和医学中的激光、X射线光刻、焊接、聚合物薄膜印刷、高性能陶瓷生产、材料表面清洁以及精密光学和诊断设备。

1.5 聚变反应

克服核电荷数最少的原子核之间的库仑斥力最容易。氢同位素的核电荷数为1，因此是聚变的首选同位素，尽管一些研究人员也考虑了氘与氦（核电荷数为2）或质子与硼（核电荷数为5）的聚变。克服库仑斥力需要两个原子核以极高的运动速度相互靠近（在气体环境中，这意味着高温）。

对两个原子核聚变概率进行测量，结果表明氘氚（D-T）聚变的峰值反应率比氘氘（D-D）高了约6倍，并且发生聚变反应的温度低至氘氘反应的1/5（见图1.3）。更多核电荷数的元素之间聚变发生的概率更低，需要更高的温度。因此，迄今为止，氘氚聚变一直是人们首选的反应。当氘核与氚核聚变时，会产生一个氦核和一个中子（见图1.4）。氦核和中子的总能量大约是氘和氚克服库仑斥力所需能量的1 000倍。从这个意义上说，聚变反应是一个"能量放大器"。它需要能量来启动反应，但会将能量以千倍的量级放大。

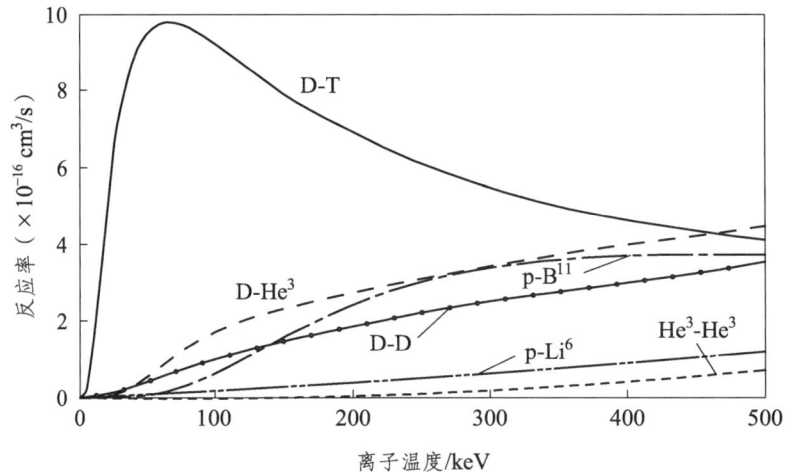

图1.3　氘氚（D–T）反应率比其他聚变反应（如D–D）反应率更高，所需温度更低

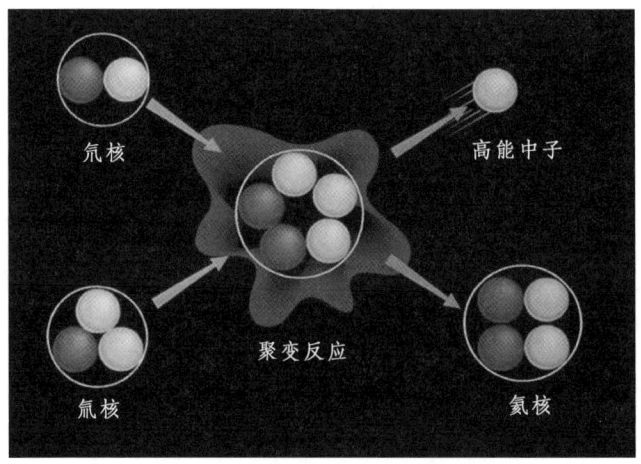

图1.4　氘氚聚变生成快速运动的氦核和高能中子

注：通过在吸能材料（慢化剂或包层）中对氦核和中子进行减速来获取其动能。

1.6 劳森判据

单次聚变反应释放的能量没有实际意义。为获得大量能量，必须连续发生数百万次聚变反应。这就需要足够高密度的原子核（在称为等离子体的电离气体中很容易实现），在足够高的温度下（实现难度大了一点）被"约束"足够长的时间（实现难度更大），才能释放出所需的大量能量。

1957 年，英国物理学家约翰·D.劳森发表了一篇聚变史上具有里程碑意义的论文。该论文中他计算了聚变发电所需的密度、温度和"约束时间"。[6] 他证明在满足最低温度的条件下（称为理想点火温度），密度（n）和约束时间（τ）之间存在一个平衡：密度越高，需要的约束时间越短，反之亦然。其中温度（T）与密度和时间的乘积（$n\tau$）关系被称为"劳森判据"，它成为聚变研究人员追求的科学"圣杯"（有时被称为"科学可行性"证据）。该过程如图 1.5 所示。

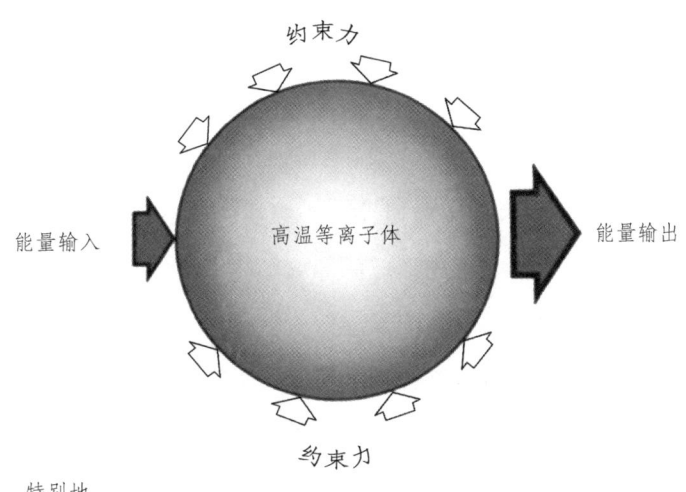

特别地，

$T_{ION} > 5$ keV (50 000 000 ℃)

$n\tau > 5 \times 10^{13}$ cm^{-3}·s

图 1.5 劳森判据

注：热等离子体的温度、密度和约束时间乘积超过最小阈值（由劳森判据给出），（氘氚）高温等离子体才会释放更多的能量。

1.7 加　热

将室温下的氢气加热到聚变温度，最简单的方法是让电流通过氢气产生放电，这是一种超级辉光或类闪电。这种电流产生一种"等离子体"或电离化气体，其中部分或全部电子脱离氢原子的束缚，形成氢原子核和电子的集合。如同电流通过电线时会加热电线或点亮灯泡中的灯丝会发热一样，等离子体也会被电流加热。但是随着等离子体温度的升高，其电阻会降低，导致继续升高温度变得更加困难。所以，即使非常大的电流，这种方式能达到的最高温度也是有上限的。其上限温度仍低于聚变所需的理想点火温度。这种被称为欧姆加热的技术是最早尝试的技术之一，并且在更高温的加热过程中仍被用于初始加热阶段。

一旦形成了等离子体，"压缩"可以进一步加热等离子体。通常采取用磁场包围等离子体的方式，磁场通过自身电流形成或由外部磁铁提供。在实验过程中，当磁场强度随着时间上升时，它会对带电等离子体施加一个力，从而将其压缩（提高其密度并进一步提高其温度）。采用压缩技术可以获得非常高的密度和温度。尽管非常有效，但压缩技术只适用于脉冲式聚变，而许多聚变研究人员更喜欢较低密度下能够稳定运行的技术。

广泛使用的第三种技术是用加速器注入粒子束。通常，带电的氢原子核首先被加速然后被电中性化并注入预先形成的等离子体中。这些中性粒子束的能量可能远远超过对应理想点火温度需要的能量。然后，它们可能会被捕获和约束，或者通过碰撞来加热现有的等离子体。这种技术在聚变研究的早期无法使用，但现在已被广泛用于实验和概念性聚变发电站的设计中了。

第四种技术，已经迅速获得青睐，它是通过共振吸收将强大的射频源能量直接耦合到等离子体中的。人们正在研究各种可能的频率和吸收机制。这种技术被认为是一种特别"优良"的技术，因为它不仅成熟度高，而且能实现稳态运行。

1.8　其他关键技术

除了加热技术，还需要高磁场超导磁体，否则，磁铁将消耗太多能量。因此，人们启动了强超导磁体研发项目，其中包括新型超导导线的研发。对相关技术的研究从二十世纪六七十年代活跃至今。随着研究的推进，发现（反应堆）腔壁材料的特性愈加重要。如果少量腔壁材料混入等离子体，等离子体温度将会下降。此外，发电站的设计表明，如果不研发新型材料，聚变产物轰击导致的材料损伤会限制反应堆的寿命。此外，聚变中子还会导致腔壁材料活化而产生放射性废料，必须在维护期和电站退役时进行妥善处置。材料问题仍然是商业聚变能源成功道路上的关键问题。

译：程功　校：尚万里　张惠鸽

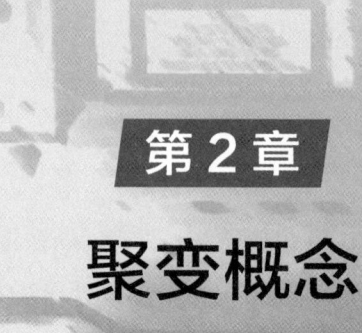

第 2 章

聚变概念

梦想从不凭空实现，须以坚毅之心付诸实践。

2.1 磁 瓶

早期产生和控制聚变反应依据的是大家熟知的电磁原理。众所周知，通过气体的电流会从气体原子中激发出电子（电离化），并使气体温度升高，从而在电流周围产生磁场。提高电流强度会增加电离程度、温度和磁场强度。磁场对电离气体[欧文·朗缪尔（Irving Langmuir）在 1928 年的一篇论文中称之为"等离子体"]施加一个压力，随着电流和磁场的增加，等离子体被压缩，密度增大，温度得以进一步提升。这就是众所周知的"箍缩效应"，也是早期大多数实验室尝试产生聚变条件的基础。W. H. 班尼特（W. H. Bennett）和莱维·唐克斯（Lewi Tonks）分别在 1934 年、1937 年先后独立预测了箍缩效应，但在 20 世纪 30 年代几乎无人开展箍缩等离子体的深入研究。箍缩装置后来以等离子体"磁瓶"（magnetic bottle）的形式流行起来了。20 世纪 50 年代，一些研究聚变的"磁箍缩"装置在几何构型上是直线型的，另一些则是环形的。它们名称各异，稀奇古怪，如洛斯·阿拉莫斯的或许器（Perhapsatron）和哥伦布（Columbus），英国的泽塔（Zeta）。

然而，箍缩存在一些严重的问题。人们观察到，当等离子体柱被挤压时，等离子体以"不稳定"的方式被扭曲并移动，然后快速撞击腔壁。在多种箍缩构型中，人们观察到各种"不稳定性"，它们被称为"扭曲不稳定性"和"腊肠型不稳定性"。图 2.1 展示了一种直线箍缩构型：图 2.1（a）显示的是不稳定发生前；图 2.1（b）

是出现扭曲不稳定现象,这会中断放电过程。图2.2展示了一种环形箍缩装置。前20年的聚变研究,大多都致力于观察和解释这些不稳定性现象,所有这些不稳定性现象都属于磁流体力学(MHD)不稳定性或宏观不稳定性。

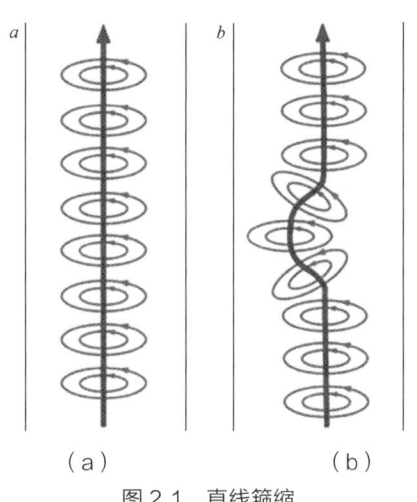

图2.1 直线箍缩

注:电流(粗实线)通过圆柱腔室中的气体,产生等离子体。电流周围形成磁力线。如果电流强度增加,磁力将变强,开始压缩并加热等离子体(a)。压缩过程如果出现轻微不对称,磁力就会失衡,导致等离子体出现"扭曲不稳定"(b)。不平衡的电磁力将等离子体推向腔壁,等离子体将在腔壁冷却并耗散掉 [选自美国 AEC 阿玛萨·毕晓普的著作《舍伍德计划——美国可控聚变计划》,由艾迪生·韦斯利(Addison Wesley)出版公司出版]。

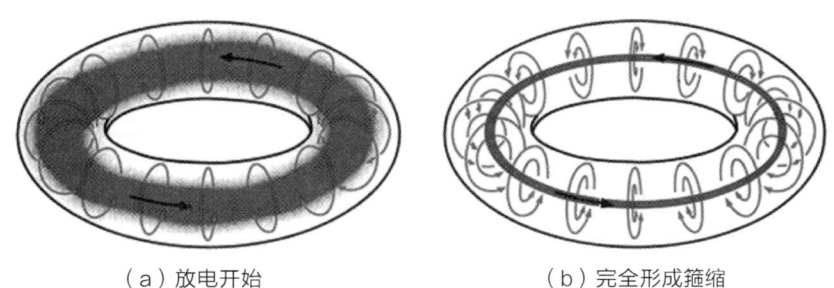

(a) 放电开始　　　　　　　　(b) 完全形成箍缩

图2.2 环形箍缩

注:环形结构本质上也存在类似于直线箍缩的不稳定性(未画出)[选自美国 AEC 阿玛萨·毕晓普的著作《舍伍德计划——美国可控聚变计划》,由艾迪生·韦斯利出版公司出版]。

人们很早就认识到，除非采取措施"封住"两端，否则等离子体会迅速从直线型磁瓶两端泄漏出去。一种"解决方案"是采用环形结构（没有"端头"）。另一种"解决方案"是增加直线结构两端的磁场，这种几何结构后来被称为"磁镜"构型（见图2.3），是由美国理查德·F. 波斯特和加州大学利弗莫尔实验室的同事们所提出的。[7] 由于等离子体在径向运动受到约束的同时仍会从两端快速流失，磁镜用于核聚变发电站已基本无望，但一些人仍认为它可能会卷土重来。[8, 9] 如果是这样，它在发电站应用上具有诱人的优势，这包括便于维护的简单几何结构和更有效的能量转换潜力，如可避免传统的热－蒸汽－电力循环。

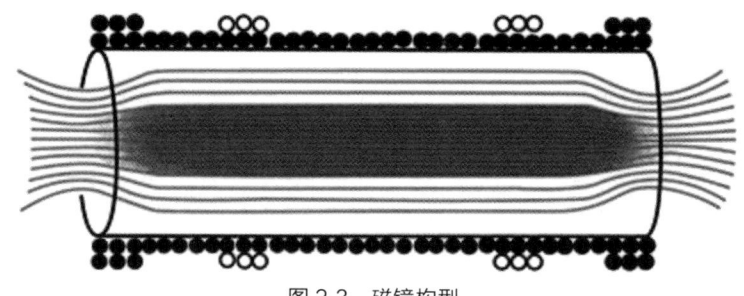

图2.3　磁镜构型

注：两端更强的磁场强度阻止了聚变等离子体的耗散［选自美国AEC阿玛萨·毕晓普的著作《舍伍德计划——美国可控聚变计划》，由艾迪生·韦斯利出版公司出版］。

早期另一种类型的环形磁瓶是普林斯顿大学天体物理学家莱曼·斯皮策在阿斯彭（Aspen）滑雪时发明的。他问自己，在地球上怎么才能控制类似于恒星中存在的等离子体呢。他设想了一种称之为"仿星器"（stellarator）的磁性装置，因为该装置被设计用于约束一颗人造恒星。它在某些方面类似于环形箍缩装置，不同之处在于主要的约束磁场由外部磁体产生，而不是等离子体中的电流产生。然而，即便如此，等离子体也仍给研究人员带来了许多意外的挑战。

在仿星器构型中，存在一类更为微妙的等离子体损失机制，它们被称为"微不稳定性"，至今仍是研究的热点。尽管为了产生抑制不稳定性所需的磁场，相应磁体的制造变得越来越复杂，但仿星器仍然是一种有前途的聚变等离子体约束装置。图 2.4 是一个现代仿星器的示意图，其复杂的磁线圈包围着一个被认为是稳定（约束）的等离子体。

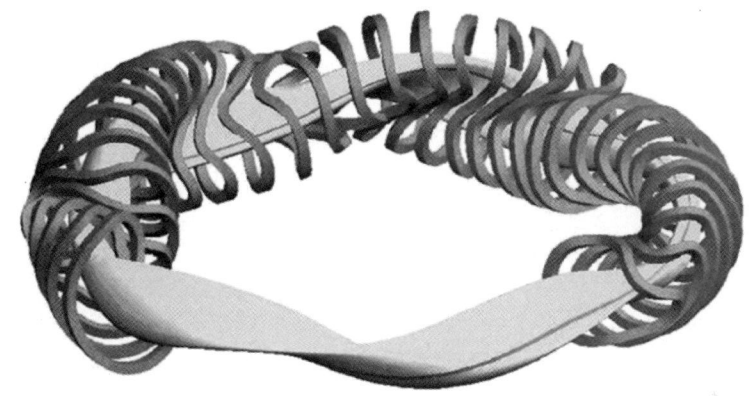

图 2.4　德国格雷夫斯瓦尔德（Greifswald）正在建造的 W7X 仿星器的等离子体和磁体示意图

注：等离子体和磁线圈的复杂形状被认为是仿星器中提供等离子体所需稳定性和约束条件所必需的 [格雷夫斯瓦尔德的马克斯·普朗克等离子体物理研究所（IPP）]。

作为 20 世纪 50 年代末"原子促进和平"倡议的一部分，当科学家们真正认识到聚变实验中等离子体行为的极端复杂性时，美国、英国和苏联同意揭开笼罩在他们聚变研究工作中的神秘面纱，并于 1958 年在日内瓦举行的第二届联合国和平利用原子能会议上介绍了他们的研究计划。全球聚变科学家的友好竞争与合作就这样开始了，一直延续至今。在日内瓦会议上，苏联科学家描述了由外部磁铁提供磁场的环形箍缩几何构型实验。从某方面看，这种几何构型是"箍缩"和"仿星器"概念的结合体，这两个概念已在其他地方被单独研究。20 世纪 60 年代这种构型逐渐演变为托卡马克（Tokamak，来自俄语，意思是环形磁室）。到20世纪60年代末，与其他几何构型相比，这种结构在约束等离子体上取得了显著进步。1968年，国际原子能机构（IAEA）在新西伯利亚主办了聚变会议，此后全球范围内的聚变研究开始转向托卡马克装置（见图2.5），现已成了世界聚变研究的主流。

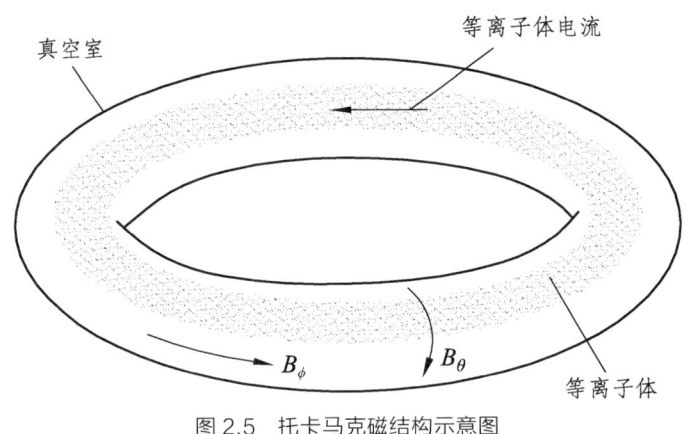

图2.5　托卡马克磁结构示意图

注：就像箍缩装置一样，等离子体电流会产生环绕着等离子体的磁场 B_θ，磁线圈（未画出）会在圆环周围产生附加磁场 B_ϕ。

在20世纪70年代至80年代，美国、欧洲和日本建造并成功运行了能够产生"接近盈亏平衡"条件（即释放的聚变能量约等于产生等离子体的能量）的托卡马克。世界范围内各种托卡马克装置中获得的经验，直接推动了国际热核实验反应堆（ITER）计划的启动，该反应堆作为欧盟（EU）和其他六个伙伴国家的合作典范决定在法国建造，当时计划于2020年①左右开始运行。

---

① 译者注：截至2024年年底，ITER仍处于建造中。

2.2 惯性约束：微爆炸

1960年，激光的发明产生了一种全新的聚变方法，称为"惯性约束聚变"（ICF）。氢弹原理表明，只要对少量聚变燃料施加足够大的压力，就能引发聚变。对氢弹而言，这种力是由聚变燃料周围的裂变原子弹提供的。20世纪60年代，武器实验室以及实验室外的科学家开始思索，是否可以通过将高功率激光聚焦在装有聚变燃料的靶丸上，从而引发聚变反应。该过程如图2.6所示。研究它的先驱们在2007年编纂了一部纪实性书籍。[10] 早期的研究表明，虽然惯性聚变理论上可能，但需要的激光性能远远超过当时条件下能获得的激光性能。

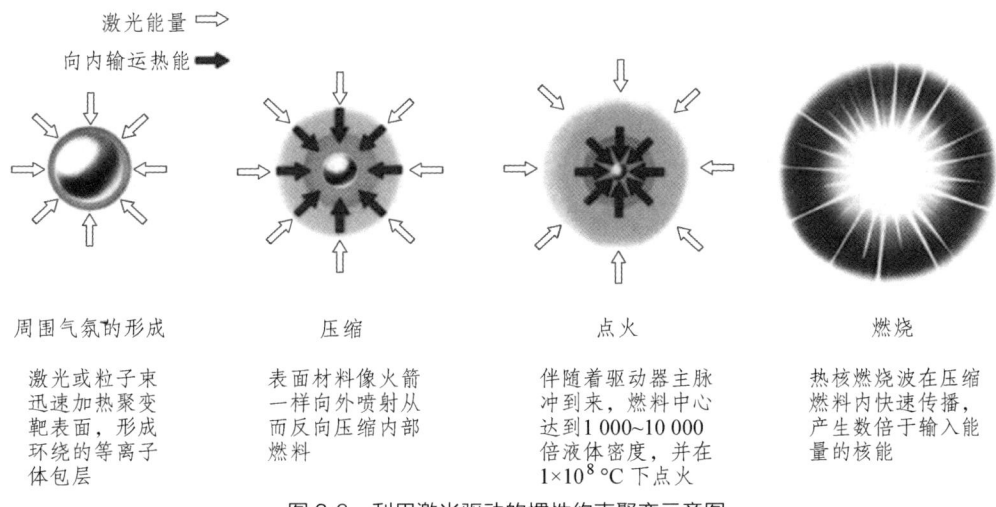

图2.6 利用激光驱动的惯性约束聚变示意图

注：能量沉积在装有聚变燃料的靶丸外壳，由此产生的压缩创造出引发聚变反应所需的高密度和高温度（LLNL）。

20世纪70年代至80年代，激光器越造越大，加利福尼亚州LLNL的国家点火装置（NIF）的出现使激光器的建造活动达到顶峰。该装置的192束激光于2009

年中期开始运行，目的是用来产生净聚变能量（释放的聚变能量大于启动聚变所需的能量）输出。法国也在建造类似的激光器，计划于2014年[①]完工。

除激光器外，其他形式的脉冲功率（离子束、Z箍缩）装置是压缩聚变靶丸和开展ICF研究的备选"驱动器"，劳伦斯·伯克利国家实验室（LBNL）、圣地亚国家实验室（SNL）和其他地方正在开展这类研究。

2.3 其他概念

等离子体"偏好"仿星器和托卡马克装置的"封闭"磁场几何构型，它提供了相对较好的等离子体约束。不幸的是，这种物理优势伴随着工程劣势。面包圈形状的容器中心有一个孔，使维修变得很困难。聚变反应产生的中子将向内汇聚，因此，需要经常更换容器内部材料。从工程和维护的角度来看，聚变发电站的理想几何形状是圆柱形或球形，等离子体在中心，这样所有的维护都可以从外围进行。按照这种思路，研究者提出并研究了场反转概念（FRC，见图2.7）、球型马克（Spheromak）等几种构型。研究人员正在探寻多种聚变设计概念，如以FRC等离子体为出发点，通过压缩、束流维持、转移和约束来调控FRC。

基于FRC等离子体的最先进设计概念之一是磁化靶聚变（MTF）或磁惯性聚变（MIF）。洛斯·阿拉莫斯国家实验室（LANL）、圣地亚国家实验室、通用聚变（General Fusion）公司等正在开展这类研究。在此概念中，FRC等离子体要么原位形成，要么在空间上被转移到一个被导电外壳包围的圆柱腔体，随后外壳内爆压缩并加热等离子体（见图2.8）。对于MTF概念，弗莱德伯格（Freidberg）[11]指出，"它为传统磁聚变概念提供了一种真正的备选方案，在这一方面，它作为聚变能量的潜在来源，非常值得研究的。"还有一些类似于FRC的方案，如球形马克[12]、使用FRC方案来约束碰撞离子束[13]（也可参

---

① 译者注：截至2024年底，仍未完工。

见文献 [14]）。加利福尼亚州的 TriAlpha 能源公司正在开展约束碰撞离子束的研究工作。

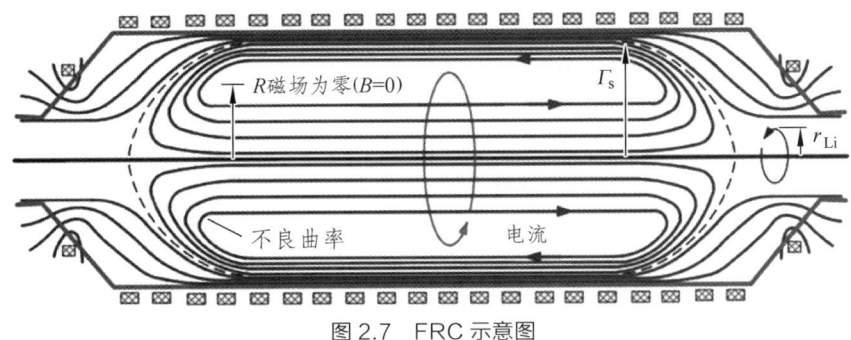

图 2.7　FRC 示意图

注：这种结构耦合了闭合磁场线（如圆环中）和更简单的线性圆柱形容器（如磁镜中）的优势 [参见弗朗西斯·F. 陈（Francis F. Chen）的著作《不可或缺的真理》，斯普林格（Springer）出版社出版]。

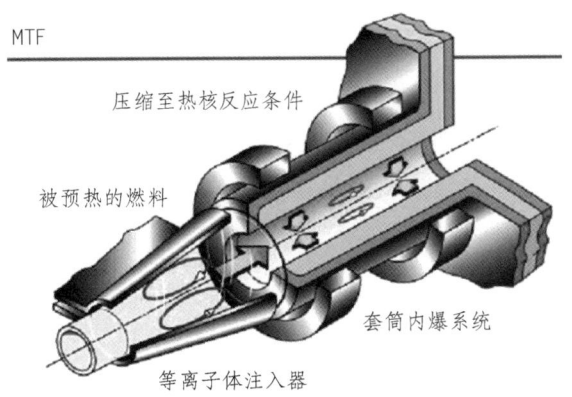

图 2.8　MTF 聚变示意图

注：在 MTF 中，轻微预热等离子体并将其注入腔室；然后腔室的壁（套筒）向内内爆，将等离子体压缩到聚变状态（图由 LANL 提供）。

罗伯特·W. 布萨德（Robert W. Bussard）创立的EMC2公司目前正在探索另一种概念，叫作惯性静电约束（IEC）。IEC最初是由电视的发明者费罗·T. 法恩斯沃斯（Philo T. Farnsworth）提出的构想，随后罗伯特·L. 赫希（Robert L. Hirsch）开展了深入研究。再后来，布萨德成为了IEC的主要推动者。除布萨德外，一些科学家也从多个角度出发进行了IEC探索，其中包括尼古拉斯·克拉尔（Nicholas Krall，公司顾问）、乔治·米利（George Miley，伊利诺伊大学）和杰拉尔德·库尔辛斯基（Gerald Kulcinski，威斯康星大学）。在某些应用中已证明IEC是优良的聚变中子点源，但如果将它扩展到聚变反应堆规模仍存在不确定性。

尽管"其他"概念每一种都具有诱人的聚变发电站特征，但却未给这些概念的倡导者带来类似于托克马克的"突破性"实验演示结果，哪怕是在现有的小规模实验装置上都不曾有。这些概念的优势能否在未来得到验证，还有待观察。遗憾的是，因经费所限，各国聚变项目的政府管理人员不得不限制对这些"替代"（托卡马克的替代方案）概念的资助。

译：程功　校：刘祥明　张惠鸽

第 3 章

奋斗的岁月

(20 世纪 60 年代)

> 比失败更糟糕的事是根本不愿尝试。

随着聚变研究的推进,美国、英国和苏联以外的其他国家也开始了实质性的聚变研究工作,并为强有力的国际合作做出了重要贡献。这些国家包括德国、法国、日本、韩国、中国、印度和其他一些国家。欧盟目前正在协调所有欧盟国家之间的聚变研究,联合国 IAEA 则通过其两年一次的会议、技术工作组和国际聚变研究理事会(IFRC),推进始于 1958 年的世界聚变合作研究。

1958 年夏,在拜读过毕晓普先生的书之后,我决心以聚变研究作为事业的起步。遗憾的是,我发现这个领域太新了,几乎没有大学开设等离子体物理(研究聚变等离子体行为的基础科学)或聚变工程的研究生教育课程,而麻省理工学院(MIT)的核工程系是个例外。在大卫·J.罗斯(David J. Rose)教授的领导下,该系开设了聚变(不同于裂变)课程并将聚变作为一个专业方向。然而,作为波士顿学院的物理专业学生,我几乎没学过进入核工程系的必修课程,而该系的大多数学生都具有化学工程本科背景。为弥补这一劣势,1959 年夏,我申请选修了纽约州特洛伊市(Troy)伦斯勒理工学院(Rensselaer Polytechnic Institute)的一门热能工程学课程。该课程主要由克诺尔原子能实验室(KAPL)的核工程师讲授。克诺尔的工程师当时正在为里科弗(Rickover)海军上将组建的海军设计裂变反应堆。1959 年秋,我申请并获得了 AEC 研究生奖学金。有了这个奖学金,我于 1960 年秋季申请了 MIT 核工程系并被录取。

在 MIT 和罗斯教授等人一起学习期间,我学到了很多关于裂变、聚变和核科学与技术的知识。我选择了系里提供的春季学期（1962 年）在田纳西州橡树岭国家实验室（ORNL）从事各种科研项目的机会，而不是完成硕士论文。其中我参与的一个项目是在被称为 DCX-II 的新型磁镜聚变装置中测量抽真空的速度。1962 年 6 月，从 MIT 毕业后，在那里建立的人脉使我成功地申请到一份工作，加入了位于华盛顿特区的 AEC 受控热核研究（CTR）管理办公室。

3.1 磁约束聚变

CTR 分部隶属于 AEC 研究部 [由保罗·麦克丹尼尔（Paul McDaniel）博士领导]。该分部由阿瑟·E. 鲁阿克（Arthur E. Ruark）博士负责，他脾气执拗，事实证明，他的员工非常少，而且他也不善于帮助年轻人开创事业。当我到达时，鲁阿克的工作人员只有威廉·C. 高夫（William C. Gough）。此后不久，希利亚德·罗德里克（Hilliard Roderick）博士加入了我们。当我准备第一次参观劳伦斯·利弗莫尔实验室的聚变项目时，罗德里克建议我不要去见哈罗德·福思（Harold Furth）或斯特林·科尔盖特（Sterling Colgate）。他说，他们是爱德华·泰勒手下的两个"神童"，只会瞧不起我，侮辱我。然而，我确实见到了他们，发现他们既恭敬又风趣。

我在 CTR 分部的第一个任务是审查和处理来自纽约大学哈罗德·格拉德（Harold Grad）数学理论小组的续约申请。鲁阿克总是称该团队为"学术界道德标杆"，因为他们对等离子体理论的数学研究比大多数研究聚变问题的理论家更严格（但不太切实际）。鲁阿克对此极为好感。然而，我很快发现，格拉德的方法虽然对新兴的等离子体科学领域很重要，但推导出的方程解常与实验不符。而在其他理论家中，马歇尔·罗森布鲁斯（Marshall Rosenbluth）是公认的领军人物，能够为实验提供更多的指导，尽管他不得不做出许多假设和简化来求解方程的解。这两个理论流派之间的"对立"在整个 20 世纪 60 年代的聚变会议上引发了许多趣味性和启发性的讨论。今天，这种"冲突"仍然存在于主要依赖等离子体行为"半经验"模型的学者和主张集中精力发展"从第一性原理出发的预测能力"的学者之间。

1962年，我加入了一个聚变计划，该计划有趣的特色之一是它由圣地亚哥通用原子公司[GA，当时隶属于通用动力（General Dynamics）公司]一个私人资助的研究小组承担。GA公司成立于1955年，致力于核裂变领域的研究，但在1956年，获得了得克萨斯州原子能研究基金会（TAERF）的资助，开展一项多方联合资助（每个项目500万美元）、为期4年（可延期）的聚变研究。GA公司由弗雷德里克（或"弗雷迪"）·德·霍夫曼（Frederic De Hoffmann）领导，他聘请卡内基理工学院（Carnegie Institute of Technology）的爱德华·克鲁兹（Edward Creutz）担任公司研究总监。而克鲁兹聘用了当时一些顶尖的聚变科学家（包括理论家和实验学家），包括马歇尔·罗森布鲁斯和唐纳德·克斯特（Donald Kerst）。他们又吸引来其他人才，包括威廉·德拉蒙德（William Drummond）、尼古拉斯·克拉尔、诺曼·罗斯托克尔（Norman Rostoker）、布鲁诺·科皮（Bruno Coppi）、肯尼斯·福勒（Kenneth Fowler）、查尔斯·沃顿（Charles Wharton），以及一位来自日本的天才青年科学家大川泰弘（Tihiro Ohkawa）。在接下来的几年里，我多次访问GA，对这个团队的印象深刻。他们非常投入，仍在探索各种磁场构型，并一直在发明新的变体。

20世纪60年代，美国的实验进展并不顺利。在普林斯顿等离子体物理实验室（PPPL）的仿星器中观察到了比预期更快的等离子体损失率，原因尚不清楚（尽管存在很多理论解释）。另一个主要的聚变装置，劳伦斯·利弗莫尔实验室（LLL）① 的磁镜，同样也处在挣扎中，而称为2X的磁镜，情况稍好，因为它采用的是等离子体压缩方法。第三种（独特的）聚变方法，阿斯顿（Astron）②，也在LLL）也在苦苦挣扎。类似的问题同样困扰着其他国家的实验。

---

① 译者注：它在后来升级为劳伦斯·利弗莫尔国家实验室。
② 译者注：这里指的是阿斯顿聚变反应堆原型。

20世纪60年代，美国的聚变计划由美国国会参众两院联合原子能委员会（JCAE）监管。JCAE对聚变研究的缓慢进展愈发不耐烦。1964年春，在听取AEC 1965财年预算的听证会中，JCAE主席约翰·帕斯托雷（John Pastore）说，"你要鞭打一匹死马多久才能知道它已经死了？"JCAE要求AEC彻底审查聚变计划，并在1966年初提交一份报告。1965年5月，美国AEC成立了一个由塞缪尔·艾利森（Samuel Allison，MIT）和雷蒙德·赫伯特（Raymond Herbert，美国威斯康星大学）主持的科学家委员会，审查聚变计划。他们于1965年12月向AEC提交了报告，随后在1966年1月报告被转交国会。

而AEC仍然未向JCAE提交自己的报告。1965年中后期，在CTR分部，与艾利森/赫伯特审查同期，鲁阿克在没有工作人员协助或聚变研究团体帮助的情况下，自行编写了报告。几个月后，他向研究部主任保罗·麦克丹尼尔提交了他的报告草稿，麦克丹尼尔认为这完全不可接受。麦克丹尼尔解除了鲁阿克作为CTR分部负责人的职务，并说服当时正在PPPL进行C型仿星器实验的阿玛萨·毕晓普，让他接受普林斯顿大学的特别指派，来AEC完成这份报告。在1966年1月至2月期间（暴风雪袭击了华盛顿，我们躲在华盛顿的一家酒店里），我、毕晓普和来自劳伦斯·利弗莫尔实验室的理查德·F. 波斯特准备了《美国原子能委员会关于受控热核研究的政策和行动报告》。[16]该报告草案随后经过了行政部门[原子能委员会总咨询委员会（GAC）、管理和预算办公室（OMB）和总统科学咨询委员会（SAC）]几个月的审查。报告的建议（和修改）主要与聚变项目需求或应该得到多少预算等分歧有关。该报告最终于1966年7月11日，由AEC主席格伦·T. 西伯格（Glenn T. Seaborg）递交给了JCAE。这份报告给聚变计划注入了新的活力，但更多的是基于对未来的展望而不是实验结果。报告提交一个月后，毕晓普离开普林斯顿大学，接受了AEC CTR分部负责人的职位。20世纪50年代大部分时间里，他一直担任这一职务。

政策和行动报告的建议之一是：CTR分部应建立一个常务顾问委员会，该委员会由一系列特设小组支持，全方位审查方案（后来真这样实施了）。毕晓普主持常务委员会，常务委员会的其他成员包括来自 CTR 主要实验室和 GA 的项目主管，以及来自聚变研究领域的四名外部成员。常务委员会中两位特别有影响力的外部成员是所罗门·J. 布施鲍姆（Solomon J. Buchsbaum，贝尔实验室的副总裁）和刘易斯·布兰斯科姆 [Lewis Branscomb，科罗拉多州博尔德（Boulder）实验天体物理联合研究所所长]。在委员会的一次会议上，我记得布兰斯科姆表达了这样的观点：聚变能最终将被证明是可行的，但不经济。在另一次会议上，我记得布施鲍姆曾提到，如果一种聚变方法能够被证明是可行的，那么将会有几种方法可行。后一个观点是在我们有几种聚变"方案"的背景下提出的（JCAE 经常问我们为什么不能减少方案的数量）。

毕晓普和常务委员会面临的早期问题之一是 GA 私人资助团队的未来。该团队曾以私人资助为傲，他们不想成为另一个 AEC 资助的团队。然而，1966 年末，GA 的理论学家威廉·德拉蒙德在得克萨斯大学获得教授职位后，TAERF 建议在 1967 年 4 月底终止资助 GA，转而资助得克萨斯大学的聚变研究。不出所料，GA 管理层找到 AEC 寻求政府资助。他们坚持要求政府尽快做出决定，而这不是政府擅长的。当 CTR 分部正在考虑该怎么办时，许多高层人员离开了 GA，他们接受了大学或政府实验室的职位。毕晓普征求常务委员会的意见，常务委员会建议我们解散这个团队，由其他机构接收这些团队人员。随着 4 月最后期限的临近，GA 剩下的唯一一位没有决定去向的高管是大川泰弘。劳伦斯·利弗莫尔实验室为他提供了一个职位，但他不愿意接受。如果可以，他更愿意留在佐治亚州。常务委员会建议毕晓普采取这样的立场：如果大川泰弘想从 AEC 获得聚变研究资金，他必须搬到一个有 AEC 资助的聚变机构。我给毕晓普的建议是：如果大川泰弘值得资助，我们就应资助他，而不是强迫他搬家。我们向 GA 提供了一份合同（我记得是 50 万美元），GA 的聚变计划在政府合同的支持下繁荣至今。

3.2 托卡马克的兴起

我们成立了一个特设小组来审查各种环形约束方案，方案中最有前景的是美国的仿星器（尽管还有其他几个也比较有前途）。而英国人正在研究环形箍缩构型，苏联人正在发展他们自己的环形概念，即托卡马克。马歇尔·罗森布鲁斯是特设小组的主席，我担任执行秘书。该小组的成员之一是哈罗德·福思，他是来自利弗莫尔的顶级聚变研究科学家，后来成了普林斯顿实验室的主任。在特设小组的报告草稿中，福思插入了一项声明，称托卡马克不如仿星器有前途，因为它们需要在等离子体中形成电流（而仿星器不需要），而电流在等离子体中流动会导致等离子体不稳定性发生，使约束变差。我当时的老板阿玛萨·毕晓普坚持从报告中删除这一陈述，不是因为他不同意这个意见，而是因为他认为这是对苏联同事的侮辱。而福思后来成为美国托卡马克项目的领军人物。

在1958年第二届联合国和平利用原子能会议上，美国、英国和苏联解密了它们的聚变计划。此后，联合国IAEA开始每2～3年主办一次国际聚变会议。在1965年英国库勒姆会议上，苏联人声称他们在T-3托卡马克中观测到了比其他国家的环形实验装置（如仿星器）更好的等离子体约束。参加1965年会议的大多数科学家对这些数据是否得到了正确的解释持怀疑。在1968年新西伯利亚的IAEA会议上，苏联人报告说他们的T-3托卡马克获得了比其他环形装置（如仿星器）中更好的等离子体约束（10倍）和更高的温度（10倍）。心理上美国科学家不容易接受这样的事实，即苏联的发明（托卡马克）在性能和前景上超越了他们所钟爱的环形概念（仿星器），英国物理学家亦如此。会议结束时，苏联项目负责人列夫·阿特西莫维奇（Lev Artsimovich）和英国项目负责人巴斯·皮斯（Bas Pease）同意寻求两国政府的批准，让一组英国聚变科学家带着苏联当时没有的诊断设备前往莫斯科的库尔恰托夫研究所（Kurchatov Institute），核实或反驳苏联的说法。苏联和西方国家之间的长期实地访问还未成常态，因此能否安排这次访问尚不确定。然而，访问最后成行了。由尼科尔·皮科克（Nicol Peacock）率领的英国使团，包括迈克·福勒斯特（Michael Forrest）、彼得·威尔科克（Peter Wilcock）和德里克·罗宾逊（Derek Robinson），证实了苏联的结果。从而在世界范围内引发了后来被称为"从众效应"的跟风潮，即把现有设施改造成托卡马克结构或建造新的托卡马克设施。英国人对苏联托卡马克结果的确认过程最近被一位英国参与者编写成书。[17]

1969年间，AEC的CTR分部收到了几个美国研究机构的托卡马克提议，包括GA、MIT、ORNL、得克萨斯大学，最后一个（但并非不重要）是普林斯顿大学，他们很勉强地要求将他们的C型仿星器改造成托卡马克。在常务委员会的建议下，毕晓普全部予以批准。根据历史学家琼·布朗伯格（Joan Bromberg）的说法[4]，常务委员会在促使普林斯顿同意改造仿星器上发挥了影响力。

20世纪60年代，我在CTR分部工作时，开始意识到几乎每个从事聚变工作的人都有博士学位。因此，我进入了马里兰大学物理系，开始在全职工作之际加紧业余学习，同时还组建了家庭（3个孩子出生于20世纪60年代）。最终，在1968年中期（就在苏联托卡马克研究成果成为人们关注焦点时），我离开了AEC，在美国海军研究实验室（NRL）担任研究物理学家，并在NRL和马里兰大学（University of Maryland）的共同安排下，于1971年完成了博士论文。我的工作是搭建并完成一个激光产生等离子体的实验。我的实验论文涉及如何利用国内当时最大的高能、高功率激光器（30 J/30 ns脉冲）产生"无碰撞冲击波"。这是NRL首个激光产生等离子体实验。

就在我离开AEC去NRL之前，一位在印第安纳州国际电话电报研究实验室工作的科学家/工程师罗伯特·L.赫希向AEC递交了一份提案，希望支持他们一直在研究的静电约束新概念。赫希说，他们正在一个相对较小的装置中观察聚变反应（中子），并提议用一架小型飞机将这个装置运往华盛顿，作为提案的一部分进行演示。由于该装置使用氘（具有轻度放射性）作为聚变燃料（和用氚一样），我必须准备一份分析报告和一份给AEC大楼安全部门的备忘录，证明如果装置中的氚泄漏并进入大楼的中央空调系统，不会对任何人造成伤害。我完成了这项工作，并且得到了认可（这在今天是不可能的）。赫希把他的设备带到华盛顿西北第 H 大街 1717 号的 AEC 大楼，并把它推进会议室，插上电源，然后打开。中子计数器开始发出"咔嗒"声，我们通过一个窗口向反应室看去，看到装置中心有一个小的球形发光区。大家开玩笑说，实际上，我们正盯着聚变中子的"脸"（这是今天我们不可能做的另一件事）。我们邀请了一些来自聚变领域的理论家来参加会议，他们很快对这个概念提出了质疑（我认为有些不公平）。多年来，在审查各种提案时，我发现，如果提案与政府聚变计划中的内容无关，它几乎不可能获得正面评价。因此，我们最终决定不支持该提案。然而，毕晓普和我对赫希印象深刻。当我离开 AEC 去 NRL 时，毕晓普雇用了赫希，他在 1968 年中期接管了我在 CTR 分部的工作。他参加了 1968 年在新西伯利亚举行的 IAEA 聚变会议，在那里听到了苏联的托卡马克结果，返回美国后为在美国启动托卡马克研究进行了大力游说。在我看来，他在促使普林斯顿把他们的仿星器改造成托卡马克上，和常务委员会一样有影响力（甚至更有力）。

　　早些时候，毕晓普还在我的推荐下聘用了另一名新职员：伯纳德（本）·伊斯特隆德（Bernard Eastlund）。本·伊斯特隆德是几位有才华的年轻科学家之一，来自罗伯特·J. 格罗斯（Robert J. Gross）教授指导的哥伦比亚大学应用等离子体物理项目。我曾在美国物理学会等离子体物理分会的一次会议上听过伊斯特隆德令人印象深刻的演讲。伊斯特隆德后来与 CTR 的工作人员威廉·高夫合作写了一篇启发性的论文"聚变之火"，表明除了用聚变发电之外，人们可能利用释放的聚变能量将废料或其他材料分解成可重复使用的物质。[18]

3.3　惯性约束聚变

　　20 世纪 60 年代，美国和其他国家的聚变研究基本都集中在探索利用磁场构型实现聚变上。而 1960 年激光器的发明，让许多人和机构设想一个足够大、高能、高功率的激光器是否可以用来"点燃"含有聚变燃料的靶丸——一个装在靶室里释放足够低能量的微型氢弹。AEC实验室内的这些想法大多来自氢弹设计者，因此，随后这项研究工作被AEC列为高度机密。然而，作为一名获得安全许可的AEC工作人员，我接触到了这些工作，因此AEC总部的保密官员经常就聚变相关问题向我请教。这些官员主要关心的问题是，"敌人"（他们指的是苏联人）是否可能在一艘船上安装一个大型激光器，将它驶进纽约港并使用激光引爆氢弹。中央情报局（CIA）还经常拜访我，基于"情报人员"的报告[即苏联人巴索夫（N. Basov）是半导体激光器的发明人之一]，他们担心苏联在"激光聚变"方面取得"快速进展"。CTR常务委员会的成员也获得了许可（正如大多数聚变科学家一样）并委托他们的成员之一，来自加州大学的基思·布吕克纳（Keith Brueckner），主持一个特设小组来研究激光聚变的前景。布吕克纳的小组得出结论，该领域很有前景，并建议CTR分部资助该领域的一些研究。我们没有这样做，部分是因为资金紧张，但主要还是因为，在这个现行方案都已解密的年代，再对激光聚变方案严格保密，将使得自1958年舍伍德计划解密以来已经建立起来的国际开放对话与合作复杂化。因此激光聚变（或更广义的ICF）的研究留给了AEC的军事应用部门。

布吕克纳本人也有其他打算。他自己测算了成功制造一个激光聚变装置需要做的工作，随后辞去了常务委员会的职务，并于1969年加入了密歇根州的KMS能源公司。布吕克纳和KMS开始申请专利（因为保密，AEC实验室没有申请专利）。KMS公司总裁基普·西格尔（Kip Seigel）写信给AEC主席格伦·西博格[4]，称KMS可以在18个月内证明激光聚变的科学可行性，并在"未来几年内"实现"高效聚变能"。在保密和知识产权问题上，KMS和政府展开了长达数年的斗争。

我在激光聚变领域的知识和兴趣正好与NRL等离子体物理部门主管艾伦·科尔布（Alan Kolb）提供给我的机会契合，即利用当时美国最大的高能、高功率激光器进行激光产生等离子体的实验，并利用该设备完成了我的博士论文。

译：程功　校：刘祥明　张惠鸽

第4章

光辉的岁月

（20世纪70年代）

不仅脚踏实地，还需志存高远。应为团队指明清晰的愿景。

约翰·史丹博（John Stamper）、爱德华·麦克林（Edward McLean）和我在海军研究实验室（NRL）搭建并开展了一个实验，高功率激光束就是从隔壁大楼传送到我们大楼的。我的论文任务是验证存在无碰撞冲击波（当时仅停留在理论预测阶段）。我的实验取得了成功，并在《物理评论快报》上发表了两篇论文。[19, 20] 当在约翰·史丹博设计的磁性探测仪上观测到非常大的信号时，我们小组非常吃惊。起初，我们认为信号要么假的，要么是校准误差的结果。但进一步的研究使我们确信它是真实的，借助理论学家的理论解释，我们在《物理评论快报》上发表了一篇关于在激光产生的等离子体中自发产生兆高斯磁场的论文。[21] 为此，我们在1972年2月获得了NRL的研究出版奖。在此期间，我还分析了通过射频电磁场将激光产生的等离子体限制在超导谐振腔中的可能性。[22]

NRL激光器由沃尔特·苏伊（Walter Sooy）领导的光学部门管理并运行，其激光器分部由约翰·埃米特（John Emmett）领导。埃米特是一个才华横溢、雄心勃勃的人，他对激光器了如指掌，但对核聚变一无所知。我们就激光聚变进行了几次讨论，他对此非常感兴趣。我写了一篇论文"激光产生的聚变等离子体"，发表在1971年12月的《NRL进展报告》上，它描述了NRL激光等离子体研究与聚变研究的相关性。[23] 我让时任AEC军事应用部门负责人的爱德华·吉勒（Edward Giller）将军和时任白宫科技政策办公室（OSTP）助理主任的理查德·巴尔齐瑟（Richard Balzhiser）去了解NRL在聚变相关的高功率激光和等离子体物理方面的研究能力。巴尔齐瑟派他的一名工作人员去 NRL 参观，后来埃米特做的简报向 OSTP 提供了关于 NRL 能力的信息。埃米特和我向 NRL 研究主任艾伦·伯曼（Alan Berman）博士递交了一份提案，要求 NRL 大力发展实验室激光聚变。但他不感兴趣，大概是因为他觉得这样的研究应在 AEC 而不是海军管辖范围内。然而，在 1971 年的平安夜会议上，巴尔齐瑟与白宫 OMB 达成协议，将指定给 NRL 的 500 万美元纳入美国经济合作署 1973 财年的总统预算申请中。这促成了 NRL-AEC 在激光聚变方面的联合，这种联合一直持续至今（时强时弱）。

4.1 托卡马克

当我在 NRL 时（1968—1972 年），美国的聚变计划发生了巨大变化，这主要是受苏联托卡马克结果的影响，但也归因于有关能源重要性的政治观点的改变。

1970 年春，毕晓普辞职，并在日内瓦联合国担任外交职务。AEC 邀请了加州理工学院的物理学教授罗伊·古尔德（Roy Gould）担任 CTR 分部负责人。古尔德和赫希于 1969 年在毕晓普的领导下，完成了在美国建造几个托卡马克装置的任务。到 1970 年 5 月，普林斯顿大学在通过改造 C 型仿星器而建造的托卡马克上开展实验，并重复和证实了苏联 T-3 的结果。当美国科学家建造他们的第一个托卡马克装置时，同时也开始构思能够创造实际聚变条件的、更大型的托卡马克装置。

同样在 20 世纪 70 年代初，美国电力公司（US Electric utilities）和美国政府行政部门开始考察未来的能源供应需求。几家拥有自己内部研发部门的电力公司为聚变研究人员提供了一些资金。雷蒙德·胡斯（Raymond Huse，新泽西州公共服务电力和天然气公司的研发经理）和霍华德·德鲁（Howard Drew，得克萨斯公共事业服务公司和 TAERF 副总裁）都在管理者之列。爱德华·大卫（Edward David）是总统的科学顾问和 OSTP 负责人，他审查了国家能源研发计划[4]，1971 年 5 月，大卫向 AEC 主席格伦·西博格发出请求，请他概述聚变发展的两个方案：

一个"显著扩大"方案和一个"寻求在最短可行时间内发展聚变能源的全面计划"方案。理查德·尼克松（Richard Nixon）当时任总统（1969—1974年），他十分关注美国的"能源独立性"。

1971年夏，格伦·西博格辞去AEC主席一职，由詹姆斯·施莱辛格（James Schlesinger）接任。1971年12月，施莱辛格提升了CTR分部级别，称其为受控热核研究部（DCTR），并向AEC副总经理斯波福德·G.恩格利斯（Spofford G. English）作了汇报。1971年6月，我在马里兰大学获得了物理学博士学位[论文指导老师是汉斯·格里姆（Hans Griem）]，并与AEC的同事保持着经常性联系。1972年2月，我应DCTR主任罗伊·古尔德的邀请回到了AEC。此后不久，约翰·埃米特离开NRL，加入了劳伦斯·利弗莫尔实验室，在那里他开始监管几个更大激光器的建造工作，并组建了一个知名的科学家团队来开展激光聚变研究工作。

当我1968年离开AEC时，1968财年聚变预算是2 700万美元。当我1972年2月回国时，1972财年的预算是3 300万美元。今天，这听起来不算太多，但它意味着22%的增长，并被允许资助几个虽然小但全新的托卡马克装置。此外，我发现AEC聚变办公室（响应上面提到的OSTP请求）忙于未来规划（主要是由罗伯特·赫希提出），特别想定义能证明聚变"科学可行性"的未来装置。科学可行性这个术语没有严格的定义，但当时被普遍认为指在氘等离子体中开展达到劳森参数的实验（不必制备氚作为燃料）。劳森参数定义了自持聚变反应所需的最低条件：温度至少为5 keV，密度-约束时间乘积约为$10^{14}cm^{-3} \cdot s$个离子。另一个公认的"科学可行性"定义是进行一项实验，实现"等效科学盈亏平衡"，这意味着等离子体将产生（如果使用氚）与加热等离子体的能量一样多的聚变能量。其他人，主要是DCTR的赫希，想计划一个完美的（氘氚）盈亏平衡实验。赫希鼓励橡树岭实验室的约翰·克拉克（John Clarke）和迈克·罗伯茨（Mike Roberts）来承担这种装置的概念设计[没有得到橡树岭聚变项目负责人赫尔曼·波斯特马（Herman Postma）的太多鼓励]。总的来说，AEC实验室聚变项目负责人不愿在实验中使用放射性氚。

4.2 制定规划

当我 1972 年 2 月抵达 DCTR 时,很快就参与了 AEC 政策和规划部门的一项属于 AEC 范围内的实践活动,该活动要求所有 AEC 项目使用一种称为"目标管理"的流程来开展评估,该流程包括使用"决策树分析法",这是当时在 OMB 流行的一种形式主义。幸运的是,赫希已经对这个问题进行了深入思考,并描画了一个聚变发展计划的大致轮廓。[4] 作为该活动的一部分,我准备了一张图表,显示了聚变研究计划各单元的潜在流程和主要装置(当前和未来),突出了重大决策的时间表和决策点。这份海报大小的图表,仍然挂在我办公室墙上(见图 4.1),落款日期是 1972 年 10 月。

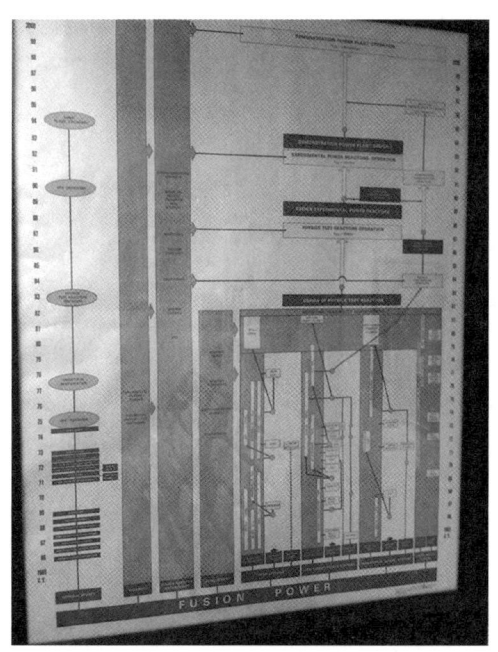

图 4.1　1972 年 10 月的聚变能规划图

注:它展示了建造一系列实验装置的决策点,并最终希望在 2000 年运行聚变能示范反应堆。

该图表展示了三种磁约束方法 [托卡马克、磁镜和 θ 箍缩（theta pinch）] 之间的主要竞争关系、激光聚变这种并行研究线（不在我们的范围内，但属于 AEC 武器计划）、基础等离子体物理和技术发展的支撑线。对于托卡马克，基于规划的普林斯顿大圆环（PLT）托卡马克（1978 年）实验结果，计划了一个决策节点，并提议建造一个可以产生大约 10 MW 聚变功率的物理试验反应堆，该反应堆计划在 1984 年运行。

正如我们所料，来自普林斯顿的 PLT 结果在 1978 年如期而至，于是我们做出了一个决定，[1975 年，基于较小的橡树岭托卡马克（ORMAK）预期结果和最终的 PLT 结果] 建造一个名为托卡马克聚变试验反应堆（TFTR）的全新大型托卡马克，就是图表上显示的物理试验反应堆。TFTR 后来确实产生了 10 MW 的聚变功率（尽管因故比我们计划的晚了大约 10 年，原因后面讨论）。图表列出的其他目标包括在 1990 年左右运行一个实验性电力反应堆，在 2000 年运行一个示范发电站。

1976 年，我领导了一个聚变小组，并准备了一份研发计划来实现这些目标，最终形成了一份详细的（5 卷）计划。[24] 该计划后来被编入 1980 年的"磁聚变能源工程法案"，计划获国会批准并于 1980 年 10 月由卡特总统签署（下一章将对此进行详细介绍）。实际上，在 1969—1972 年期间，罗伯特·赫希、罗伊·古尔德与 CTR 常务委员会及 CTR 实验室的科学家协商，在内部完成了这项计划的大部分基础工作。

4.3 管 理

AEC 主席施莱辛格 1971 年 12 月将聚变计划升级为部门级任务，但古尔德领导下的聚变计划办公室运作模式却几乎没有变化。不过事情很快有了转机。1972 年夏，古尔德去了加州理工学院。8 月份赫希被任命为 DCTR 主任，他立即着手扩大 DCTR 在管理聚变计划中的作用，设立了三个副主任职位。我成为（磁）约束系统的副主任。他还请来了马里兰大学的教授阿尔文·W. 特里韦尔皮斯（Alvin

W. Trivelpiece）担任研究副主任，并（在1973年）聘请了洛斯·阿拉莫斯实验室的工程师罗伯特·W. 布萨德担任发展和技术副主任。1971年8月，DCTR有5名技术人员；1年后，发展到16人，到1975年10月，变为50人。1972年8月，美国聚变预算（1973财年）为4 000万美元；5年后，将是3.32亿美元。

特里韦尔皮斯和布萨德具有比我更令人叹服的学术背景。特里韦尔皮斯是一名教授，发表了许多科学论文，最近与尼古拉斯·A. 克拉尔（Nicholas A. Krall）教授合著了一本教科书《等离子体物理原理》。[25] 布萨德是LANL的一名工程师，在核应用领域作出了持久而卓越的贡献，并提出了很多重要的想法。他积极向上，并写了一本关于利用核动力火箭开展太空推进的书。而我负责聚变计划的核心部分。如果核聚变要成功，在我职权范围内的一个或多个主要实验项目，必须朝着实现聚变等离子体条件的方向推进。我得到了聚变预算的最大部分（尽管布萨德正在规划未来的技术预算需求，如果约束实验成功的话，预算需求将会非常大）。不过，我确实记得，有一天，当我们三人都在为增加各自的预算而争论时，赫希对我们说："先生们，不要用预算金额来论英雄"。

赫希重组了CTR常设委员会，将其更名为聚变能协调委员会（FPCC）。他把他的三个副主任（布萨德、特里韦尔皮斯和我）纳入了委员会。这给实验室项目负责人传递了一个信息，我们应该被认为是"管理者"，而不是"员工"。

我所在的领域（约束系统）负责推进聚变实验（以及被视为最"有希望"的终极聚变反应堆）。特里韦尔皮斯领导下的研究小组（后来改名为应用等离子体物理小组）负责聚变理论研究以及大学和实验室中较小、较成熟或较基础的实验工作。发展和技术领域小组负责开发短时和长时约束实验所需的技术，以及未来试验反应堆和发电站的系统研究。FPCC作为赫希的智囊团，审查实现聚变目标的新的、更积极的想法，并说服实验室聚变计划负责人进行更广泛的思考。赫希指导了我们的工作，但很大程度上把详细的决策、实施和管理交给了我们，同时他巧妙地与AEC高管、行政机关的其他部门（OMB、OSTP）以及国会互动，并获得了他们对该计划的支持。

特里韦尔皮斯和他的团队两年内做出了许多重要贡献。其中三个让我印象深刻。他和他的一名工作人员班尼特·米勒（Bennett Miller）编写了终止利弗莫尔实验室两类实验 [阿斯顿（Astron）和莱维特隆（Levitron）] 的合理性报告。这是华盛顿聚变办公室第一次命令国家实验室停止某种特定类型的实验。华盛顿的观点是，政府的工作是为实验室提供资金，而实验室的工作是决定如何使用资金。对赫希来说，停止阿斯顿和莱维特隆表明实验室的管理风格已经发生了变化。琼·布朗伯格[4]记录了这些事件。一本关于阿斯顿的优秀纪实书籍也已出版。[15] 特里韦尔皮斯和米勒也认识到了计算机日益增长的能力及其在模拟复杂等离子体行为中的潜在用途。他们在利弗莫尔建立了一个先进计算中心，专门研究聚变问题。这个中心后来非常受欢迎，以至于它最终被转移到了 LBNL，完成升级后，被 AEC 的其他研究项目使用。而（我们）不得不申请在计算中心获得公平的机时开展聚变研究。但那是特里韦尔皮斯回到马里兰大学很久以后的事了。詹姆斯·德克尔（James Decker）是特里韦尔皮斯的雇员，负责实验计划。借助此身份，德克尔提出了许多可在较小装置中开展研究的新想法，包括一类称为"替代概念"的计划，与正在约束系统中研究的聚变概念不同。1977 年，德克尔写了一份有关 11 个此类概念的综合报告（DOE/ET-0047）。从长远看，这些概念具有某些潜力，但目前它们还未为其"辉煌时刻"而做好准备。多年来，这些概念被归类为"替代概念"、"探索性概念"或"创新性约束概念"。虽然我支持这类工作，但这不是眼前我要关心的问题。

快速发展聚变的计划需要我们在诸如磁铁、材料和等离子体加热等技术方面取得重大进展。此外，我们需要未来工程试验反应堆和示范发电站的设计分析来引导研究方向。这些是布萨德和他的团队的责任。S. 洛克·博加特（S. Locke Bogart）是布萨德的早期雇员，可直接向布萨德汇报，因此他对发展规划有整体认识。他经常与我的团队互动，并为 1976 年的主要项目规划文件做出了重要贡献。[24] 布萨德团队的其他重要雇员包括詹姆斯·威廉姆斯（James Williams，负责系统）、弗兰克·科菲曼（Frank Coffman，负责系统）、克劳斯·兹威尔斯基（Klaus

Zwilsky，负责材料）、杰克·比尔（Jack Beal，负责等离子技术）和卡尔·亨宁（Carl Henning，负责磁铁）。

尽管托卡马克在20世纪70年代初是"热门话题"，国会给AEC施压，要求AEC减少方案数量，但我们并不认为托卡马克可能是唯一的方法。两种方案[阿斯顿（Astron）和莱维特隆（Levitron）]被取消，主要方案数量减少到三种：开放系统（磁镜）、封闭系统（托卡马克）和高密度系统[θ箍缩和波纹环（bumpy torus）]。管理这三种主要方案是我团队的责任。尽管波纹环（一个排列成环形的磁镜阵列）不是一个"高密度"系统，但为方便起见，我们在高密度系统类别中管理它。

当1972年我开始熟悉新职责时，意识到需要特别关注托卡马克领域（在我不在的时候发展起来的）。因此，1973年3月，我成立了一个由我担任主席的小组，由詹姆斯·卡伦（James Callen，橡树岭实验室）和哈罗德·福思（普林斯顿大学）担任联合主席，小组成员还包括另外三位顶尖科学家：约翰·克拉克（John Clark，橡树岭实验室）、大川泰弘（GA）和保罗·卢瑟福（Paul Rutherford，普林斯顿大学）。我们的报告"用于聚变研究的托卡马克系统的现状和目标"[26]，成为未来决策的指南，其原则今天仍然有效。

我们在报告中指出，"在努力实现这一目标（基于托卡马克的聚变反应堆）的过程中，该计划将有望完成约束物理、盈亏平衡和工程方面的一系列里程碑，包括：① 演示聚变反应堆等离子体物理状态的约束和加热；② 演示足以产生净能量增益的热核燃烧；③ 演示反应堆所需工程部件"。

虽然这些目标是我专门为指导托卡马克研究而制定的，但我把这些目标应用到了所负责的三种主要方案中，并着手组织和实施一个实验项目来实现这些里程碑（目标）。如前所述，第一个里程碑实际上是在1978年实现的，当时PLT（一种托卡马克）加热被良好约束的等离子体，使其超过了5 keV的劳森"理想点火温度"。第二个里程碑的部分目标后来在TFTR、欧洲联合环（JET）装置和日本JT-60托卡马克上实现了。21世纪20年代，ITER有望完成里程碑二的全面演示，并朝着里程碑三迈出实质性的一步。稍后将详细介绍这些成就,以及为什么要花这么长时间才能超越里程碑一。

1973 年和 1974 年,DCTR 的管理者(赫希、特里韦尔皮斯、布萨德和我)与聚变计划项目负责人(主要 AEC 机构的聚变项目负责人)和 FPCC,就实现上述里程碑二的装置的选择问题进行了持续对话。

海洋生物学家迪克西·李·雷蒙德博士(Dixie Lee Raymond)于 1973 年 2 月成为 AEC 主席。她是聚变的坚定支持者;因此,我们乐观地认为,我们可以寻求一个新的大型建设项目。华盛顿州的国会议员迈克·麦科马克(Mike McCormack)是一名有背景的化学家,他正在成为国会中一名有影响力的支持者,并将在后面十年中发挥关键作用,这一点我将在后面阐述。始于 1973 年 10 月并持续到 1974 年 3 月的石油禁运也提高了公众对核聚变能的关注,石油禁运迫使美国建造了长长的输气管道,并增强了美国对于依赖外国能源这一问题的政治意识。

关于下一步应该开展什么样的聚变实验,存在两种观点。PPPL 及其主任梅尔文·戈特利布(Melvin Gottlieb)主要倡导的一种观点是,应该建造一种能够实现"等效盈亏平衡"的装置,即在氘中达到符合劳森判据的温度、密度和约束条件,但不使用氚(因此无法产生一个实用聚变电站所需的盈亏平衡)。另一种观点由橡树岭实验室提出,实验应该使用氚,并实现聚变电站真正的盈亏平衡。后一种装置显然成本更高,建造时间更长,操作更复杂(因为必须处理带有放射性的氚,而且形成的大量聚变中子会在容器内壁材料中诱发放射性)。但橡树岭聚变项目主管赫尔曼·波斯特马并不热衷这项申请。橡树岭的设计和申请主要基于波斯特马团队的两位成员约翰·克拉克和迈克·罗伯茨的兴趣和工作(受到赫希的鼓励)。

显而易见,只有托卡马克概念可以认真考虑。磁镜和高密度实验室的项目负责人 [利弗莫尔实验室的迈克·罗伯茨和肯尼斯·福勒以及后来 洛斯·阿拉莫斯实验室的迪克·塔斯切克(Dick Taschek)和弗雷德·里贝(Fred Ribe)] 可明显感觉到，如果继续大规模扩大托卡马克研究，他们的计划将受到（资金上的）威胁。即使在4个主要的托卡马克团队（普林斯顿、橡树岭、麻省理工和通用原子）中，也有人担心"赢家和输家"的出现，这取决于新装置的建设位置和管理权归属。

DCTR 更倾向于难度最大的路线：氘氚燃烧聚变等离子体，实际上它将产生与"点燃"反应所需能量同等的聚变能。橡树岭装置非常符合我们的预期。然而，普林斯顿却是我们的"首选"聚变实验室，也是最有影响力的聚变科学家的家园。马歇尔·罗森布鲁斯被业内亲切地称为"等离子体物理学的教皇"，他20世纪60年代离开GA后，去了普林斯顿大学高级研究所。我们认为他对新装置的支持至关重要。

我于1972年秋上任后不久，就开始招聘员工。早期的雇员包括鲍勃·斯科特（Bob Scott）、西布利·伯内特（Sibley Burnett）、安妮·戴维斯（Anne Davies）和约翰·麦克布莱德（John McBride）。我最终将部门（约束系统）划分成3个小组：开放系统（磁镜）、封闭系统（托卡马克）和高密度系统（θ箍缩、反场箍缩和波纹环），每个组由一名组长负责。

在我的全面监督下，我给每个人分配了其在项目管理中的职责。到1975年，我已经有了11名技术人员：亚瑟·史利普（Arthur Sleeper，科学协调员，取代约翰·麦克布莱德）、安妮·戴维斯（1974年取代西布利·伯内特成为托卡马克系统组组长）、罗纳德·布兰肯（Ronald Blanken）、大卫·伊格纳特（Dave Ignat）、约翰·威利斯（John Willis）、肯尼斯·摩西（Kenneth Moses，高密度系统组组长）、亚伯·卡迪什（Abe Kadish）、埃罗尔·奥克泰（Erol Oktay）、威廉·埃利斯（William·Rllis，开放系统组组长）、T. V. 乔治（T. V. George）和米尔特·约翰逊（Milt Johnson）。鲍勃·斯科特很快离开我们，入职了电力研究所（EPRI）。1975年底，完整的DCTR组织见表4.1。那时，布萨德已经离开，由詹姆斯·威廉姆斯取代；特里韦尔皮斯也离开了，由班尼特·米勒接替。

表 4.1　DCTR（1975 年）

姓　名	职　位	姓　名	职　位
R. L. 赫希	主任	F. E. 科菲曼	项目管理组组长
G. 伯迪特	主任秘书	R. 科斯托夫	科学家
E. E. 金特纳	副主任	M. 墨菲	科学家
R. 韦勒	副主任秘书	J. 内夫	科学家
M. 卡茨	主任技术助理	B. 特文宁	科学家
R. 宾汉姆	计划协调员	L. 莫瑟	秘书
C. 赫斯	高级科学顾问	J. W. 比尔	等离子体工程组组长
J. R. 杨	助理行政主任	H. 库林福德	科学家
		S. 斯塔顿	科学家
S. O. 迪恩	负责约束系统的助理主任	C. 史密斯	秘书
A. 斯利珀	科学协调员	C. D. 亨宁	磁系统组组长
R. A. 沃特金斯	助理主任秘书	D. 比尔德	科学家
		E. 齐厄里	科学家
N. A. 戴维斯	托卡马克系统组组长	L. 哈曼	秘书
R. 布兰肯	科学家	B. R. 米勒	应用等离子物理助理主任
D. 伊格纳特	科学家	R. 史蒂文斯	助理主任秘书
J. 威利斯	科学家		
P. J. 休威	秘书	R. E. 普莱斯	聚变等离子体理论组组长
		O. 曼利	科学家
K. G. 摩西	高密度系统组组长	D. 普里斯特	科学家
A. 卡迪什	科学家	W. 萨多夫斯基	科学家
E. 奥克塔伊	科学家	J. 赫德	秘书
L. 沃登	高密度系统组秘书	J. F. 德克尔	实验等离子体研究组组长
		W. 多芬	科学家
W. R. 埃利斯	开放系统组组长	G. 米什克	科学家
T. V. 乔治	科学家	P. 斯通	科学家
M. 约翰逊	科学家	R. 海切尔	
S. 吉尔伯特	秘书		
		G. 英格拉姆	计算机服务和技术组组长
J. M. 威廉姆斯	发展和技术助理主任	J. 艾斯沃西	
L. 博加特	科学家	J. N. 格雷斯	托卡马克聚变试验反应堆项目管理员
J. 哈斯	助理主任秘书		
		D. J. 麦戈夫	项目管理组组长
K. M. 兹威尔斯基	材料和辐射效应组组长	J. 图里	
M. 科恩	科学家	R. J. 因帕拉	系统工程组组长
E. 戴尔	科学家	W. 马顿	
C. 芬菲尔德	科学家	C. 斯米迪拉	
E. 戴尔	科学家		
T. 罗伊特	科学家	L. 普莱斯	反应堆工程组组长
E. 鲁比	秘书	A. 迪克森	秘书

作为科学家，我们经常对 AEC 的官僚作风感到沮丧。有许多"支持"部门认为他们和他们的规则至高无上，而我们的感受恰恰相反。我遇到的第一个问题是人事问题。AEC 不受管理政府其他部门的公务员人事规定约束。但它却为各种工作建立了类似的评级系统，并制定了这些工作的准入规则。我有一个非常能干的秘书[露丝·安·沃特金斯（Ruth Ann Watkins）女士]，当我成为 DCTR 的助理总监时，发现有资格配备一个比现任秘书更有资历的秘书。AEC 告知我要从提供给我的"合格"候选人名单中雇用一个更有经验的人。我反对这个做法。我不明白为什么我不能留任我现在的秘书（以她目前的级别和工资），随着时间的推移，她会晋升到更高的级别的。赫希不太同意我的看法，但他同意和我一起去找 AEC 副总经理斯波福德·恩格利斯。听了我的理由后，恩格利斯同意向人事部经理申请一个特例，并且成功了。后来，当我的封闭系统子方向负责人西布利·伯内特离开，我想让 N. 安妮·戴维斯（N. Anne Davies）担任这个职位时，也遇到了类似的情况。戴维斯是一位才华横溢的年轻女性，工作表现一直非常出色，伯内特和我之前都雇用过她。但人事部门告诉我，她在工作岗位上任职的时间还不够长，不符合条件。我再次坚持我的立场并获胜。有些时候，我发现，如果技术主管坚持自己的立场，行政主管就会让步。遗憾的是，我发现这种情况如今极为罕见。

这样的争执还涉及安全和保密领域。自 1958 年以来，AEC 的聚变计划就被认为是公开的，应与其他国家的聚变计划合作。国际会议、访问和人员交流在 20 世纪 60 年代显著增加，20 世纪 70 年代仍呈递增趋势。但由于历史原因，AEC 聚变计划的大部分，尤其是我负责的大型实验，都位于 AEC 的武器实验室：橡树岭、洛斯·阿拉莫斯和利弗莫尔。我们的装置位于设有围栏的安全区域内，访客进入的程序很麻烦，有时会导致外国聚变科学家尴尬地被拒绝。我花了很多时间试图说服安全人员，安全范围能够而且应该重新确定，以便外国访客进入我们的设施。最终，为了让一些外国科学家在我们的长期实验任务中工作，我们不得不推翻橡树岭和洛斯·阿拉莫斯的这些禁令：即来自某些国家的科学家不准住在这些装置附近的城镇。即使在我们自己位于华盛顿郊区的办公室，也经常无法接待来自一些国家的访客。

ICF 这一新兴研究领域也遇到了其他问题，这些问题与美国大部分（聚变）工作仍处于保密状态有关。虽然这项工作不在我（或 DCTR）职责范围内（由美国 AEC 军事应用部门资助），但在尝试尽可能脱密方面我们非常支持。其他同行，尤其是苏联人，正在发表仍被 AEC 认为是机密数据的论文。由查尔斯·马歇尔（Charles Marshall）领导的 AEC 保密部门，对他们认为与核武器设计有关的数据制定了密级标准。尽管每个实验室都有保密员审查论文或会议报告，但仍需在 AEC 总部做进一步审查。实验室的科学家们急于在公开会议上发表和讨论他们的研究，因此不断有大量的文章递交到总部。马歇尔赞同尽可能合理地解密。而军事应用部门的工作人员却非常保守，所以马歇尔通常会向我寻求建议。惯性约束保密制度的突破发生在 20 世纪 70 年代初，原因是约翰·纳科尔斯（John Nuckolls，来自利弗莫尔）在《自然》杂志上发表了一篇原先被认为涉密的工作总结。[27] 尽管如此，ICF 研究仍然属于"天生机密"，解密在整个 20 世纪 70 年代和 80 年代是一场持续的斗争。如今美国武器实验室的 ICF 研究现已大部分（但不是全部）解密，这一领域健康的国际合作正在蓬勃发展。

1973 年，尼克松总统签署了《尼克松－勃列日涅夫和平利用原子能合作协定》。在新协定下，我们组建了一个核聚变小组，于 1974 年第一次访问了苏联（见图 4.2）。

图 4.2　1974 年访问莫斯科

注：阿尔文·特里韦尔皮斯、叶甫盖尼·维利霍夫（Evgeny Velikhov，苏联项目负责人）和作者本人（由库尔恰托夫研究所提供）。

在后来的一次访问中，特里韦尔皮斯和我听取了苏联脉冲功率电子束专家列昂尼德·鲁达科夫（Leonid Rudakov）博士的简短汇报。他因探索脉冲功率电子束在 ICF 中的应用（类似于美国圣地亚实验室的项目）而闻名。他走到黑板前讲述了一种当时在美国高度保密的技术。我和艾尔坐在那里，偶尔会进行表情交流。这种技术使用一种叫作黑腔（hohlraum）的金属圆柱体，后来在美国被解密，是现在被称为"间接驱动"的一个组件。

当我接手约束系统时，遇到的第一个问题是 MIT 阿尔卡特（Alcator）托卡马克的建造出现了问题。在其主要支持者布鲁诺·科皮教授的指导下，该装置的设计和建造已于 1970 年 1 月获批。科皮是一位杰出的理论物理学家，但他自认为是一名工程师。遗憾的是，当该装置 1972 年组装时，由于发现其工程设计中的错误，无法正常运行。而 MIT 在纠正这些问题方面没有进展。1973 年年中，我们与 MIT 的管理人员发生了冲突，冲突解决结果是由电气工程系主任路易斯·斯莫林（Louis Smullin）教授全权负责修改工作。其中包括让罗纳德·帕克（Ronald Parker）取代科皮，负责阿尔卡特项目。装置被拆开，并重新设计真空容器和其他部分。1974 年该装置再次开始运行，结果非常成功。

一个更严重的问题出现在普林斯顿正在建造的新型 PLT 托卡马克上。1970 年，在 C 型仿星器被迅速改造成托卡马克（称之为对称托卡马克，或简称为 ST）并再现苏联的 T-3 结果后，AEC 授权普林斯顿建造一个更大的托卡马克——PLT。橡树岭也在建造一个稍小的托卡马克——ORMAK。T-3 和 ST 托卡马克都是使用欧姆加热（在等离子体中感应出电流）将温度提高到大约 1 keV 的。这大约是欧姆加热能达到的极限，所以有必要采用一些辅助加热技术，将等离子体温度提高到 ≥ 5 keV 的聚变状态。ORMAK 是设计用来演示辅助加热（通过向等离子体中注入高能中性粒子束）的第一个托卡马克。橡树岭一直在实施一项非常好的中性束技术开发计划。LBNL 也在进行一项类似但规模较小的中性粒子束技术开发计划，即将粒子注入利弗莫尔实验室的磁镜装置。PLT 计划于 1974 年运行。当我 1973 年就职并审查普林斯顿的预算提案时，发现普林斯顿并未为中性粒子束申请预算，也没有说明他们打算如何采购招标。将 PLT 加热至 5 keV 所需的中性粒子束已经远远超出了当时的技术水平。当我问普林斯顿项目主任梅尔文·戈特利布这个问题时，他回答说将在普林斯顿实验室内开发和制造这些粒子束（装置），并在完工后添加到 PLT 中。在他看来，这没有任何问题，我应该把这件事交给他处理。这是我完全不能接受的，也是对赫希创立的新管理哲学的挑战。我确定，普林斯顿自身没有能力按照我们预设的时间表来开发和建造必要的粒子束装置，也无法证明能实现满足或超过劳森理想点火温度所需 5 keV 温度的条件。我授意普林斯顿大学与橡树岭和伯克利实验室开展讨论，从他们那里获得建议，并选择其中一种建议来尽快开发和交付所需的粒子束装置，而我们将提供必要的资金。普林斯顿最终选择了橡树岭的方案。

20 世纪 70 年代中期的大环境是这样的，我们觉得可以提议并有可能获得资金，来大幅增加 AEC 聚变研究的规模，以便广泛探索物理问题，积极推动技术发展。对约束系统计划的宽松政策导致了这样的结果，普林斯顿和 GA 分别提出建造额外的具有非圆形等离子体形状的新托卡马克（所有以前的托卡马克都是圆形的）。普林斯顿提出的是字母"D"形状，而 GA 提出的是"蚕豆"形状。一项不断发展、更深入的聚变理论研究预测，这些形状不仅可在给定尺寸的装置中提供更好的约束效果，而且从杂质控制和为等离子体提供燃料的工程角度来看，也与电站的运行更加兼容。除形状不同外，这两种设备在尺寸、性能和成本上类同。一项同行评估表明，如果只建造一个装置，应选择普林斯顿的方案。而我决定两者兼顾。这个决定很大程度上出于非技术因素的考虑。我认为，为了实现新制定的、面向研发的聚变计划，我们需要支持和发展聚变相关的工业基础能力。GA 当时正在销售气冷裂变核电站。我推断，如果他们成功并拥有良好的聚变开发能力，他们将能够更快地将聚变能推进到商业化阶段。此外，GA 的"文化"也与普林斯顿大学不同，普林斯顿大学更注重去理解等离子体物理，而不是如何快速建造聚变发电站。在 GA，针对新装置（称为多布雷特-Ⅲ）建设项目的主要反对意见是，他们没有足够的等离子体物理人员来执行该项目。20 世纪 60 年代中期，我曾参与拯救了大川泰弘领导下的 GA 公司，与其他 AEC 聚变实验室项目（团队）相比，

GA 公司在 70 年代初期规模仍然很小，必须要进行大规模扩充才能承担被认为重要的托卡马克计划。回想 20 世纪 60 年代早期，GA 公司曾聘用过美国一些最优秀的等离子体物理人才，我认为他们能够吸引任何需要的人才。此外，大川泰弘是一个非常有创造力的科学家，总能想出新方法来实现聚变。从某种意义上讲，他独立"提出"了激光聚变概念。由于他是日本人，没有保密许可，对他研究的"奖励"是美国联邦调查局（FBI）的登门拜访，FBI 说 AEC 认为他的计算是涉密的。FBI 拿走了他的激光聚变论文，并警告他不准进一步研究激光聚变。

GA 顺应这一形势，并在此后做出了杰出科学成就，但该公司未能将气冷裂变反应堆商业化，因此也未应对过聚变商业化的问题。尽管 GA 也很快放弃了"蚕豆"形等离子体，转而选择了 D 形（见图 4.3），但仍有大量的物理研究要做，两个研究团队（普林斯顿和 GA）在他们研究的主题上很少发生冲突。大川泰弘继续他的发明工作，并一度从菲利普斯石油公司（Phillips Petroleum）获得资助，开发一种称之为 OHTE 的反场箍缩（reversed-field pinch）装置。不幸的是，股市暴跌，菲利普斯石油公司被出售，该项目夭折。

在我负责约束系统的初期，面临的另一个问题是为约束系统（CS）的实验设计和实验数据解释寻求理论支撑。在 DCTR 组织框架图中，主要实验由我负责，而聚变理论由阿尔文·特里韦尔皮斯（后来由班尼特·米勒继承）的研究计划负责。从历史上看，聚变理论学家自成一派，并坚持他们应在不被任何人打扰情况下追求自己的研究内容。此外，在 DCTR 内部，他们的资助经费独立于约束系统预算之外，并在研究团队认可的工作框架下工作。因此，无论是在实验室还是在 DCTR，都需要"主动邀请和耐心协调"才能让理论学家们花时间处理实验问题（这通常与他们认为时间最好应花在他们感兴趣的理论课题上相冲突）。尽管这类冲突大多能在内部解决，理论家们也确实会提供一定（但不充分）的科研支持，但并非所有情况都能如此。因此，我授权约束系统实验项目使用其经费来获得他们认为需要的任何额外理论支持，以成功地实施实验计划。我在我的团队中设立了科学协调员一职，并聘请了一名理论家来担任该职位，负责研究我们所有实验（不仅仅是托卡马克）

图 4.3　罗伯特·赫希、安妮·戴维斯和本书作者在 GA 多布雷特（Doublet）①托卡马克的建筑工地（图片由 GA 提供）

的理论特性，并确保理论能融入并指导我们的实验工作。这个职位最初由约翰·麦克布莱德（John McBride）担任，后来由亚瑟·史利普担任。

1973 年举办了几次项目会议，讨论 PLT 托卡马克之后的下一代托卡马克装置。这些会议通常会邀请赫希，他的三位助理主任（特里韦尔皮斯、布萨德和我），主要聚变项目负责人 [梅尔文·戈特利布（来自普林斯顿）、赫尔曼·波斯特马（来自橡树岭）、迪克·塔斯切克（来自洛斯·阿拉莫斯）和切斯特·范·阿塔（Chester Van Atta，来自利弗莫尔）]，CTR 常务委员会成员 [其中最有影响力的是所罗门·J.布施鲍姆（来自贝尔实验室）]，以及来自 DCTR 和实验室的各种工作人员。实验室项目主任起初仍然坚持他们先前做出的决定（关于他们研究的方向），但现在，某些情况下，这将由华盛顿做出。在第一次会议中，赫希召集了一次执行会议（仅

---

① 译者注：美国后来发展出多布雷特-Ⅰ、多布雷特-Ⅱ和多布雷特-Ⅲ等一系列实验装置。

限经理，不包括普通员工）。当我们走进会议室时，赫尔曼·波斯特马转向我，提醒我这次会议没有邀请普通员工。我为此回答道："赫尔曼，我想告诉你，我不是普通员工。"

1973年的两次管理会议尤为重要。一次是7月份在佛罗里达州基比斯坎（Key Biscayne）举行的"务虚会"，试图就下一个装置是否会使用氚来产生实际聚变条件，或是否会用氢气实验产生等离子体中的"等效盈亏平衡"条件达成共识。这是一次小型闭门会议，以解决主要参与者的意见分歧。而这次会议我们遇到了一位"不速之客"。国会原子能联合委员会（JCAE）主任爱德华·鲍泽（Edward Bauser）听说了我们举行"秘密"会议的消息。他想知道我们在做什么，也想知道我们是否打算在他们身上启动一项重大的、涉及大量投资的新聚变计划，因此不请自来。赫希礼貌而耐心地向他解释我们在做什么，他似乎很满意并最终返回了华盛顿。会议开始时，没有一个项目主任（即便是来自橡树岭的最支持的波斯特马）赞成氚燃烧实验。随着讨论的深入（得到CTR常务委员会成员布施鲍姆的认可），达成了折中，既认可了"在非燃烧等离子体中开展更简单、更经济的"新的氢实验，也认可了一项潜在的氘氚燃烧实验："项目应在比先前预期更早的时间内认真策划氘氚燃烧实验。"双方都认为他们赢得了这场争论。[4]

4.4 托卡马克聚变试验反应堆

1973年夏秋，当我继续与普林斯顿、橡树岭和GA的主要科学家合作编写我们的报告"用于聚变研究的托卡马克系统的现状和目标"时，赫希代表AEC委员和JCAE的工作人员，正为准备启动氘氚燃烧盈亏平衡实验项目进行可行性分析，分析基于我们对中性束加热实验成果的期望，而这些实验成果首先源自ORMAK，而后是PLT。

1973年12月华盛顿的一次会议上，这个问题被提上了议程。来自橡树岭的克拉克和罗伯茨展示了他们设计的全尺寸氘氚盈亏平衡装置。项目负责人对它的规模和成本感到震惊（估计超过 3 亿美元，而我们的预算只有 1 亿美元）。尽管普林斯顿大学主任戈特利布仍在为氢实验争论不休（他坚决反对在普林斯顿大学进行放射性氚实验），但他手下的主要实验学家哈罗德·福思（他是"现状和目标"报告的负责人之一）走到黑板前说，"好吧，如果你们只是想实现氘氚燃烧盈亏平衡，这样做就可以了。"他绘制了一个装置[称为"湿木燃烧器"（Wet wood burner）]，通过向低温氚等离子体中注入一束高能氘来实现氘氚盈亏平衡。实际上，没有人认为这个概念可以外推到聚变发电站，但是对于盈亏平衡实验来说，它很可能会达到这个目的。这个想法很快流行起来，几乎每个人都很满意（除了克拉克和罗伯茨）。普林斯顿被告知要做进一步设计，并提出一个详细的议案，以及做出一个（以供我们将在华盛顿做出决定）反对橡树岭提案的决策。无论选择哪种设计，我们都会单独决定实验地点。

1974 年初，我们对现状和目标报告进行了最后润色，并将其作为 AEC 报告（编号：WASH-1295）[24]发布。它总结了所有已知的与托卡马克有关的物理和技术问题，这是当时我们最了解的。同样在 1974 年初，赫尔曼·波斯特马被任命为 ORNL 主任，约翰·克拉克接替波斯特马担任聚变项目主任。克拉克和罗伯茨继续设计他们的全尺寸氘氚聚变实验。与此同时，普林斯顿大学为他们的"湿木燃烧器"推出了一个概念设计，估计耗资约为 8 000 万美元。1974 年春，我在普林斯顿与梅尔文·戈特利布有过几次会面。他仍然希望在普林斯顿建造一个新的、更大的氢"等效盈亏平衡"装置，而不想在他的实验室做氚实验。最终，我只是告诉他，"听着，梅尔，我们将尽力为一个氘氚装置争取资金，在近期不太可能资助一个氢装置。如果你不愿普林斯顿承建氘氚装置，随着核聚变的发展，你很可能会被甩在后面。"我确信他和许多人进行过讨论。然后，事情发生转机了，戈特利布最终改变了主意，普林斯顿提出建造"湿木燃烧器"，但不采用橡树岭的装置（众所周知，橡树岭装置的聚变功率太大，无法在普林斯顿内获得许可）。

1974 年 7 月，DCTR 在 AEC 礼堂举办了一场大型会议，听取来自橡树岭、普林斯顿和其他感兴趣的科学家和机构的意见。我们主要关心的是理论学家的陈述，尤其是马歇尔·罗森布鲁斯。理论学家们善于预测不稳定性，而不稳定性将缩短任何聚变装置中的等离子体约束时间。令我们惊讶的是，理论学家都认为这些装置可以运行。新成立的 FPCC 成员出席了会议，赫希成立该委员会目的是取代 CTR 常设委员会，尽管其成员有许多共同之处。在与 FPCC 的协商中，考虑到预算和希望尽快启动 DT 实验装置，我们选择了普林斯顿的设计，但建设地点仍悬而未决。我知道罗伯特·赫希想把这个装置建在橡树岭，尽管装置是普林斯顿设计的。如果我们把它放在橡树岭，将导致橡树岭聚变研究能力的增强，这更符合我们在同一地点快速推进聚变工程研发的愿望，因为橡树岭是一个主要的核工程实验室，而普林斯顿是一个等离子体物理实验室，物理实验室在未来聚变工程开发中并不是主角。而我的观点是，能够成功实现实验目标最重要，而普林斯顿的科学家最有资格实现这一目标。我觉得一个聚变工程试验反应堆以后仍然可以设在橡树岭，特别是如果我们继续在那里实施聚变技术发展计划的话。在我看来，选择普林斯顿的设计这一事实的确影响了我，因为我相信他们更有可能"全身心地投入"来确保它成功。无论如何，在我们内部讨论后，赫希决定建造该装置，并将其称为普林斯顿托卡马克聚变试验反应堆（TFTR）。我们成功地在 1974 年夏天制订的 1976 财年工程建设预算中提出了建设 TFTR 的需求，并于 1975 年 1 月提交国会，随后获得批准。1976 年 3 月确定的 TFTR 官方目标是产生 $1 \sim 10$ MJ 的聚变能。

1974 年，华盛顿的政治形势迅速变化。水门（Watergate）事件后，理查德·尼克松辞职，杰拉尔德·福特（Gerald Ford）继任总统。迪克西·李·雷蒙德仍是 AEC 主席，但反核运动的影响越来越大，国会认为 AEC 不应该既是核倡导者，又是核监管者，因此他们成立了一个新机构——核监管委员会，取消了 AEC 的监管权限。随后他们废除了 AEC，取而代之的是一个新机构，能源研究开发署（ERDA），后者拥有更大的管理范围，包括所有能源，而不仅仅是原子能。现有的所有办公场所、工作人员、实验室等（包括核武器计划）于 1975 年 1 月 19 日正式移交给 ERDA。尽管托卡马克在 1972 年就已经占据了主导地位，但在约束系统设计中我仍有另外两种竞争方案（即开放系统和高密度系统），而这两种方案也各有缺陷。我的工作是给这两种聚变方案一个公平的机会，展示它们及时达到里程碑的潜力，也就是说，不要落后于快速发展的托卡马克太远。

4.5 高密度系统：箍缩

开放系统（磁镜）和高密度系统（箍缩和波纹环）聚变方案都已成形。磁镜和箍缩是 20 世纪 50 年代和 60 年代提出的首批聚变概念之一。开放系统的工作主要在劳伦斯·利弗莫尔实验室和橡树岭实验室进行；高密度系统主要在洛斯·阿拉莫斯实验室（箍缩）和橡树岭（波纹环）进行。20 世纪 60 年代，我曾在 AEC 聚变计划办公室工作，对这两个领域都很熟悉。当我离开 NRL 时，托卡马克已经发展成为一个重要的领域。到 1972 年我接手约束系统时，橡树岭基本上已经放弃了磁镜研究，转而支持托卡马克，所以随后的磁镜工作大多数是在利弗莫尔进行的。

洛斯·阿拉莫斯有两个并行的箍缩计划：θ 箍缩和环形 Z 箍缩。1996 年原子能委员会政策和行动文件颁布后，毕晓普建立了全新体系的评估小组，并第一个对洛斯·阿拉莫斯项目进行评估。该小组由马里兰大学教授汉斯·格里姆（20 世纪 50 年代以来一直是聚变先行者，也是我的博士论文导师）担任主席，他建议洛斯·阿拉莫斯建造一个比他们当时拥有的还要更大、更长的线性 θ 箍缩装置 [斯库拉（Scylla）]，并规划建造一个环形箍缩装置 [斯库拉克（Scyllac）]。洛斯·阿拉莫斯已经证明高温、高密度等离子体（与托卡马克和磁镜相比）可以通过 θ 箍缩方法形成。存在的物理问题是，在直线构型中，等离子体会迅速从末端消失，而在环形构型中，等离子体会变得不稳定。从电站的角度来看，这种方法（θ 箍缩）具有的脉冲特性看起来不太吸引人。另一方面，这些高密度脉冲等离子体似乎没受到在低密度磁镜和托卡马克等离子体中观察到的无数"微不稳定性"困扰。当时洛斯·阿拉莫斯的想法是迅速获得大量聚变能（在不稳定性破坏核反应之前），并持续脉冲运行。

当我 1972 年回到 AEC 时，看到一个 5 m 长的直线机器（斯库拉 4 号），末端装有磁镜，正在运行，并且产生了很好的数据。环形的斯库拉克还没有建成。但（LANL）已经决定使用斯库拉克的"反馈稳定"线圈来控制环形等离子体中可预测的不稳定性运动。为了测试反馈技术，LANL 建造了一个 120°的扇形部件。该扇形部件于 1971 年开始运行，但没有反馈系统。反馈系统硬件仍在单独测试中。洛斯·阿拉莫斯（真实地）觉察到托卡马克的发展会是一个威胁，于是决定（就在我走马上任的时候）绕过扇形部件测试，并根据反馈性能所需的理论计算和反馈硬件的独立工程测试结果，立即着手建造斯库拉克。斯库拉克于 1974 年 4 月开始运行，到了 10 月份，设计和建造的反馈系统无法足够快地响应以稳定等离子体（状态）。

如前所述，AEC 于 1974 年底被废止，由 ERDA 取代。1975 年，我们继续考虑如何解决斯库拉克的问题。反馈系统可以重新设计和建造，但会耗费资金，并导致其在与托卡马克和磁镜的"竞赛"中落后。如果有人认为环形 θ 箍缩具有合理的电站发展前景，我会认可这一点。詹姆斯·威廉姆斯取代鲍勃·布萨德，成为 DCTR 发展和技术助理总监（负责发电站研究）。他认为电力公司不会接受"高脉冲反应堆"。[4] 赫希也持有此观点。在洛斯·阿拉莫斯，Z 箍缩项目的科学家（他们有一个更小的装置）认为斯库拉克的失败将给 Z 箍缩提供机会。甚至在斯库拉克研究小组中，一些人更趋向于线性箍缩的斯库拉 4 号，并致力于"端塞"（end-stoppering）技术研究。而 θ 箍缩项目负责人弗雷德·里贝仍继续坚信斯库拉克。

1975 年和 1976 年间，基于扇形构型的斯库拉克运行，用以研究等离子体与现有反馈系统相互作用的物理过程，我们对线性 θ 箍缩实验和 Z 箍缩计划都给予了额外支持。一种新的线性 θ 箍缩装置（称为分段 θ 箍缩）在基思·托马森（Keith Thomassen，后来负责利弗莫尔磁镜项目）的指导下被建造出来，斯库拉 4 号被升级并更名为斯库拉 4 号 -P。与此同时，考虑到托卡马克和磁镜项目的资金需求，以及（在我看来）这些方法相对于箍缩项目所取得的相对进展和前景，我得出了这样的结论：是时候将约束系统领域的主要聚变方案从 3 种减少到 2 种了。这个问题在 1976 年 12 月的 FPCC 会议上被提到了议程。1976 年初罗伯特·赫希在 ERDA 被提升为主管能源研究的助理署长；他的副手爱德华·金特纳（Edward Kintner）取代他成为 DCTR 的主任。我向金特纳报告，金特纳向赫希报告。我说我想结束斯库拉克计划，同时认为 Z 箍缩计划也不足够先进，不应保留在约束系统计划中。金特纳不想完全关闭洛斯·阿拉莫斯的聚变计划。我们同意停止斯库拉克的工作，把 Z 箍缩工作移交给 DCTR 研究项目助理主任罗纳德·戴维森（Ronald Davidson），他是班尼特·米勒的继任者。在达成最终协议之前，金特纳要求我向他保证，我不会去找罗伯特·赫希并试图让他同意完全取消洛斯·阿拉莫斯的聚变工作。我向他保证我不会。我从未想过要"绕开"金特纳，尽管我认为赫希可能会同意我的观点。

4.6 波纹环

自 20 世纪 60 年代中期以来，橡树岭一直在研究波纹环。20 世纪 60 年代有一次我去橡树岭，实验室主任阿尔文·温伯格（Alvin Weinberg）带我去吃午饭。当我们乘坐他的车时，他很兴奋地告诉我一件事。原来，他认为最近一项名为 IMP 的实验结果可能是核聚变的关键。单腔体（single cell）IMP[①] 在整个 20 世纪 60 年代一直引人注目，尽管温伯格关于在 IMP 中观察到聚变中子的观点被证明是不正确的。因此，1971 年 11 月，橡树岭提交了一份提案，拟建造由 24 个相连的磁镜组成的环形体（称为埃尔莫波纹环或 EBT）（见图 4.4）。EBT 随后获得批准，并于 1974 年开始运行。1975 年底，研究小组声称，尽管在较低温度和密度情况下，（EBT 中）密度 - 约束时间乘积与磁镜 -2X Ⅱ B 中实现的水平相当。起初对等离子体的诊断技术很少。接下来几年我们花时间改进诊断技术，研究等离子体的细节。

---

① 译者注：原著中未说明 IMP 具体是什么。

到1978年，橡树岭提议建造一个新装置（称为EBT-P）。看起来可能会有"第三匹马"加入竞赛。

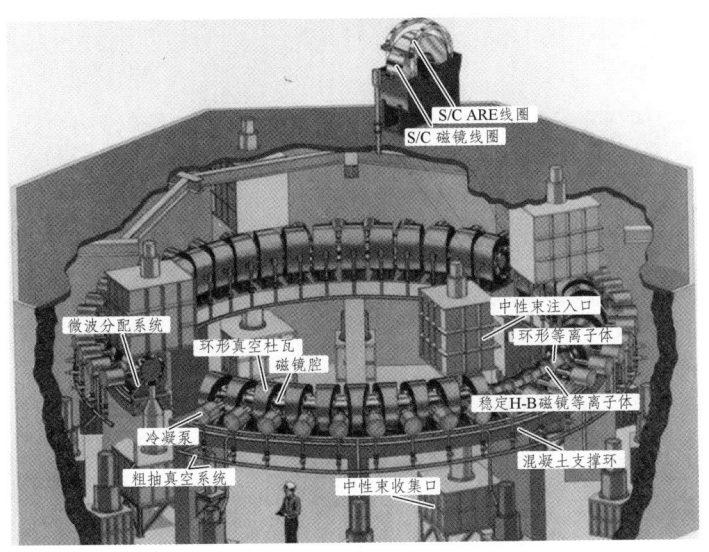

图4.4　埃尔莫波纹环（EBT）的艺术概念图

注：向围绕在腔室周围的磁铁通电，从而产生一系列相连的磁镜，这与其他环形设计[如托卡马克、仿星器和环形箍缩（ORNL）]不同。

我将EBT-P视为我一直等待的机会，可以顺势将另一家公司（除GA以外）引入聚变计划。我告诉橡树岭，希望EBT-P对外公开招标，让工业界来建造和运营。我希望有公司能消化这个概念（即EBT-P设计），并把其发展成为聚变反应堆。当然，他们（工业界）会向橡树岭寻求所需的帮助，甚至可能会雇用一些或目前所有EBT员工。橡树岭管理层对这个想法感到震惊，称我无权从他们手中拿走"他们的项目"，并"把它交给别人"。我向他们指出，所有"他们的项目"实际上都是"归政府所有"，他们须按照我们的意愿运作。我说我很乐意让他们监督政府的招标和选择过程，否则我们将从总部直接发布招标公告。橡树岭同意前者，并选择了麦克唐纳·道格拉斯（McDonnell Douglas，简称麦道）公司。麦道公司同意出资在橡树岭建造一个大楼来容纳这个装置。当我 1979 年中期离开政府时，EBT-P 采购正在进行。然而，它很快会遭遇悲惨的命运（参见第 5 章）。

4.7　开放系统：磁镜

1972 年，利弗莫尔进行了两种磁镜实验：棒球 - Ⅱ 和棒球 -2XⅡ。第一种方法是将中性氢束流注入并约束在真空室中，真空室被超导磁体包围，磁体形状像棒球上的缝合线。第二种方法是将中等密度的等离子体注入一个由普通导电磁线圈包围的真空室中，然后压缩等离子体，进一步提高其密度和温度。肯尼斯·福勒（他接替了范·阿塔）领导下的利弗莫尔管理层青睐棒球 - Ⅱ，几年来一直试图提高约束等离子体的密度，但没有成功。然而，理论学家们喜欢这个实验，因为这让他们可以无休止地假设和证实限制密度增加的各种理论。而棒球 -2XⅡ 中等离子体的行为在很大程度上是可解释的，因此对理论学家来说没有吸引力。利弗莫尔聚变计划管理部门还认为，如果棒球方案能够行得通，可以很容易外推到聚变反应堆。然而，这种逻辑的问题在于，磁镜反应系统的研究表明，由于磁镜区域的等离子体损耗率，使得磁镜仅能勉强产生净能量。我决心改变利弗莫尔棒球 - Ⅱ 和棒球 -2XⅡ 研究的优先顺序。

1972 年 12 月，我在利弗莫尔召集了一个评审小组，评审小组基于赫希领导的 DCTR 所制定的新战略计划及世界聚变计划中托卡马克的快速发展现状，讨论确定近期目标。我告诉他们，他们需要产生参数更接近于目前托卡马克装置已实现和预计将实现的参数的等离子体。我说我不明白他们怎么能通过棒球方案做到这一点。起初，利弗莫尔拒绝接受华盛顿聚变管理人员提出的任何建议，认为这些人无权告诉实验室如何运行他们的计划。然而，赫希告诉（利弗莫尔）实验室停止另外两个聚变实验——阿斯顿和莱维特隆，他们逐渐闭嘴了。我和实验室主任约翰·福斯特（John Foster）就所有这些问题进行了有益讨论，发现他最了解内情。

利弗莫尔同意在棒球-2XⅡ团队负责人弗雷德里克·科恩斯根（Fred Coensgen）的指导下，加强棒球-2XⅡ团队并升级该设施，其宏伟目标是在该设施中增加12个中性束流（现在称为2XⅡB）。棒球实验将会继续，但强度会降低。目标日期定在1975年底，以使2XⅡB的等离子体参数与托卡马克中等离子体参数更加一致。期望的结果于1975年如期实现。

4.8 1976年磁聚变计划

1975年初，赫希告诉我，他打算聘请一名副手，并问我是否感兴趣。我拒绝了他，我认为我现在作为一线管理者比作为副手有更多的权力。我没有考虑到赫希在新的ERDA组织中晋升的可能性，如果这种情况发生的话，他的副手可能会接任美国聚变项目负责人。很快，赫希找到了他想要的副手：核工程师爱德华·金特纳，他曾是里科弗上将的重要助手，现在是领导AEC裂变增殖反应堆项目的米尔顿·肖（Milton Shaw）的副手。而在向金特纳发出最终邀请之前，赫希让他向目前部门的主管们取经，其中包括我。金特纳（比我大15岁，当时我39岁）后来告诉我，与那些他觉得没他有经验的人进行互动有点丢脸。他确实有令人印象深刻的职业履历和坚强迷人的个性。然而他对等离子体物理和聚变一无所知，也没有博士学位。里科弗海军上将在20世纪50年代核潜艇计划中取得了瞩目的成就，赫希和我都是他的崇拜者。里科弗首先问AEC实验室，他应该如何着手设计和建造一个潜艇使用的核反应堆，这样潜艇就几乎可以无限期地在水下航行。AEC实验室制订了一个需要几十年研究、开发和测试的计划。而里科弗想在几年之内把反应堆部署到海上，所以他去了通用电气（General Electric）公司和西屋（Westinghouse）公司，随后他在未来几年的时间规划中启动了一项成功的研发工作。从另一个侧面来说，他的反应堆基本设计为民用核电站的发展奠定了基础。在我看来，聚变作为一项工程开发任务发展如此之快,爱德华·金特纳做了大量工作,他的经验可能与我的观点非常吻合,即工业界参与这项工作相当重要。金特纳于1975年3月成为赫希的副手。

1975年的大部分时间里,我们继续实施上文讨论的、为托卡马克制订的计划。赫希继续致力于让聚变得到ERDA、OMB和国会"高层"官员的理解和认可。金特纳开始熟悉聚变,访问聚变实验室,并通过访问和参加会议与项目负责人和其他聚变科学家建立联系。子项目(约束系统、研究、开发和技术)的管理基本上和以前一样,当赫希不在时,金特纳经常签署正式的预算分配批准文件等。

赫希想准备一份新的聚变规划文件,该文件有望纳入ERDA的政策规划。他于1975年12月启动这项活动。他指出,因为"需求、目标和资金最终是由他人决定的,所以聚变规划需要多个计划来实现。"他给这些计划取名为"逻辑"(LOGIC)。然后,他让我负责一项工作,即让聚变界的其他人参与进来完成这项任务。我开展了这项工作并完成了一份五卷的综合规划文件。[24] 完成的规划文件(称为逻辑)如图4.5所示。规划文件为子项目提供了详细的预算需求。在计划完成并即将公布时,OMB却反对将预算纳入文件。在我看来,没有预算,这些计划毫无意义。1976年7月,我向ERDA行政长官鲍勃·谢曼斯(Bob Seamans)介绍了情况,请他忽视或驳回OMB的反对意见。他做到了,计划也如期公布。据我所知,这是第一次也是唯一一次OMB未能让一个机构遵从其关于公共资源分配(包括预算需求)的意愿。OMB认为,这些规划文件可能被用来向OMB施压,要求OMB为已批准的项目提供预算。我的观点一如既往,如果没有实施计划所需的预算,就不能指望项目经理按照计划如期交付。

到1976年7月新计划完成时,罗伯特·赫希已被任命为ERDA的助理行政长官(1976年3月),负责监督ERDA广泛的研究项目,包括聚变和太阳能,金特纳被任命接替赫希担任美国聚变计划主任。

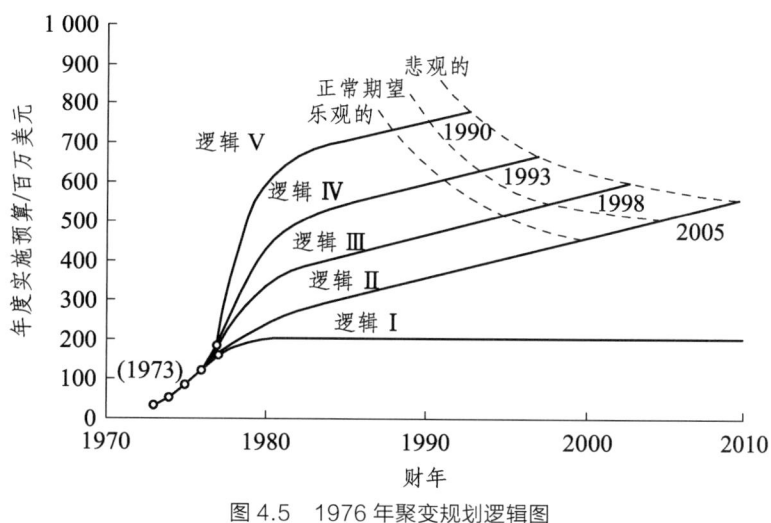

图 4.5 1976 年聚变规划逻辑图

注:"逻辑"从 I(常规水平的研究)到 V(最大有效实施)不等。逻辑Ⅲ(积极主动的研究)被选为我们的"参照"标准,它给出了 1998 年运行示范发电站的时间节点 [磁约束聚变电站:项目计划,美国 ERDA 报告 ERDA-76/110,1976 年 7 月。原文公布于 http://fire.pppl.gov/us_fusion_plan_1976.pdf,也发表在《聚变工程杂志》1998,17(4)上]。

在 ERDA 短暂存在期间(1975—1978 年),DCTR 首先被更名为磁聚变能部门(DMFE),然后被"升级"到一个称为聚变能办公室(OFE)的办公机构。每个项目办公室也"被赋予"部门级地位。我成为约束系统部门的主任。其他部门包括应用等离子体物理部(由罗纳德·戴维森领导,后来由詹姆斯·德克尔领导)和发展与技术部(1978 年由接替詹姆斯·威廉姆斯的弗兰克·科菲曼所领导)。金特纳从橡树岭雇用了约翰·克拉克作为他的副手。ERDA 成立后不久,他还聘请了马里兰大学的罗纳德·戴维森领导应用等离子体物理部。

很快,事情就变得清晰了,金特纳更倾向于直接与实验室的项目主管打交道,而不是像我一样通过他们的部门主任来开展工作。他更多地视我们为他的"员工",而不是"中层领导"。他觉得他需要向实验室的主任们表明他已经全盘接管工作。

虽然我们一如既往地继续评估和管理各自的项目领域，但金特纳比赫希更多地参与了我们的子项目。他几乎每天都与实验室的项目主管联系，讨论他们的观点，让他们明白他们只需要听从他的命令，而不是我们的想法。他有时会授权他们在未经我们批准的情况下采取行动，而在赫希担任领导的时候，他们是要征求我们同意的。也许金特纳是从里科弗和／或肖那里学到这种管理风格的，据说里科弗或肖会把所有的决定权都握在自己手里。

尽管我的约束系统项目是TFTR建设项目的终极"目标"并将最终投入运行，但赫希认定应该成立一个独立的"技术项目办公室"来监督建设过程。他请来了纳尔逊·格雷斯（Nelson Grace）来领导这个小组。我们一致赞成的是，不允许普林斯顿"内部"管理建设项目和自行制造许多部件（正如他们过去那样），也不允许他们组建一个工程部门来进行TFTR细节设计和最终组装。我们提议普林斯顿，应该引入一个工业主承包商，该承包商将依照合同为他们工作。普林斯顿一度反对这个提议，但未能如愿，最终他们举行了一场竞标，结果选择了格鲁曼航空航天（Grumman Aerospace）公司和埃巴斯科服务（Ebasco Services）公司作为主承包商。

总的来说，在建设期间，我和纳尔逊·格雷斯合作不错，我尽量不插手他的事。但也确实留意了任何可能影响TFTR最终性能的事。建设期间出现的唯一主要问题与成本上涨有关。和许多大型建设项目一样，最初的预算很快就被认为太低了。起初，随着成本的攀升，人们开玩笑（半真半假）说，纳尔逊开始从TFTR大楼规划的礼堂中减少椅子数量，然后削减科学家的办公室空间。然而，有一次，纳尔逊决定（没有和我商量）将计划用于加热等离子体的中性束数量从4束减少到2束。听到个消息，我"勃然大怒"，因为这显然意味着TFTR聚变性能会受到损害。纳尔逊让步了，所有的中性束又按原计划建设。不过，最终的成本是3亿美元左右，而不是1亿美元。我们能以这个价格建设更大、更强的橡树岭装置吗？绝不可能！

4.9 美国能源部

1976年秋,吉米·卡特(Jimmy Carter)当选美国总统。他非常关心能源,决定将主要以研究为导向的ERDA(能源研究开发署)转变为内阁机构,并将其更名为能源部(DOE)。该机构也将拥有广泛的非核监管权力。按照惯例,当总统职位从一个政党(如共和党)移交到另一个政党(如民主党)时,ERDA总统任命人选(赫希是其中之一)可能会被替换。

1977年,随着ERDA向DOE的过渡,候任能源部长詹姆斯·施莱辛格会见了赫希。汤姆·赫本海默(Tom Heppenheimer)在他的书(文献[32],第194页)中写道,施莱辛格在会议开始时说了一句玩笑话"似乎聚变计划已经失控了"。据说,赫希回道,"这是你的错",他的意思是,当赫希被任命为聚变项目负责人时,施莱辛格负责AEC,所以责任是施莱辛格的。根据赫希(私下交流)的说法,"两个人都笑得很开心"。施莱辛格愿意给赫希在DOE提供一份工作,但不是作为总统任命。而赫希已经在考虑离开政府了,并且已收到埃克森公司的聘书。赫希于1977年3月离开政府,在纽约埃克森总部的科学技术部担任高级职员。

琼·布朗伯格在她的书(文献[4],第236页)中说,"施莱辛格也对他自1973年离开AEC以来,CTR预算迅速增长而感到震惊。他怀疑从1979财年预算中削减1~2亿美元分配给一些更高优先级的DOE项目是否明智。"她在书中引用了"作者对金特纳、赫希和多伊奇的访谈内容"。

DOE于1977年10月正式成立。许多过去向赫希汇报的项目(包括核聚变),现在都归属能源研究办公室,由能源部长詹姆斯·施莱辛格招募的约翰·多伊奇(John Deutch)领导。多伊奇当时是MIT的化学教授,后来(在他之前是施莱辛格)担任了中央情报局(CIA)局长。1978年初,当卡特总统的第一批预算(1979财年)提交给国会时,其中包括削减美国聚变计划6 000万美元的提议。

多伊奇成立了一个咨询委员会,目的是为削减聚变计划预算提供依据。他选择约翰·福斯特作主席,福斯特是TRW公司的副总裁,也是利弗莫尔实验室的前主任。然而，福斯特委员会并没有支持削减预算，而是肯定了聚变计划的成就和前景，但同时也指出人们过于倚重托卡马克。委员会指出，目前对托卡马克的重视是"从众效应"的结果。他们承认托卡马克的成功，但也表示，"虽然托卡马克目前在科学上是最先进的，但从工程角度看，托卡马克似乎是所有聚变发电方案中最复杂的一种"。福斯特委员会建议在2015年进行聚变电站演示，并在2050年前"完全商业化"，而不是像1976年聚变计划中提出的那样，2000年左右进行演示。最重要的是，福斯特委员会建议不削减聚变预算。[4]虽然委员会的报告有时被解读为因反对过分依赖托卡马克而偏离了1976年的计划[4]，事实上，它们仅有一个方面不同：即演示的时间表。1976年的计划承认托卡马克处于领先地位，但它不是"比赛中唯一的赛马"。事实上，1976年的计划提供了许多相互竞争的概念，包括磁镜和θ箍缩。

基于2XⅡB装置于1975年实现其预期目标基础上，我于1976年4月提议让利弗莫尔建造一个更大的、2XⅡB超导版本，并得到批准。[28]我们起初命名它为MX，并瞄准1981年投入运营。虽然它不燃烧氚，但在许多方面，它会使磁镜计划走上正轨，并有希望与托卡马克展开竞争。

依据2XⅡB装置几何尺寸按比例放大的磁镜聚变反应堆，即使它能成功减少末端（等离子体）损耗，依旧无法解决几乎不产生盈亏平衡的问题。尽管其他应用如材料测试或混合聚变-裂变等有可能，但商业发电站需要的远非这些。于是注意力开始转向如何超越2XⅡB（或MX）形成一个更适用于反应堆的磁镜构型。我的工作人员（阿瑟·史利普、威廉·埃利斯、米尔特·约翰逊）和利弗莫尔以及其他一些科学家经常就该问题进行研讨，研讨的名称是"端塞"和"增大Q"（$Q = 1$是盈亏平衡的定义）。利弗莫尔获得了这样的信息：2XⅡB的成功不足以让磁镜继续与托卡马克竞争。1976年初在我主持的咨询委员会中，（他们）已经确定了几种可能的端塞方案。[28]而最终选择的解决方案却并未列在早期的候选列表中。

由肯尼斯·福勒、大卫·鲍德温（David Baldwin）和格兰特·洛根（Grant

Logan)独立提出的"解决方案"以"串联磁镜"(tandem mirror)的形式出现。[29] 对此我的设想是：一个中央磁镜单元，两端各有一个2XⅡB磁镜等离子体作为"端塞"。而他们对端塞的设想要复杂得多。为了测试总体串联的想法，我们授权利弗莫尔建造一个"小型"串联磁镜实验（TMX）装置来取代现有的"棒球"号装置。TMX号（见图4.6）于1977年1月获得批准，1978年10月开始运营。两端都有中性束维持的等离子体。TMX很快验证了串联磁镜概念的基本物理原理；因此，我们授权将计划中的MX从单体升级为串联配置，并将其更名为磁镜聚变测试装置（MFTF）。当然，MFTF比MX更宏伟、更昂贵（超过2亿美元），建造时间也更长（新竣工日期为1985年）。但它的时间表却与福斯特小组建议的更长的总体聚变发展时间表相一致。

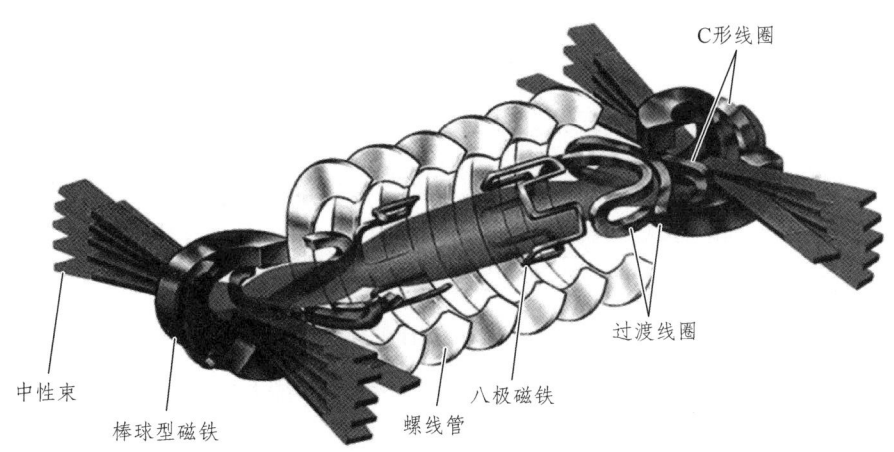

图4.6　TMX串联磁镜实验示意图（LLNL）

尽管TMX/MFTF类型的端塞可能会成功演示显著提高的 Q 值，但对发电站而言还远远不够。1979年，当我准备离开政府成立聚变能协会（FPA）时，利弗莫尔的科学家（主要是福勒和洛根）设计了更复杂的末端装置（称为热屏障）。为验证这个想法，他们必须重建TMX的末端装置。金特纳批准了这种名叫TMX升级或TMX-U的新装置，但它要到1983年才能投入运行。在福勒看来，这"等得太久了"。他想修改最初的MFTF方案，设计基于新的（但未经测试的）热屏障串联概念的末端装置。这是一种高风险、高回报的方法。1979年底，利弗莫尔把新装置（改名为MFTF-B）的方案放在爱德华·金特纳的桌子上，随后方案获得批准。

4.10 发电站设计

随着我们以目标为导向的聚变计划在1973—1975年期间成形，布萨德和吉姆·威廉姆斯（于1974年接替了离职的布萨德）启动了一项重要工作，旨在进行发电聚变装置的概念设计：工程试验装置（ETF）、实验动力反应堆和示范发电站。由威斯康星大学的哈罗德·福尔森（Harold Forsen）组成的一个小组[包括罗伯特·康恩（Robert Conn）和杰拉尔德·库尔辛斯基]，分别于1973年、1975年和1976年设计出了UWMAK-1、UWMAK-2和UWMAK-3等一系列托卡马克发电站方案。初看今天的托卡马克电站设计与那时研究中描述的没有太大区别。由比尔·斯塔西（Bill Stacey，阿贡国家实验室）、查尔斯·贝克（Charles Baker，GA）、迈克·罗伯茨和唐纳德·斯坦纳（Donald Steiner，橡树岭）领导的小组承担了实验动力反应堆和工程试验反应堆的设计。[30]

1978年，联合国IAEA开启了一项多国合作的设计研究，计划在20世纪80年代建造一个托卡马克，以产生大量的净聚变能。它的首字母缩写是INTOR（国际托卡马克反应堆）。美国INTOR团队的早期成员包括团队负责人比尔·斯塔西（Bill Stacey，现就职于佐治亚理工学院）、杰拉尔德·库尔辛斯基、保罗·卢瑟福（普林斯顿大学）和约翰·吉尔兰（John Gilleland，GA）。最初的INTOR指导委员会由斯塔西、格恩特·格里格（Guenter Greiger，欧洲联盟委员会）、鲍里斯·卡多姆塞夫（Boris Kadomtsev，苏联）和塞格鲁·莫里（Segeru Mori，日本）组成。来自各方面的人员组成了一个庞大的研究团队。到1979年10月，该团队已经完成了一份650页的INTOR设计报告，估计其成本在15亿～23亿美元。他们准备开始工程设计和建设。INTOR研究期间达成的共识是，任何国家都可以建造它，或者结成伙伴关系建造它。在美国，金特纳想推进美国自己的项目。[30]因此，按照我们1972年和1976年制订的计划，建造美国（或国际）工程试验反应堆的时间表仍如期推进。

4.11 托卡马克装置中超过劳森理想点火温度

1974年，PLT按计划开始产生等离子体。几年后，橡树岭交付了全部的离子束（装置）。1978年，四路高能离子束在PLT上满功率运行。1978年夏，温度超过劳森"理想点火"阈值5 keV。我们都认为这是近30年聚变研究史上最重要的成就，也是1973年制定的三大里程碑发展战略中里程碑一的成就。普林斯顿匆忙准备了一份新闻稿，并获DOE批准（但没有发布）。

能源部长詹姆斯·施莱辛格热衷于控制舆论（这是政府高层官员的共同特点）。他对什么应该成为新闻有自己的优先考虑，而聚变显然不在他的清单上。当时他正在推动环保和煤炭项目。数周来他的办公室一直在压制聚变的新闻发布。最终，如往常发生的那样，新闻媒体获悉了普林斯顿大学的结果，8月12日星期六，新闻网络上刊登了一篇报道，说普林斯顿发生了一件大事。当时我正在家中，电话铃响了。当班的DOE公共事务官员说，他们正接到新闻机构的问询电话，他们无法联系到能源部长的新闻发言人吉姆·毕晓普或其他高级官员。她问，能把电话转给我吗？当我开始接听电话时，（我意识到）故事已经走样了。我认为最好的办法就是说出真相。我的观点是"搪塞"新闻界只会使事情复杂化。在我接电话后不久，来自普林斯顿的梅尔文·戈特利布打电话给我，说他知道DOE仍然禁止发布新闻稿，他问我他应该怎么做。我告诉他"事情已经露出马脚"，他应该"坦白一切"。虽然这对于聚变来说是一件大事，但我却不希望它被当作新闻来炒作。因此，当我周日早上打开从前门取回的《华盛顿邮报》时[31]，我震惊地看到了头版标题"美国在核聚变方面取得了重大进展"。在头版比较靠下的位置，报纸折叠处的下面，是一篇题为"教皇下葬"的报道。

这篇由邮报作家比尔·彼得森（Bill Peterson）撰写的核聚变文章指出，"普林斯顿大学的科学家在驾驭核聚变的竞赛中取得了重大进展"，他们创造了"超过 6 000 万摄氏度的类似太阳的温度"。他引用了我的话，"这是我们第一次在缩比装置中创造出聚变反应堆的真实状态"，并说，"这是聚变研究中发生的重大事件"。他还引用我的话说："从科学的角度来看，聚变是否可行的问题现在已经得到了回答。它的实际成本和商业运行时间现在依赖工程和经济问题。"文章指出，一杯水所含聚变燃料产生的能量相当于一吨汽油的能量，一磅①重氢产生的能量相当于 5 000 吨煤。它还引用了普林斯顿大学哈罗德·福思的话，"我能说的是，我们已经开发了一些真正重要的东西。在过去 10 年里，聚变研究从未发生过如此重大的事件"。

接下来发生的事情是华盛顿政治官僚主义运作的典型例子。周日晚，我接到一个电话，要我和金特纳第二天一早去施莱辛格的办公室报到。当我们到达时，却被告知在外等候，而施莱辛格的助理秘书约翰·多伊奇和其他人正在商讨如何进行"危机处置"。我们后来得知，施莱辛格曾告诉多伊奇"开除金特纳，开除迪恩"。他认为我们故意把涉密数据泄露给媒体，以便为我们的研究争取更多预算。我们还了解到，施莱辛格的新闻发言人吉姆·毕晓普给普林斯顿的戈特利布打了电话，让他发表一份声明，说结果没有那么重要。戈特利布拒绝了并向普林斯顿大学校长威廉·鲍文（William Bowen）通报了这一情况。鲍文随后打电话给施莱辛格说，普林斯顿不会这么做，如果 DOE 发表声明说结果不重要，那么普林斯顿会发表一个与 DOE 相悖的声明。施莱辛格让步了。最后，多伊奇在周一下午举行了一场新闻发布会，戈特利布出席会议，他说这在科学史上是一件多么重要的事件，但聚变能并非"指日可待"（华盛顿邮报的文章引用迪恩的一句话作为结尾，"聚变反应堆的商业可行性可能还需要 20 到 30 年才能得以证实"）。金特纳和我没有被解雇。事实上，金特纳并未参与整个事件，因为事情发生时，

---

① 译者注：1磅约为454克。

他正在从西海岸返回的飞机上。多伊奇的副手埃里克·威利斯（Eric Willis）告诉我，他"希望我吸取教训不要与媒体对话"。但我（再一次）学到的经验却是，当技术人员坚持立场时，官僚们就会妥协。作者汤姆·赫本海默对这些事件进行了更长、更丰富的描述。[32] 他说，例如，当 DOE 新闻发布会即将开始时，多伊奇告诉金特纳，"去坐在房间的后面，闭上嘴巴"。

20 世纪 70 年代，普通公众第一次接触到聚变这一概念是在美国机场，在那里，总统候选人林登·拉鲁什（Lyndon LaRouche）的一批狂热追随者对乘客和路人鼓吹和宣传未来社会的关注点。发行《聚变》杂志是他们宣传的一部分。该杂志由拉鲁什下属的一个名为"聚变能源基金会"的组织出版。大规模建设聚变发电站是拉鲁什社会愿景的一部分。《聚变》杂志上的文章写得很好，基本上是准确的。主要撰稿人包括作家查克·史蒂文斯（Chuck Stevens）和玛莎·弗里曼（Marsha Freeman）。他们经常参加聚变会议。因为他们与拉鲁什的关系，聚变研究人员通常不愿意与他们联系太紧密。然而，他们确实产生了一些政治影响，虽然影响程度很难衡量。例如，（人们）经常认为是他们将 PLT 的故事"透露"给了发起上述事件的一家迈阿密报社。后来由马乔里·马泽尔·赫克特（Marjory Mazel Hecht）编辑的名为《21 世纪科学技术》的新杂志取代了《聚变》杂志，而玛莎·弗里曼仍为该杂志撰稿，并在 2009 年发表了一篇关于韩国聚变计划的优秀文章。[33]

随着 20 世纪 70 年代的 10 年行将结束，一切似乎都已就绪，1976 年的计划也如期推进。我所负责的约束系统部门已经完成了 10 年来的目标：在托卡马克计划中，PLT 已经超过了劳森判据中理想的点火温度，TFTR 正在建设中，几个"中型"托卡马克正在运行，包括阿尔卡特（MIT）、PDX（普林斯顿）和多布雷特 - Ⅲ（GA）。在磁镜领域，MFTF 已经获批；TMX 正在运行，并提供了串联概念的验证。在高密度系统领域，斯库拉克实验终止；Z 箍缩计划已经转移到应用等离子体物理部；橡树岭提出了一种新的波纹环"原理验证"装置——EBT-P；实验室已经同意将该项目向工业界招标。

4.12 聚变能协会

1979年初，我决定离开政府。我觉得是时候"调动"私企进行商业聚变发电站的工程开发了。经与行业高管多次研讨，我于1979年4月2日在新泽西州普林斯顿的纳苏（Nassau）酒店召开了"筹备会议"，来自20个组织的23人出席了会议。大家一致赞同成立一个名为聚变能协会（FPA）的组织，并就章程和会员费用达成一致。阿尔文·特里韦尔皮斯和尼古拉斯·克拉尔后来离开马里兰大学，成为加州拉荷亚（La Jolla）科学应用公司（SAI）的副总裁。我被SAI雇用，公司为我工作的启动提供了法律和资金支持。FPA于1979年8月16日在加利福尼亚州成立，是一个非营利性的研究和教育基金会。特里韦尔皮斯、克拉尔和我签署了公司章程。一年后，国家审计局授予我们501（c）（3）非营利免税权益。第一次董事会会议于1979年9月24日在拉荷亚举行，旨在批准章程等事务。第二次董事会会议于1979年10月14日在新墨西哥州阿尔伯克基（Albuquerque）举行，批准了10家公司（后来扩大到13家，见表4.2）作为FPA"创始成员"的申请。FPA章程规定，并非所有董事会成员都要来自成员机构。第一届董事会成员及其隶属关系见表4.3。

表4.2 FPA的创始成员

BDM公司，麦克林，弗吉尼亚州	西北数学科学研究所（Mathematical Sciences Northwest），贝尔维尤，华盛顿哥伦比亚特区
伯恩斯与罗伊（Burns and Roe）公司	麦克唐纳-道格拉斯（McDonnell–Douglas）公司，圣路易斯，密苏里州
埃巴斯科服务公司，纽约，纽约州	热电（Thermo-Electron）公司
通用原子（GA）公司，圣地亚哥，加利福尼亚州	夸德雷克斯（Quadrex）公司，圣何塞，加利福尼亚州

续表

ILC 技术公司，桑尼维尔，加利福尼亚州	科学应用（Science Applications）公司，拉荷亚，加利福尼亚州
杰科（Jaycor）公司，德尔马尔，加利福尼亚州	西屋公司，纽约州
KMS 聚变公司，安娜堡，密歇根州	

表 4.3 FPA 第一届董事会

斯蒂芬·O.迪恩，主席	保罗·里尔顿（普林斯顿大学）
亨利·J.冈伯格，副主席（KMS 聚变公司）	莱昂纳德·雷切勒（埃巴斯科服务公司）
唐纳德·L.库默，秘书（麦克唐纳-道格拉斯航天公司）	彼得·H.罗斯（西北数学科学研究所）
伯纳德·J.伊斯特隆德，会计（BDM 公司）	格伦·索伦森（ILC 技术公司）
罗纳德·C.戴维森（MIT）	阿尔文·W.特里韦尔皮斯（科学应用公司）
尼古拉斯·A.克拉尔（杰科公司）	詹姆斯·威廉姆斯（LANL）
谢尔曼·奈马克（夸德雷克斯公司）	杰罗德·尤纳斯（SNL）
大川泰弘（GA）	唐纳德·P.泽方（全国广播协会）

1979 年 11 月 9 日，FPA 发布了一份新闻稿，宣布 FPA 成立，并明确了 FPA 的目标：

（1）帮助建立聚变能科学研究和工程开发之间的联系。

（2）帮助提高公众对聚变能潜力的认识和理解。

（3）促进包括政府、大学、实验室和工业界在内的所有公共和私人组织在聚变研究和开发方面的合作。

在副总统沃尔特·蒙代尔（Walter Mondale）办公室于 1979 年 12 月 3 日递交给 FPA 的一封信中，他的国内政策特别助理埃里克·沃恩（Eric Vaughn）写到，"在我们看来，磁聚变项目进展非常顺利。事实上，DOE 和 OMB 是时候将磁聚变从纯粹研究阶段移出来了"。他进一步指出，"ICF 也在向前推进，许多人认为与磁聚变的步伐相似，它的速度虽慢，但仍令人鼓舞"。

1979 年，国会议员迈克·麦科马克（华盛顿特区）在他精力充沛的职员阿尔·门塞（Al Mense）帮助下，考虑如何将聚变项目迅速推向聚变发电。他成立了一个咨询委员会，由罗伯特·赫希（当时在埃克森公司）担任主席，该委员会于 1979 年夏起动。委员会成员见表 4.4。

表 4.4　1980 年共和党议员迈克·麦科马克的核聚变咨询委员会成员

罗伯特·L. 赫希 （埃克森美孚公司），主席	约瑟夫·加文（格鲁曼公司）
理查德·巴尔齐瑟（电力研究所）	约翰·兰迪斯（斯通和韦伯斯特公司）
罗伯特·康恩（威斯康星大学）	大川泰弘（GA）
埃尔萨尔·埃文斯（西屋公司）	罗伯特·史密斯 （新泽西州公共服务电力和天然气公司）
T. K. 福勒（LLNL）	阿尔文·特里韦尔皮斯（科学应用公司）
哈罗德·福思（PPPL）	

1979 年 12 月 10 日下午，赫希领导的委员会在众议院科学和技术委员会的听证室开会，会议由麦科马克主持。会后，FPA 在听证室举行了招待会。第二天，麦科马克的国会委员会就聚变计划举行了听证会。

译：程功　校：孙亮　张惠鸽

第 5 章

卡特计划与里根议程

（1980—1985 年）

> 我相信，一旦实现聚变，能源短缺将会成为过去，
> 我们将不再依赖外国燃料，这显而易见。

5.1　1980 年磁聚变能源工程法案

1980 年 1 月 21 日，国会议员迈克·麦科马克向吉米·卡特总统递交正式信函，请求他把在 20 世纪末之前运行一个聚变发电示范电站确立为"一个国家级目标"。在 DOE，普林斯顿大学等离子体物理实验室聚变项目前副主任爱德华·弗里曼（Edward Frieman）被确定为能源研究办公室主任。弗里曼组建了一个新的聚变政策审查小组 [由所罗门·J. 布施鲍姆（贝尔实验室）担任主席]，来修订 DOE 1978 年由约翰·福斯特主持的、提交给约翰·多伊奇的审查报告。布施鲍姆委员会的成员名单见表 5.1。

表 5.1　1980 年布施鲍姆聚变审查委员会成员

约翰·福斯特（TRW 公司）	詹姆斯·弗莱彻 （James Fletcher，匹兹堡大学）
尤金·富比尼 （Eugene Fubini，富比尼咨询公司）	沃尔夫冈·帕诺夫斯基 （Wolfgang Panofsky，斯坦福加速器中心）
马歇尔·罗森布鲁斯（先进研究院）	罗伯特·康恩（加州大学洛杉矶分校）
马文·戈德伯格 （Marvin Goldberger，加州技术研究所）	罗伊·古尔德（加州理工学院）

国会议员麦科马克和135个共同发起人提交了一项议案（H.R.6308），宣称（如果通过的话）"在20世纪末之前"运营一座聚变示范电站应是"美国的国策"。在1980年3月6日关于该议案的听证会上，我作证说，"鉴于20世纪70年代令人印象深刻的进步及成功开发实用聚变能源系统这一令人鼓舞的前景"，我建议美国政府采取以下政策：

（1）作为一项国家目标，到2000年建立一个实用的聚变能示范电站。

（2）在未来几年加快目前的国家级研究工作，并将这一工作保持在实现国家目标所需的水平。

（3）立即启动一项基于托卡马克概念的聚变工程试验装置的建设和运行计划。

（4）继续致力寻找对实用商业聚变能系统有潜力的概念，并快速开发最有希望的概念。

（5）加强ICF在民生方面的应用。

（6）致力于开发满足装置运行时间表要求的工程技术。

（7）制定鼓励工业界全面参与聚变发展各阶段的政策。

（8）为了人类的最终利益，继续促进各国在聚变研究方面的合作。

我说："美国政府在过去28年里对聚变研究进行了持续投资，应该受到赞扬。现在到了开始利用这项投资的时候了，即在20世纪80年代加强实用聚变能源系统的工程和系统设计。"

4月22日，卡特总统对国会议员麦科马克1月21日的信函做出了回应，他说："我意识到聚变能可成为长远、更加清洁和用之不竭的能源。我强烈支持开发这种为满足未来能源需求带来希望的技术。"他还补充道："政府完全赞成聚变研究。"

6月，赫希委员会和布施鲍姆委员会分别公布了他们的报告。两个委员会都将报告重点放在了核聚变计划中核聚变工程开发的准备情况上，包括在20世纪80年代建造聚变工程试验装置。赫希委员会告诉国会议员麦科马克，他们再次确认了该计划在工程开发方面的准备情况。布施鲍姆委员会向 DOE 能源研究咨询委员会（ERAB）提交了报告。他们指出，"磁聚变计划能够并且应该进入到下一个逻辑阶段，即朝着实现磁聚变能（MFE）商业可行性的目标进发。为此，应在聚变工程中心（CFE）的支持下实施广泛的工程实验和分析计划。"

7 月，参议员保罗·桑格斯（Paul Tsongas）以及其他 6 名共同发起人，在参议院提出了一项议案（S.2926），这项议案与众议员麦科马克在众议院提出的议案类似。8 月，美国众议院以 365 票对 7 票通过了 H. R.6308 议案（即麦科马克议案）。同月，美国 DOE ERAB 批准了布施鲍姆委员会的报告，并将其转交给了能源部长查尔斯·邓肯（Charles Duncan），敦促他"在聚变工程中心的支持下，建立一个广泛的（聚变）工程实验和分析计划"。ERAB 告诉邓肯，建造一个聚变工程装置，需要将聚变计划的预算在 5～7 年内增加一倍。

众议院版本（H.R.6308）和参议院版本（S.2926）的聚变议案很快被合并，并在两院两党的大力支持下口头投票通过，随后提交总统。卡特总统于 1980 年 10 月 7 日签署了《1980 年磁聚变能源工程法案》[34]，并使之成为法律。该法案规定，"（能源部长）应使用现有最佳的约束方案，并启动聚变工程装置的设计工作，以确保在实际可行的时间内尽早运行这样一个装置，但这个时间不能晚于 1990 年。"该法律进一步规定，"部长应尽早启动他认为对实现 21 世纪初运营商业示范电站的国家级目标来说所必需的每一项活动。"

当时美国正在进行总统选举。在签署《磁聚变能源工程法案》一个月后，卡特总统在连任竞选中输给了罗纳德·里根（Ronald Reagan）。

1980 年 11 月，FPA 在华盛顿特区举行了第一次年会暨研讨会，主题是聚变研发的现状和工业界在聚变发展中的作用。会上，FPA 向众议员迈克·麦科马克、参议员保罗·桑格斯、罗伯特·L. 赫希和所罗门·J. 布施鲍姆颁发了首批"领导力奖"。在研讨会上，众议员麦科马克说，"FPA 的成立和工业界的参与是目前即将到来的工程开发阶段的基本要素，这将促进聚变能源的实现"。遗憾的是，麦科马克没能成功连任下一届国会议员。研讨会纪要以书籍形式出版。[35]

5.2 佩维特的麻烦

在卡特总统向里根总统交接权力期间，DOE 能源研究办公室主任（总统任命职位）爱德华·弗里曼得知他不会被留用。他的副手道格拉斯·佩维特（Douglas Pewitt）成为代理主任，直到提名新的人选并得到总统任命。在加入 DOE 之前，佩维特曾是 OMB 的预算审查员。佩维特和金特纳两人很快发生了冲突。1981 年 2 月 25 日，在众议院科学和技术委员会关于聚变的听证会上，佩维特说，"DOE 不应在永不失败的假设下制定计划；我们必须谨慎规划，并在规划中考虑科学风险和挫折的可能性"。他说，几个正在进行的项目（未指明）可能会被取消，"这些项目不是绝对必要的"。在听到金特纳的副手约翰·克拉克对他的证词发表了不同意见后，佩维特重新指派克拉克从事一项 1981 年 3 月开始的为期 6 个月的研究项目，然而这项研究与核聚变无关。他没有询问金特纳就这样做了。

1980 年的《磁聚变能源工程法案》的任务之一是"能源部长应制订建立国家磁聚变工程中心的计划，通过集中和协调主要磁聚变工程装置和相关活动，加速聚变技术的发展"。该法案的意图是"促进国内工业界广泛参与国家磁聚变计划"。该法案要求能源部长在 1981 年 7 月 1 日之前提交一份报告，说明建立工程中心的必要实施步骤。

1981 年上半年，佩维特为詹姆斯·爱德华兹（James Edwards）部长准备了聚变工程中心报告，后者于 7 月 7 日将其递交国会。报告声称，"我们（DOE）已经确定，目前全面建立国家磁聚变工程中心为时过早"。相反，DOE 提议在现有场地建立一个工程可行性筹备项目（EFPP）。众议院科学和技术委员会主席、众议员唐纳德·福卡（Donald Fuqua）和取代迈克·麦科马克担任小组委员会主席的众议员玛丽莲·布卡德（Marilyn Bouquard）对这份报告并不满意。众议员福卡在回应能源部长时说，"我希望您重新考虑您目前建立可行性筹备项目的意图，并在您 1982 年的预算范围内，正式向所有相关方征集关于建立聚变工程中心管理方案和运营团队的建议"。众议员布卡德写给能源部长的信中表示，"这个提议（建立可行性筹备项目）试图打消国会对聚变工程中心的期望，并在这个本就复杂的研究项目中引入另外一个实验室参与。国会已经明确告诉你，他们希望将适当的职责转移给工业界"。

里根总统曾在共和党的竞选纲领中呼吁废除DOE。他强烈希望取消卡特政府制订的许多能源行业法规和能源开发项目，审查是否可以削减所有联邦预算，特别是DOE的预算。在随后OMB主导的卡特预算削减工作中，更接近商业化的项目（如化石能源和太阳能）受到的冲击最大。那些离商业化比较遥远的，比如聚变，则情况稍好一些。事实上，与1981财年（卡特任期最后一年）预算相比，聚变预算在1982财年（里根上任第一年）反而有所增长，但未达到实施聚变工程法案所需的水平。

5.3 金特纳辞职

爱德华·金特纳不喜欢也不信任他的临时新上司道格拉斯·佩维特。赫本海默对他们之间的互动及其后果进行了较为详细的论述。[32]尽管佩维特只在1981年的前6个月留在DOE，但他继续在心理上折磨着金特纳。1981年夏，阿尔文·特里韦尔皮斯（FPA的联合创始人）被任命为DOE能源研究办公室主任，佩维特离开DOE，并受雇于白宫OSTP的总统科学顾问乔治·凯沃斯（George Keyworth）。OSTP和OMB在科技预算上通常合作密切。9月，聚变预算审查员多姆·雷皮奇（Dom Repici）离开了OMB。他一直是聚变发展战略的积极支持者。他的上司汤姆·帕尔米里（Tom Palmieri）也表示支持，但可能不太了解细节。

特里韦尔皮斯很快与新任能源部长詹姆斯·爱德华兹达成协议，开始在工业界进行竞争性采购，用于聚变工程装置设计和聚变工程中心建设。但后来里根总统下令将1982财年计划的联邦开支削减12%。1981年夏，OMB正在落实里根总统的这些指示，削减1982财年的计划开支，同时也在审查DOE 1983财年的预算请求。OMB无意将1982财年的聚变拨款削减掉12%，他们更倾向于先限定一个总削减额度，然后将削减数额不均匀地分配到各个 DOE 项目中。然而，他们最终却下决心改变 DOE（如金特纳）申报的聚变预算计划。他们这样做是参考了一位顾问的建议，即减少建造磁镜 MFTF-B 的资金，并把钱花在其他聚变研究项目上。金特纳既不喜欢这位顾问，也不喜欢他的建议。他尤其不喜欢 OMB 对他的预算指手画脚。爱德华·金特纳坚信要维持磁镜和托卡马克方法之间的竞争格局。他致力于确保 MFTF-B 建造项目如期进行。

金特纳认为，佩维特至少对 OMB "干涉"他作为核聚变项目负责人的职权负有部分责任（情况可能如此，也可能并非如此）。在 1981 年 11 月 9 日的一次会议上，金特纳、特里韦尔皮斯、OMB 预算审查员汤姆·帕尔米里和他的顾问史蒂芬·博德纳（Stephen Bodner）试图解决 1982 财年的聚变拨款问题。在接下来的一周里，特里韦尔皮斯试图提出一个让各方都满意的折中方案。最终（当金特纳在国外参加聚变会议时），特里韦尔皮斯和 OMB 同意将 MFTF-B 的建造预算削减 2 500 万美元（OMB 原本想削减 4 200 万美元），并将这笔钱重新分配给其他聚变研究项目。其结果是聚变计划被排除在 1982 财年里根下令的削减名单之外。除了金特纳以外，其他所有人都很满意这一结果。对于金特纳来说，不应该有人（特别是 OMB 的人）告诉他如何在子项目之间分配聚变资金，这是一个原则问题。他曾为海军上将里科弗工作，里科弗从不允许行政部门或国会的任何人告诉他如何运行他的项目。金特纳同样如此。在他看来，如果他在这一点上让步，他就失去了对自己项目的控制。他还开始相信，新政府无意在不久的将来建造一个聚变工程试验反应堆，也无意实施 1980 年的《磁聚变能源工程法案》，至少不会在该法案提出的时间表或资金范围内实施。事实上，总统的科学顾问乔治·凯沃斯曾表示，政府将不再建造"标志性"能源示范装置。他说，新能源的开发今后将是私企的责任。

金特纳于 1982 年 1 月 1 日辞职。他在辞职信中说，"项目主任们（比如我）保持项目研究方向和连贯性的能力已经被严重削弱了"。这封辞职信的正式版转载于赫本海默的书中。[32] 他说，"最极端的例子是 OMB 和 OSTP 最近就 1982 财年预算采取的做法。从坏里讲，这是恶意插手；从好里讲，这是不清楚这些行为会产生更大范围的影响"。他还说，"现在看来，过去5年里制订的以目标为导向的磁聚变计划将不会实施"。

里根总统任期第一年（1981年）的最终结果是，《磁聚变能源工程法案》要求的预算和时间表被推迟了，但并未被彻底放弃。政府确实推迟了建设工程试验装置的时间，但并没有完全放弃它，因为它在某种程度上是一个合理的政府资助项目。里根总统在1982年1月提出的1983财年聚变预算为4.44亿美元（相比之下，1981财年卡特预算为3.94亿美元）。最终，国会将拨款4.61亿美元用于1983财年的磁聚变。虽然这算是某种程度的胜利，但1983财年的预算远远低于该法案设想的5.96亿美元。

当金特纳离开DOE时，我给他提供了FPA的职位，他接受了。他在核工业界人脉广泛，我希望他能帮助我引起工业界对加入FPA的兴趣，并敦促实施麦科马克/桑格斯聚变工程法案。在这方面，他让我失望了。当爱德华·金特纳辞去DOE聚变办公室主任的职务时，他在很大程度上已决定离开聚变领域。他确实在那年（1982年）晚些时候参加了一个FPA聚变研讨会，并在《MIT技术评论》上发表了一篇题为"让聚变随波逐流"的文章。[37] 在那篇文章中，他说，"国家为开发终极能源而制定的计划有可能失败"。他表示，"最近间接和直接的决策使（磁聚变）能源工程法案规定的战略和时间表得以实施的前景黯淡无光"。他指出，该法案（和他）设想1982财年预算为5.25亿美元，1983财年预算为5.96亿美元。他表示，他曾要求为1983财年提供5.57亿美元，作为"在削减开支的需要与审查小组提出并由国会颁布的强有力的计划之间取得平衡的数额"。他说，在OMB的建议下，总统为1983财年申请的4.44亿美元"并没有为福斯特委员会建议的扩大（研究）活动提供资金，也没有为布施鲍姆小组建议并经国会批准的工程计划提供资金"。他说，这样做的结果是"让聚变计划没有战略支撑——它只是一堆没有明确任务或时间表的单个项目和活动的集合"。他还说，"增加工业界参与聚变发展的计划被无限期推迟，高技术衍生产品的工业和经济效益也将失去，而高技术衍生产品无疑是加速核聚变技术计划举足轻重的副产物"。

FPA 董事会向爱德华·E. 金特纳颁发了 1981 年领导力奖。

1979 年 3 月，宾夕法尼亚州哈里斯堡（Harrisburg）的三里岛（Three Mile Island）核电站发生堆芯熔毁事故。该工厂归属总部位于新泽西州的 GPU 核能公司。1982 年，GPU 核能公司负责人是爱德华·金特纳在里科弗时期的一位老同事，1983 年，他说服金特纳在新泽西担任 GPU 核能公司的执行副总裁，监督三里岛的清理工作。金特纳很快对清理工作的进展感到不满，这项工作是由贝克特尔公司（Bechtel Corporation）所属的一个小组执行的。金特纳希望他自己的人去现场接替贝克特尔公司项目经理。于是，他想将这项工作交给我。我和金特纳一起去哈里斯堡参加那里的一次管理会议。我认真考虑过这项工作，虽然清理三里岛无疑是一项重要工作，但监督清理工作对我来说似乎是一项费力不讨好的差事，并且相比聚变研究，我在这方面没有特别的天赋或兴趣。因此，我最终拒绝了这项工作。

在金特纳于 1982 年 1 月离开 DOE 后，DOE 能源研究办公室主任阿尔文·特里韦尔皮斯让其副手吉姆·凯恩（Jim Kane）以代理身份负责聚变计划，同时也在考虑金特纳的替代者。我被问及是否想成为候选人。如果当时政府真的在认真考虑实施一项以目标为导向的聚变工程计划，我会欣然接受。我在政府部门工作了 17 年，离职时享受最高政府薪资待遇。我三个孩子中的第一个刚刚进入大学。我已挣到了足够的钱，有办法支付他们的大学学费了。我创立 FPA 才 2 年，一想到回到 DOE，与花钱吝啬的官僚机构作斗争，就提不起一点兴趣。虽然我没有得到这份工作，甚至没有被催问，但我宁愿不被考虑。

1982 年 3 月，特里韦尔皮斯宣布他任命约翰·克拉克担任聚变办公室主任。克拉克完全胜任该职位，他自 1978 年以来一直是金特纳的副手，曾是橡树岭实验室聚变计划的负责人，也是我 1973 年托卡马克评估报告的共同负责人。[26] 自 1980 年以来，克拉克一直是组织学术界设计和规划建造托卡马克聚变工程装置的推手。特里韦尔皮斯还将詹姆斯·德克尔从 OFE 应用等离子体物理部主任的职位上调任为他的特别助理。德克尔后来成为特里韦尔皮的科学计算项目主任和能源研究办公室的首席副主任。在接下来的二十多年里，詹姆斯·德克尔发现，当现任能源研究办公室（后来更名为科学办公室）主任离职或在新的政府中被替换时，自己便成了 DOE 能源研究办公室的"代理主任"。在这种情形下，他是个稳固的天选之人。

1982 年 2 月，EPRI 公布了他们赞助的一项研究成果，该研究由伯恩斯与罗伊（Burns and Roe）公司完成，成果题名为"聚变的实用性要求"。来自 EPRI 高级电力系统部门的诺埃尔·阿姆赫德（Noel Amherd）是这项研究的项目经理。这项研究源于对 43 个电力公司的调查。报告指出，"除了考虑电站的发电成本，电力公司提出了其他 23 项要求①，'其中四项被认为'对电站的可接受性至关重要：电站投资成本、财务负债、电站安全和责任②"。[38] 完整的要求清单见表 5.2。

表 5.2 聚变电站的实用性要求[38]

A. 实用性规划和财务管理	B4. 选址的灵活性
A1. 电站投资成本	B5. 废料处理和处置
A2. 电站运行、维护和燃料成本	B6. 退役
A3. 被迫停运率	B7. 可授权性
A4. 计划停运率	B8. 武器扩散
A5. 电站寿命	
A6. 电站建造时间	C. 实际运营
A7. 财务负债	C1. 电站运行需求
A8. 额定功率	C2. 电站维护需求
	C3. 电气性能
B. 安全、选址和运营执照	C4. 负荷变化容差率
B1. 电站效率	C5. 部分负荷效率

---

① 译者注：原著数据有误，根据表 5.2 可知，应为 27 项要求。
② 译者注：原著有误，根据本书文献[38]，应为"可授权性"而不是"责任"。

续表

B2. 电站安全	C6. 最小负荷
B3. 对其他系统的依赖性	C7. 启动功率要求
D. 建造和资源	D3. 自然资源需求
D1. 硬件材料可获得性	D4. 燃料可获得性
D2. 工业基础	

5.4 磁镜和波纹环

1979年，利弗莫尔的科学家肯尼斯·福勒、大卫·鲍德温和格兰特·洛根正在发展一种理论模型，以更好地用于串联磁镜设计。该模型使用了称为"热屏障"的末端装置。为了检验这些想法，（他们）提议对TMX进行改造并获得了批准，并将其更名为TMX-U。美国利弗莫尔还提议修改MFTF串联版本的设计，加入热屏障末端单元，并将其更名为MFTF-B。

磁镜系统分公司负责人威廉·埃利斯组建了一个磁镜高级评估小组，完成了《美国磁镜聚变计划评估报告》。[39]我是小组成员之一。此前已对波纹环（EBT-P）项目进行过单独审查。1980年2月13日，由金特纳担任主席的FPCC就MFTF-B和EBT-P项目给出了一份"立场声明"。声明指出，EBT-P项目和最初的MFTF项目都已获得批准，启动这些项目的资金已在1980财年和1981财年预算中提供。并且"FPCC认可这两个项目，并建议寻求所需的额外资金，以使这些项目尽可能按拟定的最优进度实施"。金特纳批准了新设计的MFTF-B热障方案，其建设一直持续到20世纪80年代初。金特纳随后将我的约束系统部分成两个部门：托卡马克系统部（由N.安妮·戴维斯领导）和磁镜系统部（由威廉·埃利斯领导）。后者也负责波纹环项目。高密度系统部在这个过程中被撤销了。

5.5 惯性约束

惯性约束聚变（ICF）在20世纪70年代取得了令人印象深刻的进展。利弗莫尔实验室建造并运行了新的更大的激光器，阿尔伯克基市的圣地亚实验室运行了用电流驱动ICF的脉冲功率设备，LBNL正在进行重离子驱动惯性聚变。这些活动的资金主要来源于DOE国防计划。ICF的能源应用前景激励着研究人员，但无法打动资金管理人员。

FPA于1981年12月10-11日在旧金山举行了第二届年会暨研讨会，主题是"惯性约束聚变的世界研究现状"。与会者包括杰弗里·曼宁（Geoffrey Manning，英国卢瑟福实验室主任）、N. G. 巴索夫（苏联列别捷夫研究所所长、半导体激光器共同发明人）和千代卫·山中伸弥（Chiyoe Yamanaka，日本大阪大学激光工程研究所所长）。会后，FPA委员会发表了题为《惯性约束聚变——能源应用》的声明：

"国会和DOE的态度给ICF项目管理者带来巨大压力，迫使其取消惯性约束面向能源应用的相关研究。FPA认为，为了应对这些压力而终止与ICF潜在能源应用相关的、最低限度的持续研究工作并不符合国家利益。历史上，军事研究和开发曾为国民经济做出了很多重要贡献。政府拨款机构应当重视和鼓励这种相互促进的关系。允许合理比例的ICF资金继续用于能源应用是确保国家最终从ICF计划中获得全部利益的最佳方式。"

5.6 管　理

罗伯特·赫希建立的管理结构增强了华盛顿聚变办公室对美国聚变计划的领导，其核心是FPCC。FPCC由DOE聚变主任担任主席，其下属部门主管以及主要实验室（和GA）项目主管担任成员，因此FPCC提出的行动路线一旦达成一致，便会在DOE高层的管理者、OMB和国会中产生重要影响。克拉克一上台，就和特里韦尔皮斯一起废除了这种结构。取而代之的是一个完全由非政府成员组成的官方政府"咨询"委员会。这切断了 DOE 聚变管理人员和项目负责人之间的联系，而这原本是双方能够达成共识的非常有效的途径。新的顾问委员会直接向特里韦尔皮斯汇报，而不是向克拉克汇报，这进一步削弱了赫希建立的管理结构。

新的咨询委员会被称为磁聚变咨询委员会（MFAC），由罗纳德·戴维森担任主席。戴维森曾是金特纳领导下的应用等离子体物理部的主任（1976—1978 年），现为 MIT 聚变研究的负责人。MFAC 的第一次会议于 1982 年 6 月 1-2 日在华盛顿举行。1982 年间 MFAC 开展了四项研究。在接下来的几年里，MFAC 按照 DOE 的要求，进行了一系列（看似没完没了的）技术研究。MFAC 在 1982 年至 1989 年期间编写了 23 份小组报告。特里韦尔皮斯和克拉克还委托国家研究委员会（国家科学院和国家工程院的管理部门）主办了一个为期两天的研讨会，主题是"确定聚变的未来工程需求"，研讨会由赫伯特·伍德森教授（Herbert Woodson，得克萨斯大学）主持，于 1982 年 8 月 3-4 日举行。1982—1985 年进行的 MFAC 研究包括：

（1）评估 MFTF-B 可能升级的几个选项（1983 年）。

（2）评估大学在聚变计划中的长期作用（1983 年）。

（3）评估磁聚变计划中的平衡和优先事项（1983 年）。

（4）评估工业界参与聚变能源发展（1984 年）。

（5）批判性地审查 1984 年 DOE 磁聚变政策计划草案（1984 年）。

（6）评估替代概念的科学贡献（1984 年）。

MFAC 1985—1988 年的研究成果发表在《聚变能》杂志上。[40]

1982 年 6 月 22 日，在华盛顿举行了由 FPA、原子工业论坛和 EPRI 联合赞助的"聚变能发展工业-政府研讨会"。DOE 能源研究办公室主任阿尔文·特里韦尔皮斯告诉与会者，他成立磁约束聚变咨询委员会（MFAC），旨在明确责任、加强问责，并整合来自各方的建议。"委员会不能代替有效的管理"，他说，"但它肯定是一个有用的工具"。他表示，由于联邦预算困难，"我们能够立即建设聚变工程装置的想法有点难以实现"。他还警告说，"可能必须在 1986—1987 年的时间框架内，对托卡马克和磁镜做出某种决策"。

格鲁曼公司总裁约瑟夫·加文（Joseph Gavin）强烈呼吁与会者积极谋划。他说，"较短的计划比较长的计划花费更少。如果你计划 50 年，那可能真需要 50 年。如果你计划 10 年，可能会需要 12 年，但不管怎么说只是 12 年，而不是 50 年那么长。"普林斯顿聚变实验室主任梅尔文·戈特利布告诉与会者，"你必须给自己设定艰巨的目标。难以实现的目标反而会成倍提高进展速度"。MFAC 主席罗纳德·戴维森告诉与会者，"从科学的角度来看，按照 ERAB 和聚变工程法案的建议，现在迅速推进扩大的工程开发计划的技术原因比两年前更有依据"。

里根政府显然不打算按照聚变工程法案的预算和时间表来实施，但他们支持未来向更注重工程的计划过渡的基本思路，尽管时间表推迟且更加不确定。众议院科学技术委员会仍在继续敦促政府实施聚变法案。例如，关于聚变的国会听证会于 1981 年 3 月 3 日、1982 年 3 月 23 日和 1983 年 10 月 20 日举行时，我曾在这些听证会上作过证。

1982 年 9 月 8 日，参议员皮特·多梅尼奇（Pete V. Domenici，新墨西哥州共和党人）和众议员玛丽莲·布卡德（田纳西州民主党人）发起了一个关于聚变能的联合（参众两院）研讨会。欧盟聚变项目负责人多纳托·帕隆博（Donato Palumbo）和日本项目负责人塞格鲁·莫里也参加了会议。约翰·克拉克指出，尽管"政府承认聚变能是美国下一个世纪的主要能源选项，并认识到这一计划的重要性，但我们必须为 1984—1988 财年制定相对稳定的预算"。克拉克表示，他的战略包括设想在 1988 年建造一个工程试验反应堆（ETR），ETR 将于 20 世纪 90 年代建造，技术途径会在磁镜和托克马克技术之间选择。这一战略比 1976 年计划和聚变工程法案大约晚了 10 年。

1982 年平安夜，普林斯顿于 1976 年开始建造的 TFTR 首次产生等离子体。利弗莫尔的 MFTF-B 型磁镜正在建造中，离完工还有几年时间。总统于 1983 年 2 月向国会提交的 1984 财年聚变预算请求为 4.67 亿美元，而国会为 1983 财年拨款 4.61 亿美元。国会最终批准（1984 财年）预算额度为 4.69 亿美元。如果从 2012 年往回看，这是 DOE 国家聚变预算的最大值。从 1985 财年开始，未来 7 年内预算逐年下降，1991 财年为 2.84 亿美元的最低水平。这对美国聚变学术界的思维和规划造成了严重后果。

FPA 于 1983 年 1 月 6—8 日举行了第三届年会暨研讨会，主题是"聚变 1983：关于加快国家发展计划的准备和理由"。来自美国各地的聚变项目负责人前来分享他们的观点和专业知识。第一天的会议议题是聚变计划各方面的综述论文，包括 TFTR、磁镜计划（包括 MFTF-B 建造）、波纹环、仿星器、反场箍缩和微型聚变概念。（大会）准备了一份综合性报告[41]，其中包括赫伯特·伍德森和约翰·克拉克的主题演讲、罗伯特·斯普劳尔博士（Dr. Robert Sproull，罗切斯特大学校长）的午宴致辞以及关于"聚变发展速度"小组讨论结果的完整评论。小组成员包括罗纳德·戴维森（MIT 和 MFAC 主席）、约翰·埃米特（LLNL 激光项目负责人），爱德华·金特纳、迈克·麦科马克和罗伯特·赫希。很明显，对聚变工程快速发展的乐观情绪已经开始消退。克拉克指出，现实是目前的聚变预算被认为在联邦预算中占据"合理份额"，在这个水平上，我们可以维持一个"基础计划"，该计划将"能够朝着最终目标的方向取得稳定、可验证的科学和技术进步"，"反应堆工程计划"包括建造聚变工程装置或实验测试反应堆以及相应的开发计划，"需要提高聚变在联邦预算中的份额"。他说，"积极推进反应堆工程项目的选项必须保留"，但这"只是众多选项中的一个"，并且"这个选项可能永远不会被实施，至少不会完全基于国家层面来实施"。其他一些人，如埃米特和赫希，则强调聚变计划需要更多地关注发展反应堆概念，这将使聚变能"在经济上更诱人"。

1982 年末，橡树岭（实验室）对 EBT-S[①] 的数据进行了一次内部评估 [由李·贝里（Lee Berry）负责]，EBT-P 的设计和批准正是基于 EBT-S 的数据。基于在 MIT 开展的一个小型磁镜实验，理查德·S. 波斯特负责的"数据评估小组"进一步对 EBT-S 的数据进行了审查。两个（评估）小组的结论都是，EBT-S 的数据以前被误读了，这些结果不支持已经获批的 EBT-P 项目的乐观估计。在 1983 年 2

---

① 译者注：EBT-S 是 EBT-P 的缩比实验装置。

月 15 日那周，美国 DOE 组建了一个 EBT 高级评估小组，由洛斯·阿拉莫斯的弗雷德·里贝担任主席。我和罗纳德·戴维森、肯尼斯·福勒和赫伯特·伯克（Herbert Berk）加入了这个小组。我们同意前两个小组的分析，并建议 DOE 为 EBT-S 团队设立一套里程碑和（装置）性能目标。一年后，EBT-P 项目被取消。

5.7　能源研究咨询委员会评估

1983 年 2 月，能源部长要求 ERAB 进行另一次聚变评估（根据 1980 年磁聚变能源工程法案，这种 ERAB 评估每 3 年进行一次）。时任能源部长唐纳德·霍德尔（Donald Hodel）在 2 月 24 日给 ERAB 的信中要求再次进行评估，他承认"由于预算限制，DOE 无法完全实施该法案的某些具体条款，但已尽量按照该法案要求行事"。鉴于预算紧张，导致无法执行法案的所有要求，并结合 ERAB 之前的建议，他要求 ERAB 评估 DOE 措施的有效性。除 ERAB 主席路易斯·罗迪斯（Louis Roddis，他将担任聚变评审小组主席）外，该小组还包括常年从事聚变评估的专家所罗门·布施鲍姆（Sol Buchsbaum）和约翰·福斯特（John Foster），以及比尔·斯塔西（佐治亚理工学院），他是一名聚变研究人员，曾积极参与设计名为 INTOR 的国际聚变实验动力反应堆。[30] 1983 年 8 月 30-31 日，对 ERAB 小组的汇报中，我指出，"由于下一代聚变装置提案的内容在快速变化，FPA 尚未对任何特定的新装置或升级装置表明立场"。然而，我仍然坚信，我 3 年前向布施鲍姆（前 ERAB 成员）小组提出的原则至今仍然有效。它们是：

（1）下一代主要聚变装置的目标应该超过 TFTR、JET 和 JT-60（TFTR 在欧洲和日本的同等装置）的最大设计性能。

（2）除了详细的物理和工程目标之外，下一代主要装置应该有一个或多个目标，这些目标应清晰易懂，让公众能够直观感受到这是迈向实用聚变能源的关键步骤。

（3）下一代装置的成本不应超过约 10 亿美元。

（4）与上一代装置相比，下一代装置的关键特征应是更高的可靠性和适用性，并且这个装置应该有合理的且向实用聚变能源拓展的前景。

8月份，FPA委员会也发布了以下聚变政策声明：

（1）聚变能的发展应该得到比现在更高的国家优先级。这基于我们的信念，即能源的可获得性和可负担性是健康和充满活力的工业社会的基本要素，有保障的能源供应是世界和平与安全的重要决定因素，也是子孙后代发展的必要条件。

（2）现在应该加大对聚变工程开发的投入。

（3）现在应该对新的和已改进的实验装置提供资金。这基于我们的信念，即迫切需要这些资金来确保项目发展势头和技术进步延续到20世纪90年代。

如表5.3所示，FPA团体会员从1979年末的13个初创会员增加到1984年初的50个。

表5.3 FPA成员（1984年）

应用微波等离子概念（Applied Microwave Plasma Concepts）公司	堪萨斯城电力与照明（Kansas City Power and Light）公司
阿科（ARCO）石油天然气公司	西北数学科学研究所
BDM公司	麦克斯韦（Maxwell）实验室有限公司
巴尔的摩（Baltimore）天然气和电力公司	麦克唐纳·道格拉斯（McDonnell Douglas）宇航公司
贝克特尔（Bechtel）集团有限公司	东北公共事业（Northeast Utilities）公司
布莱克（Black）和维奇（Veatch）咨询工程师公司	北方电力（Northern Power）公司
波音（Boeing）工程与建筑公司	安大略省水电（Ontario Hydro）公司
波士顿爱迪生（Boston Edison）公司	宾夕法尼亚电力与照明（Pennsylvania Power and Light）公司

续表

伯恩斯和罗伊公司	菲利普斯石油公司
雪佛龙（Chevron）研究公司	PSE&G 研究公司
燃烧工程（Combustion Engineering）公司	科学应用（Science Applications）公司
爱达荷州 EG&G 公司	俄亥俄州标准石油（Standard Oil）公司
埃巴斯科服务公司	斯通和韦伯斯特（Stone and Webster）工程公司
电力研究所	南方公司服务部（Southern Company Services）
埃克森核能（Exxon Nuclear）公司	得克萨斯原子能研究基金会（Atomic Energy Research Foundation）
佛罗里达电力与照明（Florida Power and Light）公司	托卡马克系统（Tokamak Systems）公司
通用原子技术（GA Technologies）公司	TRW 公司
通用动力康维尔（General Dynamics Convair）分公司	联合工程与建筑商（United Engineers and Constructors）公司
吉尔伯特/联邦工程师和顾问（Gilbert/Commonwealth Engineers and Consultants）公司	通用高压电子（Universal Voltronics）公司
希波电子（Hipotronics）公司	伊利诺伊大学核工程系
霍亚光学（Hoya Optics）公司	罗切斯特大学激光能量学实验室（Laboratory for Laser Energetics, LLE）

续表

ILC 技术公司	瓦里安（Varian）联合公司
魁北克水力研究所（Institut de Recherche d'Hydro-Quebec）	W. J. 斯查费（Schafer）联合公司
杰科（Jaycor）公司	西屋（Westinghouse）电子公司
KMS 聚变公司	威斯康星电力与照明（Wisconsin Power and Light）公司

5.8 磁聚变咨询委员会战略

同样在 1983 年 8 月，由罗纳德·戴维森（MIT）担任主席的美国 DOE MFAC 敦促美国 DOE 采取具有 4 个主要特征的"新战略"：

（1）1986 财年开始建造托卡马克聚变核心装置（TFCD），这是一种不到 10 亿美元的中等成本的装置，旨在实现点火和长脉冲平衡燃烧。

（2）作为 TFCD 的补充，MFTF 升级版的潜在应用为包层和电力系统部件的准稳态测试提供一种经济高效的方法。

（3）积极推进广泛的美国磁约束基础计划。

（4）利用等离子体和磁体的技术开发项目，满足 TFCD 和其他主要聚变装置的具体硬件需求，从而将总体项目成本降至最低。

MFAC 表示，"实施上述计划需要在几年时间内，需将扣除通胀因素后的预算增加 25%～40%"。他们建议寻求 1985 财年 5.35 亿美元的聚变预算。后一项建议与 OMB 向 DOE 提供的 1985 财年预算指导相悖。最终，国会批准的 1985 财年预算为 4.3 亿美元。

5.9 安塞尔·亚当斯

著名的自然风景摄影师安塞尔·亚当斯（Ansel Adams）在 20 世纪 80 年代初参观了 LLNL 和 MFTF-B 建设现场后，对核聚变产生了浓厚兴趣（见图 5.1）。亚当斯后来拜访了罗纳德·里根总统，并敦促他支持核聚变研究工作。亚当斯于 1983 年中期以个人会员的身份加入了 FPA。在 1983 年 7 月 18 日给我的一封信中（见图 5.2），亚当斯说："我相信你一定知道我最近在洛杉矶与里根总统会面了。我问（总统），'你为什么不从国防预算中拿出 100 亿或 200 亿美元，用于聚变能的紧急开发计划？'然后我特意提醒到，聚变能的成功肯定会让我们摆脱对进口燃料的依赖，但他对此没有回应。"亚当斯最后写到，"我（作为一名公民）会继续宣扬聚变能的理念，并希望能在这方面做得更多"。

图 5.1 安塞尔·亚当斯与肯尼斯·福勒

注：摄影师安塞尔·亚当斯（左）在参观 LLNL 的聚变装置时，与那里的聚变能源项目主任肯尼斯·福勒交谈 [图片由 LLNL 摄影师詹姆斯·E. 斯托茨（James E. Stoots）提供]。

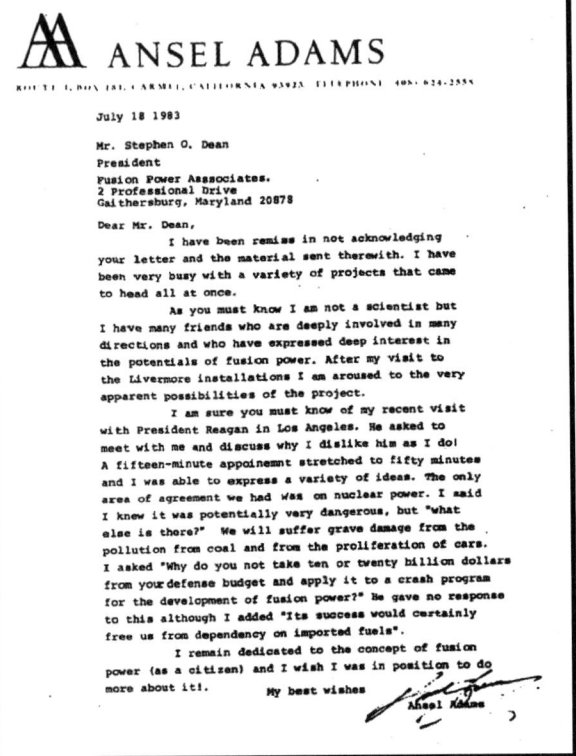

图 5.2　安塞尔·亚当斯给作者的信

注：著名的自然风景摄影师安塞尔·亚当斯成为聚变的倡导者，他在 1983 年中期以个人会员的身份加入了 FPA。

信件内容：

安塞尔·亚当斯

1983 年 7 月 18 日

史蒂芬·O. 迪恩

我疏忽了，没有及时打开你的信和随信寄来的材料。我最近有多个项目需要同时处理，这导致我非常忙碌。

你一定知道，我不是科学家，但我有许多朋友，他们深入研究了许多方向，他们对聚变能的潜力表示了浓厚的兴趣。在参观了利弗莫尔的设施后，我被这个项目显而易见的可能性所吸引。

我相信你一定知道我最近在洛杉矶拜访了里根总统。他要求与我会面，讨论我为什么这样不喜欢他！15分钟的约谈时间延长到了50分钟，故我能够表达许多想法。我们唯一达成一致的领域是核能。我说我知道这可能非常危险，但"还能怎么办？"煤炭污染和汽车泛滥将给我们带来严重损害。我问："你为什么不从国防预算中拿出100亿或200亿美元，用于核聚变能的紧急开发计划？"他没有对此做出回应，尽管我又补充到："它的成功肯定会使我们摆脱对进口燃料的依赖"。

我（作为一名公民）会继续宣扬聚变能的理念，并希望能在这方面做得更多。

致以最美好的祝福

安塞尔·亚当斯

1984年4月，亚当斯计划在加州的家附近与FPA董事会举办一场午宴，后因病被迫取消了。两周后的4月22日，他不幸去世，享年82岁。

5.10 威廉·R.埃利斯

1983年10月，威廉·R.埃利斯辞去了美国DOE聚变办公室磁镜部门负责人的职务，成为美国海军研究实验室研究部副主任。从1975年我在LANL雇用他开始，比尔就一直负责磁镜计划（包括MFTF-B）的发展以及最近的"波纹环"计划（包括 EBT-P）。美国 DOE 授予埃利斯"杰出服务铜奖"，"他的倡议和外交能力让全世界认识了到关键的技术问题，并促使国际磁镜研究工作成果被更有效地利用"。1989 年，在海军研究实验室（NRL）期间，他因"在管理和执行具有国家重要性的研发项目方面取得的职业成就"，获得了总统高级行政人员服务奖。后来，他成为埃巴斯科服务公司的副总裁和美国 ITER 工业理事会（IIC）主席。

重大进展事件：MIT 达到劳森积（$n\tau$）阈值

1983 年末，一个具有重大历史意义的事件发生了，MIT 的阿尔卡特托卡马克研究小组获得了等离子体密度和约束时间（$n\tau$）的劳森积。[42] 劳森判据表明，除非达到或超过该乘积的某个值，否则无论达到多高的温度，都无法使聚变产生净能量。该小组由罗纳德·帕克领导，成员包括马丁·格林沃尔德（Martin Greenwald）、大卫·格温（Dave Gwinn）、史蒂夫·沃尔夫（Steve Wolfe）以及许多支持他们的科学家、工程师、技术人员和后勤人员。1978 年，在 PLT 上已经实现了最低的"理想点火"温度。因此，我们在托卡马克上实现了获取净能量所需的温度和劳森积，但不是同时实现的。任何人都毫不怀疑，它们也可以在未来的装置中同时实现。

5.11 托卡马克定标

20 世纪 80 年代初，多个中小型托卡马克在几个国家运行。后来成为 PPPL 主任的科学家罗伯特·戈德斯顿（Robert Goldston）研究了所有托卡马克实验数据，得出了匹配现有数据的约束时间经验性定标律。然后，该定标律被用于预测大型装置中的等离子体条件。[43] 这被称为"戈德斯顿定标"，成为了一个不断发展的经验性设计程序的基础，其中最新的一个被称为 ITER 定标，它促成了当前的 ITER 设计方案。[44]

5.12 惯性约束二三事

惯性约束聚变（ICF）由美国 DOE 的武器计划资助，不属于官方的民用聚变能计划。（背后的）逻辑是，这些实验旨在研究氢弹中聚变弹芯的燃烧物理特性。因此，ICF 计划主要在 DOE 的武器实验室劳伦斯·利弗莫尔、洛斯·阿拉莫斯和圣地亚进行。实际上，ICF 计划也确实支持了罗切斯特大学激光能量学实验室和美国海军研究实验室的小型项目。在密歇根州的 KMS 聚变公司也有一个私人资助的 ICF 项目。

激光发明后的 1963 财年，ICF 首次被确定为一个单独的预算项目。从那时起，ICF 预算呈缓慢但系统增长的趋势，1982 财年达到了 2.09 亿美元。一系列越来越大的激光器和脉冲功率装置已然建成。然而，从 1984 财年开始，ICF 预算进入了 5 年的下降期，1987 财年降至 1.55 亿美元的低点。

FPA 自 1979 年成立以来，一直主张 DOE 承认并资助与 ICF 能源相关的研发。这些由 DOE 武器计划资助的科学家在从事武器物理研究的同时，也在 ICF 能源前景的强烈驱使下开展了 ICF 能源研究。罗切斯特大学和 KMS 聚变公司都是 FPA 的成员。

ICF 预算从 1982 财年的 2.09 亿美元下降到 1984 财年的 1.7 亿美元。当 DOE 在 1984 年初提交 1985 财年预算时，要求国会将其进一步削减至 1.38 亿美元。而国会几年来一直在对政府（DOE）提出的低水平 ICF 预算申请追加经费。

我应众议院军事委员会的邀请，就政府提出的 1985 财年 ICF 预算申请提供一份证词。我将证词罗列如下，相同的证词也提交给了参议院能源委员会以及参众两院拨款委员会：

"我对 DOE 1985 财年 ICF 预算申请深表关切。与前几年相比，近几年来 DOE 系统地减少了实施该计划的经费资助。唯有国会深谋远虑，定期为 DOE 的预算追加资金，才使我们没有从这个非常有效益的计划中失去大量才华横溢的科学家。"

"在此计划下工作的人们已经建造并运行了激光装置和粒子束装置,它们所达到的功率和能量水平在 15 年前来看,似乎是不可能的。他们拓展了我们对强激光和粒子束与物质相互作用的理解。在这个过程中,产生了一系列重要的额外成果,包括激光同位素分离的新领域、与武器相关现象的研究以及定向能武器技术。"

"鉴于该领域工作人员所取得的杰出成就,我难以置信地看到,DOE 国防预算在大幅增加的情况下,却对该项目实施短视性的预算削减。"1985 财年 DOE 武器预算申请比 1984 财年增加 10 亿美元。

"我敦促国会继续提供必要的支持,以保持 ICF 计划的势头、进展和吸引力。"

"我还敦促委员会对惯性聚变的民用用途保持兴趣,我认为这是有前途的。"

1985 财年国会为 ICF 拨款 1.68 亿美元,而 DOE 要求的是 1.38 亿美元,1984 财年拨款是 1.7 亿美元。然而,在 1986 财年和 1987 财年,ICF 预算下降到 1.55 亿美元,随后在 1993 财年又开始逐渐回升。

5.13　工业界的参与

工业界参与聚变能开发的程度一直是个难题。AEC、能源研究开发署、DOE 一直有倾向自己实验室和大学的传统。这些实验室本身也具备强大的自主工程设计和部件制造能力。特别是美国 AEC、能源研究开发署、DOE 的研究部门历来没有扶持工业界(开发)工作的经验。

另一方面,如果聚变能最终要成为商业现实,在某个时候,与聚变技术相关的知识和能力必须转移到工业界。此外,工业界既是电力设施的纽带,也是其最终的用户。

早在 20 世纪 60 年代中期,我们就在 GA 建立了聚变(开发)能力。假设 EBT-P 项目继续进行并取得成功,麦道公司也将会获得一席之地。埃巴斯科公司和格鲁曼公司正在积累建设 TFTR 的经验。其他公司正在建造超导磁体,以便在橡树岭(实验室)进行实验。大多数其他行业要么专门从事实验室或大学聚变实验所需的某些类型的部件，要么焦急地等待着建造聚变工程试验装置所提供的机会。

1984年5月，MFAC完成了一项关于"工业界参与聚变能发展"的研究。研究指出，"现在开始让工业界做好准备，让其成为政府和公共事业的主要承包商和主要子系统供应商，正当其时"。研究还提出，"在开发聚变工程数据库和TFCX（托卡马克聚变核心实验装置，一种拟定的新装置）等重大项目中，应该让大量的行业参与，以便私企们能够更好地就聚变能源的商业潜力做出决策"。MFAC说，"作为其他项目的补充，一个工程项目应在整体预算范围下实施"。

5.14 步入低谷

1984年2月，ERAB聚变评估小组向美国能源部长提交了报告[45]，建议DOE建造一个聚变燃烧核心实验装置（BCX，TFCX改进后的新名字），"以探索点火物理，并将其作为聚变计划中的一个高度优先项目"。该报告指出，应特别考虑BCX未来的升级潜力，此外应尽可能融入那些可作为未来反应堆重点技术部件的特征"。他们还说，"ERAB强烈建议美国为拟议中的BCX的发展、建设和运营积极寻求双边或多边合作。这种合作将可能会实现更积极的技术目标，并加快验证聚变技术可行性的时间表，以造福全人类"。ERAB似乎把BCX想象成一个可以发展成类似《磁聚变能源工程法案》中的工程试验反应堆，而美国聚变界当时倡导的TFCX，其物理目标却较为有限。

虽然里根政府执政的前三年（1981—1983年）未能提供《磁聚变能源工程法案》期望的聚变计划预算增幅和工程重视程度；不管怎样，预算还是略有增长，聚变计划正在积极筹划建设一个新的"燃烧等离子体"装置，旨在超越TFTR。然而，1984年中期，国会将1985财年的聚变预算从1984财年的4.7亿美元削减到4.3亿美元。美国DOE通过推迟2年采购TFTR专用氚系统、进一步延缓MFTF-B的建设进度以及削减了聚变计划的其他项目，来应对财年聚变预算削减。政府也开始劝告聚变学术界放弃以工程和目标为导向的规划。拉尔夫·德弗里斯（Ralph DeVries，OSTP 自然科学助理主任）代表总统科学顾问乔治·凯沃斯在 MFAC 的一次会议上提出了聚变计划的新目标："一个平衡的计划，它结合了等离子体物理学科的多元性、内在关联性以及人才培养，并有望在未来实现一种独特的能源"。他还说，只有聚变预算中应用等离子体物理的目标"才明显符合政府政策"。他特别指出，"类似反应堆的大型装置"不会得到现政府的支持。

在 1984 年 7 月 18 日的会议上评估了预算和政策形势后，MFAC 得出结论，建立一个 TFCX/BCX 规模装置的前景"急剧黯淡，部分原因是 1985 财年预算削减，另一部分原因是行政部门对大型聚变实验的（消极）态度"。然而，MFAC 并不准备完全放弃对新装置的需求。他们要求聚变界开发两个新方案："① 铜线圈设计，针对最低成本进行优化，同时满足（TFCS/BCX 的）基本科学目标；以及 ② 超导线圈设计，经过优化以达到尽可能高的科学技术水平和升级能力"。在那次 MFAC 会议上，MIT 的布鲁诺·科皮提出了铜线圈点火托克马克。在会议自由发言时间，我敦促 DOE 成立一个高级评审小组来审查科皮的想法，并在 6 周内，而不是 6 个月内报告其评估结果。我"对美国政府漫不经心的未来计划以及用似乎无休止的一系列设计迭代和委员会研究来代替决策、搭建实验和获得结果"，表达了无尽的失望。我说，"在这个过程中，我们每天花费 100 万美元"。[46]

5.15　专访特里韦尔皮斯

在国会就 1985 财年预算采取行动后，美国 DOE 能源研究办公室主任阿尔文·特里韦尔皮斯主动为我提供独家专访的机会。这篇采访稿发表在 1984 年 9 月出版的《聚变能协会行政简报》[47]上，全文如下：

国会最近通过了磁聚变 1985 财年预算，比总统要求的少了 4 300 万美元。FPA 主席史蒂芬·迪恩与 DOE 能源研究办公室主任阿尔文·特里韦尔皮斯（简称 AWT）讨论了 DOE 对（预算）削减的反应以及他们对未来的展望。

迪恩： 当国会削减磁聚变预算时，你感到惊讶吗？你认为原因是什么？

AWT： 我既惊讶又失望。一段时间以来，聚变项目的资助增幅低于生活成本增幅。过去几年，这部分归因于联邦能源规划的总体预算吃紧。国会通常会为政府的聚变研究申请追加拨款；令我高兴的是，1985财年，政府要求4.83亿美元的可靠项目预算。众议院授权委员会甚至赞成将总统的预算增加2 200万美元。然而，众议院拨款委员会并不这么认为。他们建议削减6 400万美元。参议院只建议削减1 000万美元，但在会上，他们同意削减4 300万美元，国会随后通过了削减方案，这导致1985财年预算仅为4.4亿美元。发生这种情况的原因有很多。猜测哪个版本可能是正确的没有意义。然而，我的观点是，一些国会议员认为聚变计划没有适应当前能源供应形势和预算赤字的现实。我被告知，他们"想引起我们的注意"。他们的确做到了！

迪恩： 你将如何应对预算削减？

AWT： 在仔细审查了（聚变）计划的现状和发展历程之后，我决定最好的执行方案是在三个地方进行削减，但主要来自两个大项目：TFTR和MFTF-B。首先，我们将推迟1986年安排在TFTR的氘氚燃烧实验。这将从两个方面节省项目资金：第一，它消除了在进行实验之前不可避免的某些氚操作和远程处理费用；第二，它消除了在1985财年提供额外资金的需要，这些资金本来是实现1986年D-T目标所需要的。TFTR资金的实际削减将为900万美元。将D-T燃烧实验推迟数年，使关键的氢实验更加高效，实验难度也比使用氚的情况要小，因为后者需要远程处理。我想强调，这仅是推迟。在TFTR上进行D-T能量盈亏平衡实验仍然是美国聚变计划近期的一个重要里程碑。

其次，我决定将MFTF-B的运行预算减少1 500万美元。这将把1988财年的一些目标推迟到1989年或1990年，但科学目标保持不变，而我们只是延长了实现这些目标的时间。我们花费了大量的时间、精力和财力来定义和制造发展直线和环形（托卡马克）系统物理所必需的硬件。不利用这些设备的物理能力是愚蠢的。

与任何实验研究计划一样，这些系统的未来方向将取决于所取得的科学成果的本质和意义。

最后，我决定减少 1 300 万美元的开发与技术研究活动，这些活动不支持聚变计划的近期目标。我认识到我们必须开展系统研究来增强我们的判断力。我不愿意在技术项目中削减经费，如果认为聚变中所有前沿科学成就都是由等离子体物理学家完成的，这就太肤浅了。广义上讲，我们的许多技术发展都是出色的"科学成果"。

这些项目很难做出抉择，不能草率了之。鉴于目前的情况，我认为，在预算减少的情况下，最好的办法是保留聚变计划的发展主线。

迪恩： 我们有可能面临 1986 财年进一步资金削减吗？

AWT： 我希望不会。DOE 正在整理提交给 OMB 的 1986 财年预算，从现在到总统向国会提交预算期间，可能会发生许多事情。我相信该计划可以证明它所获得的投资是值得的，因为它取得了杰出的科学进步和成果。聚变是一门优秀的科学，是一门前沿的技术，它正在稳步取得进展。

迪恩： 我在（聚变）学术界听到了一种担忧，即聚变计划可能会失去重点，变成一个"纯科学"的项目。你对此有什么看法？

AWT： 聚变计划是一个以任务为导向的能源计划，必须保持下去。它的目标是最终为世界提供一种对环境友好的能源。这是它的长期目标。然而，实现这一目标还需要一些时间，在短期内，我们拥有一个在许多先进科学技术领域处于前沿的项目。我们打算强调这项研究的价值。事实上，聚变计划作为一项出色的研究工作，在所有关于能源的讨论中有些被忽视了。

在资金方面，关键词是"平衡"。我意识到，我们在技术领域所做的许多工作要么对科学实验至关重要，要么在多数情况下也对高科技社会的进步做出了贡献。

迪恩：大学项目怎么样？它们比实验室或工业项目更重要吗？

AWT：我想再次强调我们保持"平衡"的意图。聚变计划是联邦计划的杰出范例之一，它始终为大学和学生开展前沿研究提供机会和资金。自1965年以来，超过1 100名学生通过大学聚变计划的支持获得了博士学位。聚变计划还支持我们工程学院的研究生奖学金。这1 100名学生中大约有一半在高科技行业工作，这些行业对我们的国家竞争力和国家安全做出了贡献。

迪恩：那么工业界呢？近期工业界起到作用了吗？

AWT：工业界已经并将继续扮演许多不同的角色，从零部件供应商到技术研发商，再到制造商。如果没有近期的大型建设项目，工业机会的经济价值和可见性将会降低，这可能是真的。但这并不意味着工业界可以袖手旁观。恰恰相反，工业界的参与对聚变计划至关重要。我希望聚变计划保持强有力的工业参与度，但预算压力和近期优先事项将减缓这一速度，同时减缓该计划其他部分的速度。

迪恩：你最近的举动是否暗示你对托卡马克概念的前景感到失望，并认为我们需要找到一个更好的替代方案？

AWT：我们必须不断寻找更好的想法，我打算扩大对其他概念的支持，以开发最有希望的聚变方法。与此同时，有大量证据表明，托卡马克和其他概念一样，为改进和创新提供了一个良好的起点。托卡马克为那些主张其他概念的人提供了一个标准和挑战。

迪恩：你刚从布鲁塞尔的聚变合作经济峰会后续会议回来。那次会议发生了什么，这是否意味着一个国际聚变项目是可能的？

AWT：自凡尔赛峰会以来，（聚变合作）经济峰会的议程将一些注意力集中在科技上。凡尔赛峰会确定了适合开展国际合作或协作的18个科技领域。聚变就是其中之一。我们与欧共体委员会共同领导这一领域。去年11月，在威廉斯堡峰会之后，为迎接伦敦峰会，我们在华盛顿特区会晤。根据 6 月伦敦峰会的指示，我们于 7 月在布鲁塞尔再次会晤。我们在布鲁塞尔峰会上成立了三个专委会。一个专委会关注未来主要装置的合作。另外两个专委会将处理可能阻碍合作的行政和技术问题。作为 1985 年波恩经济首脑会议筹备工作的一部分，这些专委会将在 1 月前向上级委员会汇报。这次峰会的议程在比以往更高的政治层面上创造了一个新的沟通和参与渠道。在更高的政治层面，一个普遍关注的问题是避免重复建设耗资超过 10 亿美元的装置。

我认为，我们需要一个计划，概括实现聚变能所需的步骤，而不去考虑工作在何时何地完成。（我们）需要达成协议，在全球范围内开展工作，避免重复劳动。所有这些都是困难和耗时的。峰会议程的最初几项内容已经达成。这可能会产生一个国际合作项目，在这个项目中，不需要加大国内投入就可以取得更大的进展。这可能采取几个双边或多边计划的形式，类似于日本人与我们在通用原子技术公司的多布雷特项目。

迪恩： 那未来呢？

AWT： 我相信聚变能在科学和技术上都是可行的。我相信这将是未来重要的能源选项。在短期内，我们需要继续进行研究，以发现最好的办法。从长远来看，它必须与其他能源选项在经济上展开竞争。1975 年的能源危机让我们走上了一条在 2000 年之前就可以运行聚变反应堆的道路。但要做到这一点，需要投入资源，而在目前的能源和预算环境下，这些资源不太可能到位。需要为该（聚变）计划制定一个考虑现实情况和国际合作的修订计划。这样的论证工作正在进行中。

5.16 预算与现实

到 20 世纪 80 年代中期，聚变预算很明显与在 2000 年以前建造聚变发电站的资金投入相去甚远了（见图 5.3）。1984 年中期，聚变计划被勒令停止设计

TFCX，转而将重点放在更便宜的装置方案与国际合作上。1985年初，总统要求1986财年的聚变资金仅为3.9亿美元，而国会为1985财年拨款4.3亿美元。国会最终将1986年聚变拨款降至3.62亿美元[作为纽特·金里奇（Newt Gingrich）"与美国的契约"的一部分]。而1984财年预算为4.69亿美元。因此，在两年的时间里，聚变预算减少了约1亿美元。这在1985年中期造成了一场危机。同样，单独资助的ICF研究也从1982财年的2.09亿美元的高点降至1986财年的1.55亿美元。

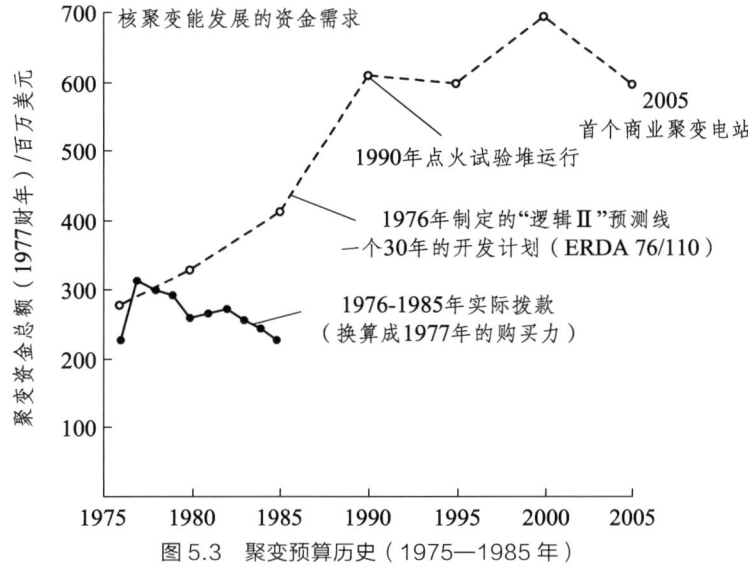

图5.3 聚变预算历史（1975—1985年）

注：上曲线显示了1976年"逻辑Ⅱ"（2005年运行示范电站）计划所需的资金。下曲线显示了1976—1985年投入的实际资金（FPA行政简报，1984年11月）。

尽管磁聚变界已经失去了建造工程试验反应堆甚至是TFCX的希望，但它仍在努力设计和提出一种比TFTR更便宜的托卡马克装置。当时，TFTR的氘氚聚变试验阶段被推迟到1989年（后来又进一步推迟）。到1984年底，正如在伦敦举行的原子能机构半年一次的聚变会议上所报告的那样，（所有装置）均取得了重大进展：TFTR和JET都在氢等离子体中实现了创纪录的等离子体约束时间，TFTR中性束加热使等离子体温度超过 3 keV（到 1986 年 7 月将进一步提高到 17 keV）；多布雷特Ⅲ型托卡马克装置实现了温度、密度和约束时间（$Tn\tau$）三重积的极值 4×10^{13} keV·cm^{-3}·s（相比之下，聚变发电站需要的值约为 10^{15}）；阿尔卡特 C 型托卡马克达到了 10^{14} cm^{-3}·s 的劳森参数（$n\tau$）；在 ICF 计划中，诺维特（Novette）激光器将靶丸压缩到液体密度的 140 倍（相比之下，聚变发电站所需的密度约为液体的 1 000 倍）。从技术角度来看，聚变计划已经准备好加速实现其实际目标。然而，这样的愿望并未成真。

译：程功　校：陈伯伦

第 6 章

成功与灾难

（1985—1989 年）

> 探究全部事实并坚持研究以确保计划实施，这是非常自然的。
> 理论上这是没有问题的，但现实生活中并非如此。
> 在某些时候，你要勇敢地迈出那一步。

在 1985 年初提交给国会的 1986 财年预算中，里根总统提议将磁聚变预算再削减 5 000 万美元，至 3.9 亿美元（回想一下，与 1984 财年相比，1985 财年的预算已经削减了约 4 000 万美元）。他还提议将 ICF 计划削减一半以上（从 1.68 亿美元削减到 7 000 万美元）。到国会通过这项预算提案时，1986 财年的磁聚变预算已进一步削减至 3.62 亿美元，但提议的惯性聚变预算已基本恢复（增至 1.55 亿美元）。美国 DOE 在其提交的惯性聚变预算中，曾提议不再将 ICF 编为一个单独的计划，并简单地将其"整合"到价值数十亿美元的武器研发类中。国会拒绝了这个提案。

1985 年 3 月 5 日，我在旧金山举行的美国核学会（ANS）第六届聚变技术专题会议上发表了午宴演讲。演讲的题目是"加速聚变计划将需要什么"。其中部分内容如下：

"我和你们中的很多人一样感到沮丧，聚变计划不能按它需要的发展方式推进。我想说的是，我认为加速聚变计划有三个充分必要条件。"

"第一个必要条件是必须成体系地发展。我们必须展示，而且我们已经能够展示，我们正在沿着聚变能之路前进。"

"第二个必要条件是，我们必须拥有具有潜在商业价值的聚变反应堆概念设计。我们必须有一个或几个引以为傲的实施方案，那样我们就能说，'如果我们能做到这一点，就会有人想要它'。我希望我可以说我们有这样的设计，就像我说我们已经取得系统性的进展一样。"

"第三个条件是，美国在能源技术上必须达到与本国未来面临的能源问题相称的总体研发水平。聚变就是聚变，它不能操之过急。聚变在20世纪70年代繁荣起来，并将再次繁荣，届时我国将意识到，聚变能将在21世纪对一个投资数万亿美元的行业产生影响，能源技术发展必须以相应的投资与研究力度推进。"

6.1 重　组

（科学家们）提出了几种基于铜线圈（即非超导）磁体的高磁场"小型"点火级托卡马克，在设计上它们与MIT的阿尔卡特实验装置相似，但在尺寸、磁铁强度等方面却有所不同。布鲁诺·科皮和丹尼尔·科恩（Daniel Cohn，MIT）、马丁·彭（Y.-K. Martin Peng，橡树林国家实验室）以及普林斯顿大学的科学家都提出了这样的设计。国际科学界通过IAEA赞助的INTOR（始于1978年）开展合作[30]，也建议在几个国家之间建立一个大型超导点火等离子体工程试验反应堆，作为国际合资项目。DOE OFE的迈克·罗伯茨在推动后者方面成效显著，并因此于1985年初获得了DOE的杰出服务奖（Exceptional Service Award）。与此同时，法国建造了一个中型超导托卡马克，名为托勒·斯普拉（Tore Supra），中国也正在运行其第一个托卡马克。

在1985年4月12日《纽约时报》的一篇专栏文章中，弗洛拉·刘易斯（Flora Lewis）报道了美国前总统杰拉尔德·福特和吉米·卡特在亚特兰大埃默里大学（Emory University）卡特中心共同主持的"国际安全和军备控制磋商"。她报道说，与会者（包括苏联科学院副院长叶甫盖尼·维利霍夫）希望"解冻戈尔巴乔夫所称的苏美关系最近的冰河期"，认为联合发展聚变能源项目将是"达成一项令人兴奋的建设性协议的绝佳议题"，这一协议可能会在戈尔巴乔夫和里根首脑峰会（两国都希望在秋季举行）上达成。刘易斯认为，"将核聚变列入（峰会）议程并不会避免其他所有棘手问题，但它至少会带来一个重要的进展，并为更艰难的谈判打开突破口"。她的评论后来被证明颇有先见之明。

1985 年 6 月，一个由美国、加拿大、欧洲和日本的资深托卡马克科学家和工程师组成的专家小组，在罗纳德·戴维森（MIT）主持下，举行了一次"点火基准设计研讨会"。研讨会的结论是"目前的数据库足以指导托卡马克点火实验的概念设计"，并且"点火实验可以提供独特和非常有用的信息"。[48] 在评估的三种设计方案中他们没有表达偏好，但建议继续进行"紧凑型点火装置的概念设计"。

1985 年夏，美国 DOE OFE 在查尔斯·贝克博士（Dr. Charles Baker，阿贡国家实验室）的指导下建立了一个技术规划活动（TPA）小组。该小组负责确定解决技术问题的项目要素和子要素；阐述项目要素和子要素的目标；制订每个项目要素的技术规划，包括确定必要的设施；确定资源需求；促使聚变界对计划要素中的优先事项达成共识并提出建议。

在贝克博士的总体领导下，这项工作被划分成三个小组：等离子科学（由美国威斯康星州的詹姆斯·卡伦牵头）、聚变技术 [由加州大学洛杉矶分校的穆罕默德·阿卜杜（Mohamed Abdou）牵头] 和聚变系统（由我牵头）。聚变系统的研究于 1987 年 1 月完成[49]，其内容被发表在《聚变能》杂志上[50]。贝克、卡伦、阿卜杜和我因这些工作于 1988 年 3 月获得了能源部杰出助理奖。

6.2 里根-戈尔巴乔夫峰会

里根-戈尔巴乔夫峰会（Reagan–Gorbachev summit meeting）于 1985 年 11 月举行，并达成了一个关于聚变的里程碑式协议。官方联合声明称，"两位领导人强调了将受控热核聚变用于和平目的的潜在重要性，并主张在这方面尽可能广泛地开展国际合作，以获取这一基本上取之不尽、用之不竭的能源，进而造福全人类"。在国会联席会议中作全国电视讲话时，里根说，"作为解决未来世界能源需求的一种潜在方式，我们倡导开展国际合作，探索开发聚变能源的可行性"。[51] 一名参与峰会后续计划的美国国务院官员告诉 FPA，里根曾表示，"我想建造一个聚变反应堆"。[52]

然而，里根总统回避告诉 OMB，这样的国际聚变合作需要花钱。当总统 1987 财年的预算在 1986 年初提交给国会时，他提议对磁聚变计划再削减 5 000 万美元（降至 3.33 亿美元），并再次大幅削减 ICF 计划预算（从 1.55 亿美元降至仅 2 200 万美元），同时还再次提议将剩余预算纳入 DOE 数十亿美元的武器预算（国会再次拒绝了这一提议）。预算文件表明，美国聚变磁镜计划将被终止。

里根-戈尔巴乔夫首脑会议关于聚变能的协议引发了一系列高级别的国际讨论。在 1986 年上半年举行的经济峰会中，核聚变成为峰会工作组的主题。阿尔文·特里韦尔皮斯担任该工作组的美国代表。联合建造一个聚变工程试验反应堆的想法正在这个小组中逐渐成形。然而，在政府内部机构政策协调过程中，国防部反对与苏联联合建造聚变工程反应堆。五角大楼的工作人员向国防部国际安全政策助理部长理查德·N. 佩尔（Richard N. Perle）汇报了情况，并通过国家安全委员会积极阻止里根总统与苏联达成建造聚变反应堆的协议。[53] 他们反对的理由是，美国将专有技术转让给苏联，这可能会使苏联掌握威胁美国安全的技能和技术。能源部长约翰·赫林顿（John Herrington）与国防部意见一致，这改变了聚变合作的性质，即从一个可以在 20 世纪 90 年代建造装置的合作（比 1980 年的《磁聚变能源工程法案》晚了 10 年）到一个仅限于设计的合作。事实证明，设计工作将在未来 20 年的大部分时间里持续进行，之后才终于开始建造。

6.3 能源独立宣言

包括 FPA 在内的各种能源组织一直在向里根政府施压，要求其更积极地关注能源问题。这些组织共同编写了一份《能源独立宣言》，当时的副总统乔治·H. W. 布什（George H. W. Bush）在白宫西翼会议室签署了该宣言（见图 6.1）。

图6.1 副总统乔治·H. W. 布什签署《能源独立宣言》

注：本书作者目睹时任副总统乔治·H. W. 布什签署《能源独立宣言》，该宣言是由包括 FPA 在内的一些能源组织起草的。

大约在此期间（1985—1986年），里根政府也"放松"了对美国电力行业的管制，结果导致电力公司的管理者变得非常注重短期利润。此前，地方和州监管机构已将长期回报的研发资金纳入用户收费基数。此后，大多数电力公司取消了其内部研发部门，同时电力公司赞助的 EPRI 也取消了其小型聚变研究工作。

主要成果：TFTR

1985—1986年间，在唐纳德·格罗夫（Donald Grove）和戴尔·米德（Dale Meade）的带领下，PPPL的科学家们在TFTR上实现了许多关于氘等离子体的初始目标。TFTR按照磁场和电流的设计标准运行；等离子体密度-约束时间乘积超过了之前在MIT强场阿尔卡特装置中获得的劳森积；并且等离子体温度超过了设计值——10 keV。图6.2显示了TFTR真空室的内部。用氘燃料开展的实验获得了0.2的等效氘氚增益。

图6.2　TFTR装置的真空室内部

6.4　惯性约束聚变回顾

1985年2月，应国会要求，白宫OSTP发起了对美国DOE ICF计划的评估，"包括涉密和非涉密两个方面"。当时，美国DOE和OMB正寻求大幅削减ICF预算，并试图将其"纳入"美国DOE数十亿美元的武器预算中。OSTP把这项评估指派给了美国国家科学院，由普林斯顿大学的威廉·哈珀（William Happer）教授主持的专家组来承担。国会希望通过专业评估来支持自己反对 DOE/OMB 的行动立场，而行政部门（即 OSTP）的希望正好相反，希望专业评估支持 DOE/OMB 的行动立场。科学院被要求在 1985 年 10 月前提交报告。

1985 年 8 月，专家组向 OSTP 提供了一份中期报告，高度评价了 ICF 计划的技术成就、进展和成功前景。OSTP 对这份报告的积极论调不满意，因为它不支持政府在 DOE 武器预算中削减和合并 ICF 项目的计划。OSTP 拒绝将这份中期报告公之于众。此外，DOE 保密办公室也反对中期报告中的说法，即过度保密 ICF 不利于科学进步[54]。专家组的一名成员告诉 FPA[55]，"委员会在中期报告中没有、也不会更改任何一个字。"该成员还说，"我们听取了保密办公室两个小时的意见，当讨论结束时，我们比以往任何时候都更加确信，我们批评他们的政策是正确的。"

随着 1985 年临近结束，关于 ICF 的中期和最终评估报告都未对外公布。1985 年 12 月，我向 OSTP 提出了信息公开的请求，要求提供中期报告。在 1986 年 2 月 10 日的一封信中，我收到了 OSTP 执行董事杰里·D. 詹宁斯（Jerry D. Jennings）的回复，他说："目前，我们拒绝公布国家研究委员会审查 ICF 计划的中期报告，因为该报告包含需要与其他机构协调的信息。一旦我们收到协调结果和公开的决定，我们将通知你。"

国会对这种情况不满意。他们要求 ICF 评估委员会主席威廉·哈珀出席听证会。行政部门最初拒绝让哈珀教授作证，但在国会传票的威胁下让步了。以下是哈珀教授证词的逐字摘录——《关于美国国家科学院委员会对能源部惯性约束聚变计划审查的中期报告》：

"当然，我们相信，ICF 计划目前是一项积极而成功的研究，在过去 5 年取得了显著的进展，如今成功的前景比上次审查（1981 年）时更加令人乐观。"

"评估小组对研究装置的质量和正在开展的工作印象非常好，对每个研究中心组建的研究团队的能力和积极性印象尤为深刻。这些团队是国家资源，一旦解散，就不容易或快速重组。"

"如果要按时（5 年）达到前面提到的决策点，未来几年稳定、合理的投资至关重要。ICF 计划传统上被确定为 DOE 预算中的一个单独列支项目。委员会的大多数成员认为应该保持这个项目的独立性。将 ICF 计划纳入美国 DOE 武器计划的研发与工程部分存在严重问题。"

"对 ICF 计划独立提供资金将……有助于 DOE 在未来五年评估并指导该计划……"

"外界对我们的中期报告唯一一致的批评是，它过于乐观，我们（报告）的可信度将因此受损。由于我们不愿浪费一群非常忙碌和非常敬业的委员会成员的心血，也不愿浪费支持我们评估的许多人的努力，我们加倍努力寻找（聚变）计划中的技术缺陷。最终报告肯定会有批评意见。但是，这种加倍的努力支持我今天在这里的证词。"

主要成果：Nova 激光器

1986 年春天，LLNL 的科学家们使用新的 Nova 激光器，使劳森参数 $n\tau$ 达到了 $2\times 10^{14}\,\mathrm{cm^{-3}\cdot s}$。温度达到 1.5 keV，达到劳森判据最低点火温度 5 keV 的 1/3。$n\tau$ 值之前已经在 MIT 的阿尔卡特托卡马克装置和 TFTR 中实现。

1986 年 4 月，OSTP 向公众发布了 ICF 委员会的中期报告。除了哈珀在国会证词中提到的几点之外，中期报告还指出："对 ICF 计划的大部分内容进行保密是一个困难的问题，它通过限制信息流动阻碍了（ICF 的）发展。这些限制打击了富有想象力的科学家的士气……保密也使学术界无法充分了解 ICF 计划所取得的重要进展，也无法批评其弱点。让人们更广泛地了解 ICF 计划的成果，将更容易获得人们对高优先级项目的支持，并弱化该计划中不那么紧迫的项目。我们建议成立一个高级别委员会，评估 ICF 的保密问题，并制定新的、更加现实和灵活的保密指导方针。"OSTP 还发布了最终报告，该报告在实质内容上与中期报告完全一致。

我曾给 DOE 写过一封信，要求对 ICF 进行重大解密，随后我收到了 DOE 保密办公室代理主任查尔斯·F. 吉尔伯特（Charles F. Gilbert）博士的回信。他说："关于你对 ICF 保密政策的评论，我和你一样担心在该计划的某些方面我们（的做法）不太实际。为此，我们已于本月（1986 年 4 月）开始评估 DOE 的 ICF 保密政策。"

我还在 4 月 7 日给能源部长赫林顿写了一封信，信中表示"您应坚持在 DOE 预算中单独列出 ICF 的总预算，并要求您的工作人员对该项目的进展负责，同时评估其潜力"。作为回应，我收到了少将乔治·K. 威瑟斯（George K. Withers，美国 DOE 武器计划办公室主任）4 月 17 日的一封信，信中指出，"我们不同意美国国家科学院委员会关于将 ICF 单独列支的建议。ICF 必须被视为武器研究、开发和试验计划的一个组成部分，资助水平是根据技术收益、总体研发要求和优先级确定的"。[56]

然而，国会却不这么认为。国会没有遵循政府要求，只向 ICF 提供 2 400 万美元，而是提供了 1.55 亿美元。与此同时，众议院军事委员会在其报告（99-718）中也指出，"委员会对 DOE 1987 财年的预算申请中再次提议取消 ICF 计划表示担忧。按照 DOE 的提议，ICF 不再单独存在，它的纲领性目标将会被抛弃，过去的成绩将会被遗忘，未来前途未卜。自 1977 年以来，ICF 计划一直得到国会的批准，因为它需要专门的管理和研究团队以及足够的年度经费。按照美国 DOE 的提议，此时将该计划的管理和资金与整个武器研发计划的管理和资金合并，将使 ICF 计划在行政上消亡。委员会不同意这种做法。委员会建议国会继续将 ICF 作为单独列支项目进行拨款授权。"

尽管 1987 年 1 月，DOE 再次建议削减 ICF 预算（2 500 万美元，国会随后在 DOE 的预算需求上增加了 4 100 万美元），但 DOE 再未阻止 ICF 资金作为预算中的一个单列项目。

6.5 哈利特 – 百夫长

尽管在 20 世纪 80 年代对 ICF 的几次评估中，一个名为"哈利特 - 百夫长"的 DOE 项目被认为非常重要，但它的性质和结果却从未被公开过。这是因为该计划是（并且至今仍是）保密的。然而，1988 年 3 月 21 日《纽约时报》刊登了威廉·布罗德（William Broad）的一篇封面文章后，DOE 被迫承认了它的存在及它对 ICF 的重要性。《纽约时报》这篇《核聚变的秘密进展引发了科学家之间的争论》的文章指出，"在绝密实验中，联邦研究人员实现了美国最昂贵和最难以达成的科学目标之一：在微小的氢气靶丸中引发核聚变反应，并释放出巨大的能量"，"据不愿透露姓名的联邦科学家和官员称，这个结果是大约两年前在内华达沙漠的政府地下核试验场进行的非传统实验中取得的"。文章称，"微小燃料靶丸中的聚变反应是由核武器爆炸产生的辐射引发的"，"研究结果引发了关于小规模聚变领域该如何发展的激烈争论"。文章还指出，LLNL-LANL 联合项目已经进行了 10 年之久。

6.6 紧凑型点火托卡马克

1985 年，磁聚变计划中的几位科学家提出了"小型"点火托卡马克的设计方案。1986 年 2 月，美国 DOE MFAC 建议继续推进紧凑型点火托卡马克（CIT）。根据 MFAC 的建议，美国 DOE 的阿尔文·特里韦尔皮斯和约翰·克拉克支持 CIT 项目，并将其纳入了 1987 年 1 月提交国会的 1988 财年总统预算中。考虑到 TFTR 基础设施（如氚处理设备和供能设备）位于 PPPL，PPPL 被指定负责 CIT 项目。向唐纳德·格罗夫汇报工作的约翰·施密特（John Schmidt）被任命为项目经理。然而，特里韦尔皮斯却在 1987 年春天离开了 DOE，成为美国科学促进协会的执行主任（1 年后，他成为 ORNL 的主任）。他的副手詹姆斯·德克尔以代理身份接手，直到 1988 年秋罗伯特·亨特（Robert Hunter）接替特里韦尔皮斯担任 DOE 能源研究办公室主任。亨特是圣地亚哥（San Diego）西部研究公司的总裁和创始人，也是国会议员邓肯·亨特的兄弟。亨特接替特里韦尔皮斯成为能源部长，这为 CIT 敲响了丧钟。

6.7 国际热核实验反应堆

继 1985 年里根 - 戈尔巴乔夫首脑会议就开发聚变工程试验堆达成合作协议后，1988 年的国际讨论又促成了欧洲和日本的加入，并在德国加兴（Garching）成立了一个研究中心。待设计的装置被命名为国际热核实验反应堆（ITER）。来自日本的肯尼斯·托马比奇（Kenneth Tomabechi）被任命为这项研究的负责人，约翰·吉尔兰（美国）、罗马诺·托西（Romano Toschi，意大利）和 Y. A. 索科洛夫（Y. A. Sokolov，苏联）协助其工作。1988 年 12 月 7—10 日，里根和戈尔巴乔夫在华盛顿举行了另一次峰会，之后两人发表一份联合声明，内容如下："美国和苏联打算在 IAEA 的主持下，与欧洲原子能共同体（EURATOM）及日本合作，共同开展聚变试验反应堆的四方概念设计。"

于是，一个国际设计团队在德国加兴成立。这项工作被称为概念设计活动（CDA），始于 1987 年，终于 1990 年。ITER 合作是在自 1978 年以来一直运行得非常成功的 INTOR 国际设计合作的基础上建立的。

6.8 抢位置游戏

20 世纪 80 年代末，聚变项目中发生了许多重要的人事变动。在 MFTF-B 被"封存"和 LLNL 磁镜计划被终止后，LLNL 聚变计划负责人肯尼斯·福勒被授命领导一项设计美国工程试验反应堆的研究，随后他离开 LLNL，领导加州大学伯克利分校的核工程系；理查德·布里格斯（Richard Briggs）接替福勒，成为 LLNL 负责束流研究和磁聚变能的副主任；马歇尔·罗森布鲁斯辞去得克萨斯大学聚变研究所所长的职务，加入加州大学圣地亚哥分校和 GA；LLNL 福勒磁镜项目的副手大卫·鲍德温离开LLNL，前往得克萨斯大学接替罗森布鲁斯（他们将在那里提出Ignitex，一种替代CIT的设计方案）；LLNL已终止的TMX-U磁镜实验的负责人汤姆·西蒙宁（Tom Simonen）去GA领导DⅢ-D实验团队；LLNL磁镜的许多科学家被分流到GA，从事托卡马克相关工作；长期担任PPPL主任的梅尔文·戈特利布退休，由哈罗德·福思接替；罗纳德·帕克接替罗纳德·戴维森担任MIT等离子体聚变中心主任；阿尔文·特里韦尔皮斯离开美国DOE，成为美国科学促进协会的执行主任；N. 安妮·戴维斯成为美国DOE OFE负责人约翰·克拉克的副手；约翰·威利斯接替安妮·戴维斯担任OFE磁约束系统部主任；ICF的先驱约翰·纳科尔斯成为LLNL的主任。这些变化对美国聚变研究的发展产生了不同程度的影响。

6.9　先进反应堆创新性评估研究

1988年2月，美国聚变计划启动了可能的托卡马克聚变发电站概念设计。这些设计先由罗伯特·康恩指导，后来由加州大学圣地亚哥分校的法鲁克·纳杰马巴迪（Farrokh Najmabadi）指导，并以先进反应堆创新性评估研究（ARIES）的名义进行。这项研究最初计划持续3年，但由于它的成功以及对聚变研究工作的指导作用，却在接下来的10年里完成了一系列工作。

6.10　国会证词

1988年4月，我在众议院能源和水资源开发拨款小组委员会的一次听证会上，就1989财年3.6亿美元的核聚变预算申请提供了以下证词：

"发展聚变能源的工作有两个同样重要的组成部分。首先，在近期内，演示聚变等离子体的密度、温度和约束时间条件接近聚变反应堆的要求。这项工作包括发展实现这些近期目标所必需的技术和理论。聚变开发的第二个重要核心要素是确保核聚变研究长期支持某些有实际应用的项目。这些项目包括概念设计和概念设计的改进，这些设计及其改进在环境、安全和经济上的特征将使聚变与其竞争技术相比，成为赢家。这些工作包括必要的系统研究和分析、材料和技术开发、新概念实验，以及国家实验室、工业和大学的基础物理与工程研究。"

"对于磁约束聚变和惯性约束聚变项目来说，由于近年来它们的预算有所下降，而且估计未来几年的预算也不会有起色，因此维持聚变发展的短期目标和长期目标之间的平衡变得尤为困难。"

"在磁聚变方面，近期项目主要包括普林斯顿的 TFTR 和 CIT 项目，通用原子（GA Technologies）公司的 DⅢ-D 大型托卡马克项目和 MIT 的阿尔卡特项目，以及支撑性理论和技术研究项目。我还会把 ITER 的设计工作纳入这个类别，尽管成果可能会被归类为中期目标。这些项目显然对聚变发展至关重要，在分配资金时应该获得一定程度的优先权。"

"遗憾的是，预计投入的资金不能使 CIT 得以迅速建成。正如我在去年的证词中所警示的，'除非在 1989 财年大幅增加预算，否则会出现进度滞后和项目成本增加的情况。'提交的预算没有提供迅速完成 CIT 或其他几个项目所需的投资增量，特别是洛斯·阿拉莫斯的 CPRF（反场箍缩）和光谱技术（Spectra Technology）公司的反场实验。"

"然而，比 1989 财年报告更令人担忧的是未来几个财年的预测。OMB 和 DOE 似乎已经同意了一个 5 年期的低预算计划（用于聚变），如果实施，不仅会导致 CIT 的延迟和成本增加，而且会给许多（即使不是大多数）项目带来灾难，而从长远来看这些项目是聚变成功所必需的。"

"系统研究是将磁聚变计划推向实用装置所必需的，但预计经费将下降到每年微不足道的 200 万美元。这些研究包括对影响聚变装置环境、安全和经济特性的概念以及燃料循环的调查。此外，MFAC 的一个子委员会在其中期报告中警告说，目前实施的计划到 2005 年将不会获得足够的数据来评估产生聚变的环境、安全和经济因素，也无法使用低活化材料建造聚变示范堆。"

"要求在1989财年削减核聚变远期项目的经费，来资助启动一个重大的新短期项目，如CIT，这并非不合理。然而，行政和立法部门既期望建立一个4亿美元的新设施（CIT），又不为其大部分成本追加资金，这就不合理了。如此规模的新项目实际上需要增加预算。这个问题在1989财年并不太严重，但如果遵从DOE和OMB的5年计划，未来几年这个问题将变得非常严重。"

"在惯性聚变计划中也出现了类似的问题。在过去几年中该计划的实验很成功，现在已经准备设计并建造'实验室微聚变装置（LMF）'。除非真正增加投资，否则此类设施的设计和近期研发工作将限制我们资助具有长期民用收益的惯性聚变项目。这些项目包括聚变反应堆概念设计研究以及激光和粒子束技术的发展，这些技术能够实现商业电力系统所需的高效率和重复脉冲。"

"委员会最关心的应该是美国DOE未能为LBNL价值2 700万美元的ILSE重离子聚变（HIF）加速器申请资金。HIF加速器的开发一直是美国DOE基础能源科学（BES）计划的内容。由于DOE决定不再资助HIF加速器，甚至在认真考虑放弃HIF加速器的开发。我敦促该委员会批准HIF项目，并指示美国DOE基础能源科学办公室继续这一重要项目。"

"聚变研究和开发对我们国家的未来很重要。聚变学术界感谢委员会多年的支持。"

尽管政府对聚变的资助不足以推动聚变能迅速发展成为一种能源，但对聚变过程至关重要的等离子体研究，仍因其自身的内在价值和许多商业"衍生品"而受到重视，而这些商业衍生品的科学基础是由聚变研究人员带来的（见第11章）。

主要成果：惯性聚变

1988年春，罗切斯特大学的科学家利用直接驱动和仅2 kJ的激光能量将氘氚靶丸压缩到液体密度的100～200倍。[57]聚变发电站大约需要700～1000倍的液体密度。LLNL的科学家此前曾使用诺维特（Novette）激光器输出的4.5 kJ激光，通过直接驱动实现过类似的压缩。在直接驱动中，激光直接作用于靶丸表面；在间接驱动中，靶丸包含在微小的圆形柱腔（黑腔）中，激光在黑腔中先被转换成X光，X光再驱动压缩靶丸。

6.11 罗伯特·亨特的到来

1988年秋，参议院任命加州议员邓肯·亨特的兄弟罗伯特·亨特博士为DOE能源研究办公室主任，接替1年前辞职的阿尔文·特里韦尔皮斯。亨特是一名等离子体物理学家，在加州大学欧文分校获得博士学位。在成立自己的公司——西方研究公司（Western Research Corporation）之前，他曾在空军武器实验室和麦克斯韦实验室工作过。他对氟化氪激光技术特别感兴趣。

大约在同期，以参议员蒂姆·沃思（科罗拉多州民主党人）为首的18名参议员提出了一项新的能源政策法案（S.2667），"建立一项国家能源政策来缓解全球变暖，并用于其他目的"。该法案要求能源部长在一年内提供一份计划，说明如何在2010年前实现聚变能研究和开发。

1988年8月的第一周，MFAC与聚变学术界的30名学者共聚一堂，在弗吉尼亚州库丰（Coolfont）举办了一次夏季研讨会。9月8日，MFAC主席、洛斯·阿拉莫斯的弗雷德·里贝将研究结果转交给亨特。里贝在信中表示，"目前，美国基础（聚变）科学和技术项目的预算水平太低，无法有效支持CIT和ITER计划，也无法开发新的方案来提高聚变能的商业可接受性。"里贝说，"MFAC强烈支持美国均衡聚变计划中的（CIT）倡议"。夏季研究报告强调了三个项目重点：① 美国建造小型点火托卡马克的计划；② ITER的全球设计；③ 确保聚变能具备商业能源的环境、安全和经济潜力的研发计划。

随着1988年接近尾声，CIT的建设规划进展迅速。普林斯顿大学将大部分CIT规划以多年合同的形式交给了由埃巴斯科（Ebasco）服务公司牵头的一个工业团队。该团队包括麦道宇航公司（McDonnell Douglas Astronautics Company）和斯帕航空航天有限公司（Spar Aerospace, Ltd）。其他工业分包商包括SAIC公司、国际遥控机器人公司、远程控制（Remotec）公司、维特科格雷（VetcoGray）公司和过程应用公司（Process Applications, Inc.）。

然而，DOE 的罗伯特·亨特还有其他想法。1988 年秋，亨特决定转移磁聚变计划的重点，将更多精力放在托卡马克物理的近期研究上，而不是放在远期技术、材料研究、替代方案和先进概念以及 TFTR 中氚实验的准备上。[58] 亨特做法的直接受害者是大约 120 名业内人员，他们被要求在一天后停止在 PPPL 内工作。亨特的做法也导致了 TFTR 氘氚运行的计划日期又推迟了两年。亨特还委托 MFAC 进行一项关于"约束和装置物理"的研究，旨在总结"托卡马克中约束物理的研究现状，并建议需要做些什么来提高物理理解"。亨特建立了一个 MFAC 的子委员会，在金·莫尔维格（Kim Molvig，MIT）的主持下进行这项研究，提交报告日期定为 1989 年 4 月。

1989 年 1 月，DOE 的约翰·克拉克被"无限期放假"，不再担任 OFE 主任，转而去领导一个气候变化工作组，并带领另一个任务小组，来"解决 DOE 能源研究项目应如何融入政府间气候变化专门委员会（IPCC）的问题"。克拉克的副手 N. 安妮·戴维斯被任命为 OFE 代理副主任。虽然克拉克有望在晚些时候重回聚变岗位，但事实上他再也未曾回来。同样在 1989 年 1 月，乔治·H. W. 布什接替罗纳德·里根成为美国总统。他任命退休的海军上将詹姆斯·沃特金斯（James Watkins）为能源部长。沃特金斯有很强的核工程背景，曾指挥过核潜艇。1989 年 1 月提交给国会的 1990 财年预算显示，聚变预算保持在 3.9 亿美元水平，CIT 的预算约为 2 000 万美元，与 1989 财年相同。

6.12　紧凑型点火托卡马克的惨败

1989 年 3 月初，由金·莫尔维格主持的 MFAC 评估小组对"在 CIT 中实现点火的确定性"做出了温和评价。评估小组的结论是"（CIT 运行的）第一阶段点火的总体预期非常低。"他们指出，通过增加磁场和等离子体电流，并增加额外的加热功率，"CIT 在第二阶段点火的可能性很高"。评估小组说，"但如果没有掌握经验定标公式的物理基础，也不知道增强区的定标规律，目前就没有信心达到点火所需的条件"。MFAC 提醒 DOE，不要将 CIT（的价值）与其第一阶段（成果）等同视之，他们支持继续建造 CIT。

在 1989 年 6 月 14 日的参议院听证会上，亨特提议国会将总统 1990 财年的聚变预算申请削减 5 000 万美元。众议院拨款委员会注意到了亨特的提议，投票决定将聚变预算申请削减 6 800 万美元（含继续建设 CIT 所需的 1 800 万美元）。6 月 15 日，能源部长沃特金斯给国会各委员会发了一封信，称"由于关键的科学未知问题没有得到解决，DOE 不再提议 1990 财年开始建造该装置（CIT）。"沃特金斯在信中还表示，"在收到（MFAC）评估小组的正式报告后，我在 4 月下旬会见了磁聚变学术界的领导人，讨论了（该小组的）调查结果。我现在确信 CIT 不太可能达到关键点火目标。"沃特金斯在信中还表示，他打算对聚变计划的逻辑进行"高级别政策评估"。6 月 21 日，MFAC 采取了前所未有的措施，直接写信给沃特金斯部长。在这封由成员单位共同签署的信中，MFAC 表示，"我们反对将 CIT（的价值）与其第一阶段（成果）画等号；这样做掩盖了 CIT 项目的合理性和价值"。他们指出，"为了以最小的成本实现点火，项目分为两个阶段，只有第二个阶段被认为具有较高的点火概率"。国会最终将总统 1990 财年 3.9 亿美元的预算要求削减至 3.17 亿美元，CIT 由此终结，再未重启。

1989 年 9 月 12 日，众议员罗伯特·罗伊（Robert Roe，众议院科学、空间和技术委员会主席）在美国众议院的一次演讲中说，"我认为，迄今为止纳税人已经在该计划上花费了 60 亿美元，但国会并没有打算授权一位部长，让他全权决定这个国家的聚变计划，无论他是谁"。罗伊计划在 10 月 3—5 日就聚变举行三次为期半天的听证会。根据罗伊的说法，"听证会的目的是评估 MFE 计划的进展，并评估 DOE 推进该计划的方案。"表 6.1 中列出的 12 名证人在前两次听证中作证，第三次由 DOE 的罗伯特·亨特作证。在 12 名证人中，11 人赞成继续推进 CIT，1 人（莫尔维格）赞成推迟。一个出乎意料的转机（受到聚变学术界的欢迎）是，亨特在 10 月 26 日任期结束时离开了 DOE，回到了私企。詹姆斯·德克尔再次被任命为能源研究办公室代理主任。

表 6.1　出席 1989 年 10 月 3—5 日国会听证会的证人

哈罗德·福思（普林斯顿实验室）	肯尼斯·金特（得克萨斯大学）
约翰·吉兰德（LLNL）	罗伯特·奥蒂（埃巴斯科服务公司）
亚历山大·格拉斯（LLNL）	金·莫尔维格（MIT）
伦·林福德（LANL）	弗雷德·里贝（华盛顿大学）
罗纳德·帕克（MIT）	约翰·谢菲尔德（ORNL）
大卫·奥斯凯（GA）	罗伯特·亨特（DOE）
斯蒂芬·迪恩（FPA）	

1989 年 11 月的《聚变能协会行政简报》总结了罗伯特·亨特在美国 DOE 任职 1 年期间美国聚变计划的遭遇：

"在他 1 年的任期内，亨特一直是几个能源研究项目的克星，包括聚变和高能物理项目。在亨特的指导下，磁聚变计划的问题层出不穷，而且总在没有预兆的情况下突然出现。"

"在亨特上任的初期，聚变学术界开始得到消息，他在与国会工作人员会面时贬低该计划的进展。1988 年 10 月，他在 ANS 聚变工程会议的宴会演讲中表示，过去 10 年来该计划未取得任何进展，并且'国会山'也不支持聚变研究。大约在同一时间，他决定'重新分配'2 300 万美元的磁聚变基金。这一做法导致 PPPL 在一天之内解雇了 160 名工作人员，并导致几个项目的重大中断，包括橡树岭的 ATF 和洛斯·阿拉莫斯的 CPRF。他引用 MFAC 1988 年夏季研究报告的结果作为重新调整资金的部分理由，但 MFAC 成员认为他只关注夏季研究报告的部分内容是不恰当的。"

"亨特随后解除了美国聚变计划主任约翰·克拉克的职务，在整个 1989 年，聚变计划一直没有常务主任。亨特成立了一个影子管理层，由两名外部顾问 [西点军校的汤姆·约翰逊（Tom Johnson）和 MIT 的金·莫尔维格] 组成，负责规划、管理和监督磁聚变计划。约翰逊在没有咨询任何负责管理该计划的 DOE 工作人员（他们在安妮·N. 戴维斯博士的得力领导下）的情况下，制定了一份激进的新聚变政策文件。戴维斯博士和她的工作人员提出的所有预算和行动计划都由莫尔维格博士和亨特亲自审查和批准。自（1989 年）早春以来，（亨特）一直用新政策来改造聚变计划，但直到 5 月一份副本泄露后，其存在才为公众所知。但即便如此，亨特仍拒绝承认其真实性。"

"（1989 年）年初，亨特要求 MFAC 评估托卡马克约束物理的现状，包括在 CIT 点火的'可能性'。他要求 MFAC 任命莫尔维格博士来领导评估小组。基于评估报告的部分内容（最终被 MFAC 全体否决），沃特金斯部长决定不再支持 CIT 项目，转而秘密支持亨特称之为"全新的"和"创意的"政策。沃特金斯准备在 6 月份的参议院听证会上宣布这一政策（包括削减 5 000 万美元的磁聚变、推迟 CIT 以及利用惯性聚变建立民用能源竞争机制）。在最后一刻，迫于几名参议员的压力，沃特金斯没有坚持，而是同意对'政策草案'进行'高级别独立评估'。然而，他确实给国会山写了报告，要求推迟 CIT 的建设。"

主要成果：DⅢ-D 和 JET

1989 年夏秋，GA 的科学家使用 DⅢ-D 装置实现了等离子体压力相对于磁场压力 9.3% 的纪录值。对于商业化的托卡马克聚变发电站而言，该值需达到 8%～15%。

在 1989 年 11 月 7 日的一份新闻稿（以及在 11 月 13 日的美国物理学会等离子体物理分会会议上）中，英国从事 JET 研究的科学家报告说，聚变等效增益参数（Q）达到了创纪录的值。Q 是等离子体中产生的聚变能与其自身能量之比。他们在氘等离子体中获得了 0.7～0.8 的等效 Q 值。"等效 Q 值"指的是在氘等离子体中获得的结果，而不是最终氘氚混合物中获得的结果。JET 团队负责人在新闻稿中表示，"我认为加热和约束热核等离子体的问题现在已经解决了"。他说，"在过去的一年里，JET 项目的最佳 Q 值提高了一倍多，现在已经基本实现了主要目标，即确定核聚变能作为能源的科学可行性"。

6.13　惯性约束聚变二三事

在 DOE 武器预算类别内资助的 ICF 计划在 20 世纪 80 年代取得了重大进展，惯性约束聚变能作为可能的未来能源，被视为磁约束聚变能的潜在竞争对手。1986 年中期，白宫 OSTP 发布了一份 ICF 评估小组报告，其中指出，"根据迄今为止的工作，委员会确信 ICF 计划是一项充满活力且成功的研究工作，在过去几年中取得了显著的进展"。该委员会表示，"ICF 最终可能会实现商业发电"。此后不久，众议院科学技术委员会建议在总统预算申请中增加 300 万美元，称"在 1987 财年，考虑到激光 ICF 计划以及地下试验取得的进展（众议院报告 99-719，第 1 部分），委员会指示 DOE 调查 ICF 在民用方面的应用潜力"。1987 年中期，ICF 的科学家们开始计划建造一个名为实验室微聚变装置（LMF）的大型设施，如果成功，它将产生远远超过盈亏平衡条件的聚变能量。我为美国 DOE 主持了一项关于"LMF 备选驱动器现状"的研究[59]，并于 1988 年 10 月 10 日在盐湖城举行的第八次聚变能源技术专题会议上，应邀就这一主题作报告。1989 年 5 月，美国 DOE 发表了一份 95 页的报告（DOE/DP-0069），题为《实验室微聚变能力（LMC）研究的第一阶段总结》。

如前所述，1986 年春，LLNL 的科学家使用新建的 Nova 激光器，得到的劳森参数中密度-约束时间乘积（$n\tau$）为 2×10^{14} cm^{-3}·s。温度达到 1.5 keV，达到理想点火温度 5 keV 的 1/3。一年后，Nova 激光器实现了 30 倍靶丸压缩比。压缩比是初始靶丸半径与最终靶丸半径的比值。大约 40 的压缩比被认为是聚变发电站高增益所必需的。传统的方法是将靶丸放在一个叫作"黑腔"的小圆柱腔室内，通过两端的注入孔将激光束注入黑腔，在黑腔内将激光能量转化为 X 光，并利用 X 光内爆靶丸。对于聚变发电站来说，如果激光能量可以直接照射靶丸表面而不用照射黑腔，激光内爆将会更加有效。这种技术被称为"直接驱动"，以区别于被称为"间接驱动"的黑腔技术。为了在直接驱动内爆过程中降低不稳定性，需要开发技术来"平滑"激光光束。为此在海军研究实验室和罗切斯特大学成功开发了两种技术。罗切斯特的科学家还在 1987 年使用一种叫作"啁啾脉冲放大"的技术，该技术可以从根本上提高激光脉冲的强度到太瓦级。这些脉冲的光强是以前的 1 000 倍。1988 年春，罗切斯特大学的科学家利用直接驱动，用不到 2 kJ 的激光能量将氘氚靶丸压缩到液体密度的 100 ~ 200 倍。在利弗莫尔，利用间接驱动进行类似压缩则需要大约 4.5 kJ 的激光能量。在罗切斯特团队看来，更重要的是，由于激光束的"平滑"，实验中实现了高度的球对称性。

1989 年春，为响应国会要求，美国 DOE 开展了一次 ICF 评估，由美国国家科学院主导。DOE 要求科学院回顾 ICF 项目的成就，并首次评估"该技术的民用能源潜力"。加州理工学院的史蒂文·库宁（Steven Koonin）博士被任命主持这次评估工作。与此同时，正如上文描述的，罗伯特·亨特宣布，他希望从磁聚变预算中拿出 5 000 万美元，用于启动一个民用 IFE 计划，这是他重组磁聚变项目计划的一部分。

1989 年 9 月，美国 DOE 惯性聚变分部（隶属于美国 DOE 的武器计划）发布了一份非密版本的 5 年计划。[60]在序言中，部门主任谢尔登·卡哈拉斯（Sheldon Kahalas）指出"1990—1994 财年 ICF 计划的目的是双重的"：

"首先，它表明存在新的（1987年和1988年）、具有历史意义的ICF实验结果。这些新结果增强了人们对 ICF 技术可行性的信心，并促使惯性聚变分部（IFD）开始规划 LMF。大约在 20 世纪初，这种装置将在军事和民用领域为 ICF 研发投资提供可观回报。"

"其次，它提出了实现 LMF 目标的战略计划。根据政策，该计划提出了一系列资源选项，符合在较短或较长时间内实现 LMF 目标的需求。"

6.14 能源部的聚变政策

随着 20 世纪 80 年代的结束，美国 DOE 核聚变（计划）的命运变得扑朔迷离。能源部长沃特金斯大张旗鼓地解除了罗伯特·亨特的职务，并承诺他将授权进行独立的聚变研究。然而，由于之前的混乱局面，CIT 已经被取消，最终国会在 1991 财年仅拨款 2.84 亿美元用于磁聚变计划，大大少于该计划在 1989 财年（3.45 亿美元）或 1990 财年（3.17 亿美元）获得的拨款。

在负责政策、规划和分析的副部长琳达·斯顿茨（Linda Stuntz）的指导下，DOE 正在制定一项国家能源战略。然而，在美国 DOE ERAB 的一次会议上，斯顿茨说，"在美国 DOE 的聚变计划和其他科学计划中，并没有一个庞大的公共（管理）部门"。[61]

在 1989 年 10 月 29 日出版的《旧金山纪事报》上刊登了记者凯伊·戴维森（Keay Davidson）对能源部长沃特金斯的采访："聚变研究的过往表现并没有那么令人印象深刻。1958 年，我在 ORNL，所有的科学家都告诉我，我们 7 年内实现聚变……肯定是在 1965 年之前！然而，现在都 1989 年了，人们还告诉我，'我们马上就要成功了，只需要（产生）更强的磁场，我们就能大功告成了'。这或许是一种实现聚变能的方式——但我不认为这是最好的方式，尤其是在（联邦）预算紧缩的情况下"。据《纪事报》报道，沃特金斯说，太阳能"将得到我更多的扶持"，并补充说，"我们将非常认真地对待节能和可再生能源，尤其是光伏发电"。沃特金斯在 11 月 9 日对国家煤炭委员会的讲话中说，"我可以向你们保证，在我的监督下，你们的专业知识将继续发挥作用"，他补充说，"请放心，本届政府将履行其 50 亿美元的 5 年承诺，完成这个清洁煤炭技术项目"。

译：程功　校：孙奥

第 7 章

复兴的希望

（1990—1995 年）

> 抛弃一成不变！这是生命中最深处的渴望。
> 这是人生的全部意义。人类热衷对未知与变数的探索。

7.1 给能源部长詹姆斯·沃特金斯的建议

1990 年 1 月 11 日，能源部长沃特金斯在檀香山召开会议，开始制定国家能源战略。两名证人哈罗德·福尔森 [贝克特尔集团公司（Bechtel Group, Inc.）] 和长谷川彰 [Akira Hasegawa，贝尔电话实验室（Bell TelephoneLabs）] 提供了关于聚变的证词。[62]

福尔森作证说："我们应该推进一个计划，来理解燃烧等离子体科学，以便能确定支持聚变电站科学所需的技术开发，并按照项目时间表实施它，从而来满足需要"。他说，"我们今天不能明确聚变能的经济效益是什么，然而，它的排放、安全性和放射性残留似乎确实比我们今天拥有的核电站更具有潜在吸引力"。对于国际合作，他称之为"合理的"和"良好的"。他还说，"但需要补充一点，鉴于国际（聚变）计划的发展势头，如果美国因自满而没有一个强有力的国内计划，肯定会给开发这些系统的潜在产品与服务供应商带来商业灾难。还需要补充的是，与日本等国相比，美国的计划缺乏足够的工业参与"。他接着说，"必须寻求（合作）机制以及预算，用有意义的方式将美国工业界纳入我们的项目中，以便这些最终建造电站并实现其性能的技术人员能够理解工程系统和硬件要求"。

长谷川彰作证说："鉴于化石燃料能源对环境的有害影响，我们认识到国家和世界正面临一种新的能源危机，这进一步增强了我们实现这一目标（将聚变发展为一种能源）的坚强信念。从长远来看，发展改进型裂变反应堆、太阳能和聚变能为代表的更优良的能源是必要和迫切的，聚变能需要成为 DOE 正在制定的国家能源战略中的一个重要组成部分"。

在 1990 年 2 月出版的《聚变能协会行政简报》[62] 中，我发表了如下社论（也送交给了沃特金斯部长）：

"世界将很快需要新的中心电站提供电力，也需要为运输部门提供越来越多的燃料。但 20 世纪 80 年代的低油价和过剩能源供应造成了一种虚假的能源安全感，一度充满活力的能源项目已被削减至临界值以下的资助水平。此外，对联邦预算的需求及庞大的联邦赤字，似乎成为获得及时开发长期能源技术所需资金上一道不可逾越的障碍。"

"解决上述困境的一个可能办法是设立一个能源技术发展信托基金，类似于高速公路信托基金。高速公路信托基金从现在使用高速公路的人那里筹集资金，用于支付未来建设更多高速公路的费用。能源信托基金将从化石燃料收入中划拨一笔资金，用于确保我们在未来拥有替代化石燃料的技术。"

"在 21 世纪的理想世界中，交通将主要由电动汽车提供，而电力将由非化石燃料技术产生。主要的非化石燃料技术是聚变、裂变和各种'可再生能源'，包括太阳能。为了确保这些技术在 21 世纪初可用于中心电站，每年需要大约 50 亿美元的项目研发资金。然而，目前美国 DOE 每年仅为这些项目提供大约 10 亿美元的资金。在美国，化石燃料发电每年的销售额约为 2 000 亿美元，汽油每年的销售额约为 2 000 亿美元。因此，对电力和汽油征收约 1% 的全国销售税，就能够提供能源技术发展信托基金所需的资金。"

"设立这样一个基金涉及许多重要问题。其中包括负责分配资金的机构的法律框架和管理结构，以及确保资金用于研发长期技术，而不是转向短期研发。通过对这些问题进行透彻分析和公开讨论，应该能制定出合理的基金设立章程。设立这种基金的原则是，稀缺的国家资源（如化石燃料）的使用者应留出当前收入的一部分，用于开发替代技术，以备该资源枯竭或不再被社会接受时，能够使用替代技术。"

大约在同期,理查德·P.霍拉(Richard P. Hora)和 S. 洛克·博加特(通用动力公司空间系统部)发表了一篇文章,提议建立一个类似的"分期偿还基金",以积累资金支持先进发电系统研发。[63]

7.2 聚变政策咨询委员会评估开始

1990 年 3 月 19 日,能源部长沃特金斯宣布启动他承诺的全面聚变政策评估。他任命 H. 盖福德·史蒂夫(H. Guyford Stever)博士担任由 18 名成员组成的聚变政策咨询委员会(FPAC)主席。史蒂夫曾是杰拉尔德·福特总统领导下的白宫科技政策办公室负责人,杰拉尔德·福特曾是国家科学基金会的前主任和卡内基梅隆大学的校长。

沃特金斯在宣布评估时表示,"聚变能源有潜力在下个世纪安全提供电力,而不会产生高放射性废料或温室气体。发展聚变能作为一项可行的技术是 DOE 的一项重要而长期目标"。公告称,FPAC 报告(将于 1990 年 9 月完成)应就如何构建国防部的磁约束聚变和惯性约束聚变项目提供建议,包括计划内研究活动的平衡、等离子体燃烧实验的时机、ITER 和激光技术的开发。FPAC 的成员见表 7.1。

表 7.1　1990 年 DOE FPAC 成员

H. 盖福德·史蒂夫 (美国国家工程院),主席	威廉·赫尔曼费尔特(Willliam Herrmannsfeldt,斯坦福直线加速器中心)
罗杰·巴特泽尔(Roger Batzel, LLNL,已退休)	阿瑟·科曼(Arthur Kerman,MIT)
艾拉·B. 伯恩斯坦 (Ira B. Bernstein,耶鲁大学)	肯尼斯·L. 克利尔 (Kenneth L. Kliewer,普渡大学)

续表

罗伯特·W. 康恩（加州大学洛杉矶分校）	约翰·W. 兰迪斯（John W. Landis，斯通和韦伯斯特工程公司）
E. 林恩·德雷珀（E. Linn Draper，海湾国家公用事业公司）	R. 布鲁斯·米勒（R. Bruce Miller，泰坦公司）
哈罗德·K. 福尔森（贝克特尔集团公司）	巴雷特·H. 里平（Barrett H. Ripin，美国海军研究实验室）
小约翰·S. 福斯特（TRW 公司，已退休）	马歇尔·N. 罗森布鲁斯（加州大学圣地亚哥分校）
T. 肯尼斯·福勒（加州大学伯克利分校）	罗伯特·斯普劳尔（罗切斯特大学，荣誉退休）
梅尔文·B. 戈特利布（PPPL，已退休）	理查德·威尔森（哈佛大学）

在 3 月 22-23 日的第一次会议上，我向 FPAC 提供了 FPA 董事会关于聚变政策的声明：

FPA 董事会敦促聚变发展基于以下推荐政策：

（1）需要及时建设必要的新型和改进型实验装置，以确保聚变项目势头和进展持续到 20 世纪 90 年代。

（2）在现阶段，判断哪种磁聚变和惯性聚变概念最终会在商业上获得成功还为时过早。但这一事实不应妨碍在设计和建造所需的聚变试验装置时使用最佳的可用概念。

（3）国际合作协议一直是聚变发展的一个重要因素，应当予以鼓励。然而，这种协议并不能有效替代集中的国家投入、所需的国家实验装置以及随后的工程测试设施。

（4）政府应鼓励和促进工业界充分参与到聚变项目的规划、研究和发展以及工程和运营层面中。如果工业界现在能参与政府资助的研发项目，工业界就能更好地评估未来聚变能的商业潜力。

（5）在接下来的十年里，是时候更加重视实用聚变能源系统的工程和系统设计了。

7.3 布什-戈尔巴乔夫峰会

美国总统乔治·H. W. 布什和苏联总统戈尔巴乔夫于 1990 年 6 月举行了高峰会议，会后发表了以下关于聚变的联合声明：

"在 1985 年日内瓦会议上，美国和苏联领导人强调了以和平为目的的受控热核聚变研究的重要性，并主张切实发展最广泛的国际合作，以获得这一基本上取之不尽的能源，并造福全人类。"

"在 IAEA 的主持下，由苏联、美国、日本和欧洲共同体共同努力的 ITER 项目正在朝着这个目标取得重大进展。概念设计将很快完成。"

"美国和苏联对项目取得的成果感到满意，并期待国际社会继续努力，推动用于和平目的的受控热核聚变研究取得进一步发展。"

7.4 美国公共广播公司电影：来自太阳的火焰

从 1990 年 6 月 3 日开始，整个夏天，全国各地的公共电视台播放了一部新的聚变纪录片《来自太阳的火焰：寻找聚变能量》，这是一部由 E. G. 马歇尔（E. G. Marshall）主持、迈克·帕克（Michael Pack，马尼福德制片厂）制作的时长一小时的电影。电影将 40 年来开发聚变能的研究置于更大的政治和文化背景中。包括我在内的许多聚变科学家在影片中表达了自己的观点。马尼福德制片厂提供该影片的 DVD。[64]

7.5 聚变政策咨询委员会报告

9月，FPAC向能源部长沃特金斯提交了报告。[65] FPAC提出了以下政策建议：

（1）美国应该将聚变能作为一种潜在能源。

（2）美国的聚变计划必须以能源为导向，具体目标是在2025年运行一座示范发电站，在2040年运行一座商业发电站。

（3）美国应该最大限度地利用国际合作，同时保持一个健全的国内计划。

（4）私企的参与应该是面向能源的聚变计划的一个组成部分。

关于战略方针，FPAC指出：

"MFE（磁聚变能）和IFE（惯性聚变能）两者都应该得到支持，尽管两者处于不同的成熟度水平，实现目标的技术途径也不同。在推荐这一战略时，委员会认为，这两种开发民用聚变能源的方法尚无法分出优劣。虽然MFE更接近实现其科学目标，但驱动器和聚变反应堆的物理分离最终可能成为IFE的一个重要优势。当前阶段，同时追求这两种选择可以降低技术风险。在示范发电站建设之前有可能会做出选择，或许会更早。"

"关于MFE和IFE的策略，首先是获得充分的理解，包括燃烧等离子体和点火靶丸相关的科学原理和现象的实验验证，然后在一个包括工程和技术特征的工程实验装置中证明这种理解，最后通过示范发电站走向应用。然而，仅仅有这些验证是不够的。还必须有一个独立的概念改进计划，包括研究和开发可能更适合商业化的替代构型。此外，整个计划还必须包括强有力的技术和材料开发。聚变能要最终在经济上取得成功，专业聚变技术和材料的发展与物理性能的演示同样重要，并且需要专门的装置开展一些研发工作。"

FPAC批评美国DOE对惯性聚变"过度保密"，称"应重新审查向国外转让聚变技术的保密政策和限制"。保密阻碍了惯性聚变计划。他们指出，"委员会认为，可以制定保密指南，以防止武器技术的转让，但允许在能源应用相关的工艺和制靶上开展合作。在公众对聚变能的认可态度受到负面影响之前，应该尽快做出这些改变"。

沃特金斯部长立即下令"全面评估我们在 ICF 中的保密制度"。[66]然而，一年后 DOE 仍未完成保密评估，然后由沃特金斯的继任者哈泽尔·奥利里（Hazel O'Leary）接手了这项工作，并在 2 年之后（1993 年 12 月）完成了评估。

DOE 确实在 1990 年中期开始了惯性聚变发电站的研究。合同授予了两个工业团队，一个由麦道导弹系统公司（McDonnell Douglas Missile Systems Company）牵头，一个由 W. J. 沙费尔联合公司（W. J. Schafer Associates）牵头。KMS 聚变公司、TRW 公司、加州大学洛杉矶分校、埃巴斯科公司、斯巴航空航天公司和安大略水电公司属于麦道团队；威斯康星大学、贝克特尔公司、GA 和阿夫科公司属于沙费尔团队。该研究于 1992 年完成。尽管在整个过程中 DOE 实验室为研究提供的数据都经过了 DOE 保密官员的审查，但最终报告在即将发布时却被保密官员阻止了。我在 1992 年 7 月的《聚变能协会行政简报》中对此进行了报道，此后不久就被 DOE 安全办公室"要求出席听证会"。听证会上，我并未与 DOE 安全/保密官员见面，见面的却是他们的一个工业支持分包商。我指出，我没有泄露任何涉密数据，但他告诉我，把阻止报告发布的原因简单说成是涉密数据导致的，这种做法就是违反安全规定。我道了歉，后来没有听到关于此事的进一步消息。我推测在我的政府档案中，会有一份关于此事的记录。

当 DOE 在 1992 年中期开始解密惯性聚变大部分数据时，依旧还是对从地下核武器试验中获得的哈利特-百夫长(Halite-Centurion)数据进行了保密。当威廉·布罗德在 1988 年 3 月 21 日的《纽约时报》头版首次揭露 H/C 的存在时，DOE 只回应说"内华达州的地下测试展示了出色的性能，解决了关于实现高增益可行性的基本问题"。[67]

美国武器和民用核聚变项目的先驱爱德华·泰勒在 1992 年秋出版的国家科学院杂志《科学与技术》上说，"我们的保密工作经常误导和迷惑自己，但在阻止向我们的敌人或竞争对手提供信息方面却收效甚微。我提一个建议，即通过一项法律，要求所有涉密文件在完成一年后公布，希望这能有助于我们展开富有成效的讨论"。

7.6 预算削减

FPAC 建议 1992 财年给 MFE 提供 4.2 亿美元的资金，而总统 1991 财年的预算申请为 3.25 亿美元（国会尚未通过）。在 FPAC 发布报告一个月后，国会通过了 1991 财年磁约束聚变预算，削减到了 2.75 亿美元。国会没有削减总统 1.75 亿美元的 ICF 预算申请。

几个月后，沃特金斯部长成功说服国会允许从 DOE 其他预算中"重新划分" 2 500 万美元给磁约束聚变。然而，在最初的 5 000 万美元削减被签署成为法律后，DOE 聚变计划管理层立即采取行动，取消了 5 000 万美元的非托卡马克聚变研究活动。这些行动包括终止先进环形装置（ATF），即 ORNL 的新仿星器，以及终止 LANL 即将完工的新反场箍缩装置、光谱技术（Spectra Technology）公司的反场概念项目，还有马里兰大学的球形马克（Spheromak）项目。

DOE 削减 MFE 项目标志着一项为期数年政策的开始，该政策旨在取消"替代"（非托卡马克）概念，以便将资源集中在托卡马克方案上。在编制 1992 财年总统预算期间，沃特金斯部长试图重新授权建造 CIT，但他的申请被 OMB 拒绝。然而，总统 1992 财年的预算申请确实包含了 3 000 万美元用于"燃烧等离子体实验（BPX）装置的研发、原型机制造和实验设计"。BPX 装置是以前更为雄心勃勃的 CIT 的新名字。1992 财年预算申请要在以托克马克为主导的 DOE OFE 内建立一个新的惯性聚变能（IFE）类别。新的 IFE 类别主要由 HIF 研究组成，该研究此前是作为 DOE 基础能源科学类别内的加速器开发项目而获得资助的。

《波士顿环球报》在 1991 年 1 月 2 日的社论中写到："解决世界能源问题的长期方案中，没有一个比聚变能更有吸引力——聚变能是一个难以达到的目标，需要在科学和技术上付出巨大的努力才能成功。然而在其他国家加速推进推进聚变能的时候，国会却不明智地决定削减美国聚变计划的资金——这一举动相当短视且吝啬。"

7.7 加速聚变能发展计划

在 1990 年 9 月举行的 FPA 年会暨"新时代的能源"研讨会上,我展示了一个小组为期一年的研究结果[68],该小组于 1989 年由我组建,成员包括查尔斯·贝克、丹尼尔·科恩、苏珊·金凯德(Susan Kinkead)和我。这份题为《加速聚变能发展计划》的报告旨在确保在 15 年内运行一个聚变"试验电站"。该报告指出,"由于该计划目标远大,且时间紧迫,因此需要承担相当大的技术风险。但可通过前期密集的项目研发和电站设计(7~8 年)来控制这种风险"。我们小组和其他几位作者一起,还发表了几篇关于试验电站概念的论文。[69—71]

7.8 1991 年国家能源战略

1991 年 2 月 20 日,沃特金斯部长发布了 DOE 期待已久的《国家能源战略》。该报告指出,"聚变能作为一种能源,有许多潜在优势,它是国家能源战略的一个长期且重要的组成部分。报告还进一步指出,"与聚变开发相关的技术复杂性使得新实验、装置设计和装置测试方面需要大量投资,这意味着需要长期增加研发资金"。该报告设定了一个"目标",即"证明聚变能源是一种技术和经济上可行的能源,大约在 2025 年运行一座示范电站,大约在 2040 年前运行一座商业电站"。这一目标是为 MFE 和 IFE 计划共同设定的。报告指出,"为了实现这一目标,将采取行动鼓励美国工业界大量参与聚变能源开发。参与度不仅涉及到项目的硬件设计阶段,还将涉及规划、研发和分析阶段"。

7.9 新聚变能源咨询委员会

1991 年 6 月,DOE 任命 N. 安妮·戴维斯为聚变能源副主任(她自 1989 年以来一直担任"代理"职务),并成立了一个新的聚变能源咨询委员会(FEAC),

来取代20世纪80年代一直在运作的MFAC。罗伯特·康恩（加州大学洛杉矶分校）被任命为FEAC主席。FEAC的成员见表7.2。FEAC在1991—1992年间借助几个（评估）小组进行了三次评估。第一次评估[由鲁隆·林福德（Rulon Linford）主持]审议了ITER的适用范围和任务。第二次评估（由大卫·鲍德温主持）展望了在没有开展BPX的情况下后TFTR时代的行动方案。第三次（由我主持）考虑了当前关于聚变替代概念和概念改进的原则。

表7.2　1991年DOE FEAC成员

罗伯特·康恩 （加州大学洛杉矶分校），主席	罗伯特·麦克罗伊 （Robert McCrory，美国罗切斯特大学）
大卫·鲍德温（LLNL）	诺曼·内斯 （Norman Ness，美国特拉华大学）
克劳斯·伯克纳 （Klaus Berkner，LBNL）	大卫·奥斯凯 （David Overskei，GA）
弗洛伊德·卡勒 （Floyd Culler，电力研究所）	罗纳德·帕克（MIT）
罗纳德·戴维森（PPPL）	巴雷特·里平（海军研究实验室）
斯蒂芬·O.迪恩（FPA）	马歇尔·罗森布鲁斯 （加州大学圣地亚哥分校）
丹·德雷弗斯 （Dan Dreyfuss，天然气研究所）	约翰·谢菲尔德 （John Sheffield，ORNL）
约翰·霍尔德伦 （John Holdren，加州大学伯克利分校）	彼得·施陶德默 （Peter Staudhammer，TRW公司）
鲁隆·林福德（LANL）	哈罗德·魏茨纳 （Harold Weitzner，纽约大学）

在第一份小组报告中，FEAC 主席罗伯特·康恩告诉 DOE 能源研究办公室主任威廉·哈珀，"FEAC 认为 ITER 及其工程设计活动（EDA）是美国磁聚变计划的核心要素。此外，我们强烈重申集成核试验作为 ITER 任务的一个关键部分的重要性"。康恩指出，"使用 ITER 详细研究高 Q 值和燃烧等离子体是必要的，这将扩展 ITER 研究此类物理问题的范围。目前估计，这一阶段将耗时长达 10 年"。报告中说，"为获取部分核试验数据而专门进行的补充研究，将有助于缩短 ITER 试验计划的时间。FEAC 建议对这种补充方案的可行性进行研究"。

在第二份小组报告中，FEAC 主席罗伯特·康恩建议哈珀"将稳态先进托卡马克（SSAT）作为 1994 财年的建设项目"。他说，这种装置的成本估计"约为 5 亿美元"。SSAT 后来改名为托卡马克物理实验（TPX）装置。

由我主持的第三份 FEAC 小组报告指出，"1990 年秋，当 DOE 决定将项目范围缩小到托卡马克时，DOE 聚变项目管理人员和聚变研究团体之间的沟通就中断了。这一决定的负面影响是，人们普遍认为 DOE 不接受新思想了。有必要改变这一负面影响"。在动员第三小组开展评估时，哈珀指出，"从整体政策层面来看，鉴于主线托卡马克计划的需求和目前的预算限制，我们是否应该鼓励和资助非托卡马克概念的研究提案"。FEAC 主席罗伯特·康恩告诉哈珀，"托卡马克已经成为科学上最成功的（方案）。DOE 的政策应该基于这样一种认识，即托卡马克概念改进方案是必不可少的，应该得到最优先考虑"。然而，康恩也表示，"将托卡马克外推至竞争性商业反应堆确实存在不确定性。只要这种不确定性仍然存在，在某种程度上，就应该在政策上支持非托卡马克聚变项目"。

这些 FEAC 报告发表在《聚变能》杂志上。[72]

主要进展：DⅢ-D

1991 年夏，GA 的科学家们利用 DⅢ-D 托卡马克发现了一种新的运行状态，等离子体能量约束时间几乎是以前在任何其他托卡马克中获得的最佳结果的两倍。多年来，多数托卡马克一直在所谓的 H 模（高模）下运行，其约束时间大约是更常见的 L 模（低模）的两倍。这个新的状态被称为 VH 模（甚高模），其典型约束时间通常是 H 模的 1.8 倍。在单项实验中，科学家们还能够实现接近 50% 的等离子体压力与磁场压力之比，这则是另一项纪录。

7.10 哈珀上台

1991 年 7 月，布什总统提名普林斯顿大学的威廉·哈珀教授担任 DOE 能源研究办公室主任。自 1989 年末罗伯特·亨特离开后，詹姆斯·德克尔一直担任代理主任。沃特金斯同时宣布，让哈珀担任他的科学技术顾问。沃特金斯说，哈珀将"有助于促进从实验室向工业界的技术转移"。在 7 月 22 日写给我（FPA 会长）的一封信[73]中，哈珀感谢 FPA 对他提名的支持，并表示，"我期待着与您讨论在预算可能受限的情况下，以最透彻、最快捷的方式制定磁聚变策略"。

哈珀于 1991 年 8 月入职 DOE，当时 DOE 正在编制提交给 OMB 的 1993 财年预算提案。他发现，OMB 给他的预算"准则"是，除了一个名为超导超级对撞机（SSC）的新大型能源物理加速器的建设资金之外，他管辖下的项目不会增加预算。具体就聚变而言，将无资金用于建造 BPX 装置，而在 DOE 聚变计划中 PBX 已代替了 CIT。BPX 装置估计耗资 14 亿美元（后来，当 SSC 建设成本上升到约 100 亿美元时，SSC 被取消）。

为了应对这一预算困境，哈珀迅速组建了"能源部长咨询委员会（SEAB）能源研究优先事项工作组"。加州大学伯克利分校的诺贝尔奖获得者查尔斯·汤斯（Charles Townes，他是微波激射器的发明人之一）领导了这个特别小组。两位聚变科学家马歇尔·罗森布鲁斯（加州大学圣地亚哥分校）和大卫·鲍德温（LLNL）是这个 15 人小组的成员。

除了聚变，工作组还审查了 DOE 能源研究办公室的大量其他项目，包括高能物理和核物理。工作组建议，各独立项目咨询委员会应在不同的预算方案下评估各自领域内的优先事项。关于核聚变，工作组指出，"我们认为，磁聚变计划的资金必须以适度的速度增加（例如，每年 5% 的实际增长率），即使牺牲其他计划亦应如此。提出这一建议是因为有机会在 ITER 进行实验，以及认识到自 1976 年以来，没有批准建设任何重要的聚变装置，许多计划也被取消，因此国内项目有可能无法完成其科学和教育使命"。他们还说，"如此缓慢的资金增长与 BPX 装置的批准是不相称的，尤其是 BPX 装置的预计成本已经攀升了"。他们补充说，"概念探索应该开始设计一个 5 亿美元级别的新实验装置，用于对托卡马克的改进进行科学研究，这可为 ITER 提出新的运行模式，并允许设计更符合 ITER 反应堆后续需求的装置"。

聚变科学负责人会议于 1991 年 10 月 16-17 日在圣地亚哥举行，随后又于 10 月 25 日在 MIT 举行了技术研讨会。讨论的重点是确定一个耗资 3 亿～4 亿美元的大型新托卡马克装置，该装置的设计将最大限度地利用 PPPL（BPX 装置拟建在该实验室）的现有设施。会议讨论了一系列备选方案，包括铜与超导线圈组件。

在整个冬季和 1992 年春，大量的研讨会和研究小组（包括由约翰·谢菲尔德领导的新倡议特别工作组）开始活跃起来，评估在无 BPX 装置的情况下美国磁聚变计划应该包括哪些内容。此间考虑的是一个"小型"（50 MW，相比之下 ITER 预计为 1 000 MW）的专用聚变技术装置来测试组件。穆罕默德·阿卜杜（加州大学洛杉矶分校）是该领域的带头人。20 年后，他仍然支持建立这样一个装置。评估这些问题的 FEAC 小组将这种装置称为"并行机方案"。据推断，与依靠 ITER 的第二阶段技术测试来获取数据相比，这种与 ITER 并行的技术测试装置，可以减少 10～15 年的时间来获得示范电站所需的数据。

最终，总统提议在 1993 财年增加 2 200 万美元用于磁聚变（达到 3.6 亿美元），但国会只拨款了 3.27 亿美元，我将 1989—1992 年间的事件称为美国政府的"反复无常的聚变战略"。新墨西哥参议员皮特·V. 多梅尼奇的助手保罗·吉尔曼（Paul Gilman）说，"华盛顿受一个原则支配：没钱"。吉尔曼于 1992 年底加入白宫 OMB，担任能源和自然资源、能源和科学副主任。

主要进展：JET

1991 年末，英国 JET 的科学家在 2 s 脉冲内产生了 200 MJ 的聚变能，峰值功率为 1.7 MW。这是首次在托卡马克装置中使用氚（在纯氘等离子体中加入氚可使聚变反应率提高近百倍），且实验中氚的含量仅占 10%。实验中使用了大约 15 MW 的加热功率。普林斯顿等离子体物理主任罗纳德·戴维森说，"这是聚变领域的历史性事件"。11 月 11 日的《纽约时报》和 11 月 12 日的《今日美国》引用了我的话，"JET 的工作标志着聚变燃料实际应用的开始，也标志着聚变开始从研究向现实过渡"。11 月 20 日的《基督教科学箴言报》援引 JET 副总监艾伦·吉布森（Alan Gibson）的话说，"我们终于成功了，这是一个真正的里程碑"。11 月 20 日的《基督教科学箴言报》还引用 JET 主管保罗-亨利·雷贝特（Paul-Henri Rebut）对 JET 研究结果的评价，"它证实了欧洲在聚变研究方面的领先地位。我们领先于来自美国的主要竞争对手——PPPL"。

事实上，自 20 世纪 70 年代中期这两个项目差不多同时被批准建造以来，JET 和美国装置 TFTR 的良性竞争就一直存在。直到 1988 年末，美国科学家一直坚信他们将率先在实验中引入氚，但本书上一章所描述的灾难性事件[①]导致 DOE 命令普林斯顿停止氚系统方面的所有工作。这导致 TFTR 项目在公告一天后裁员 160 人。两年后的 1990 年底，TFTR 重启了氚的准备工作，1993 年 12 月，TFTR 开始涉氚实验（使用 50%-50% 的氘氚混合燃料）。

7.11 国际热核实验反应堆项目取得进展

1991 年 11 月，美国、欧盟委员会、日本和苏联的代表就《ITER 协议》

---

① 译者注：它是指罗伯特·亨特博士当上 DOE 能源研究办公室主任之后调整了研究重点，终止了 TFTR 上的涉氚实验，美国的磁聚变研究开始落后于欧洲。就本书作者迪恩看来，这是典型的决策失误导致的科研进度落后。

达成一致,并提交各自政府的高级官员审查。该协议随后获得批准,ITER 进入了为期 6 年的工程设计活动阶段,作为最近结束的概念设计活动的后续工作。叶甫盖尼·维利霍夫(苏联)被任命为 ITER 委员会主席,监督该项目,吉川正治(Masaji Yoshikawa,日本)担任共同主席和 ITER 管理咨询委员会主席。JET 主管保罗-亨利·雷贝特被任命为 ITER 项目主管。保罗·卢瑟福(Paul Rutherford,美国)被任命为 ITER 技术咨询委员会主席。设计地点随后在圣地亚哥、加兴(德国)和纳卡(日本)设立。亚历山大·格拉斯(LLNL)被任命为美国 ITER 团队队长。

1992 年,格拉斯(Glass)成立了 IIC,由哈罗德·福尔森(贝克特尔集团公司)担任主席。在 1992 年 3 月 3 日的第一次会议上,IIC"因担心在(由格拉斯)提出的规划中,工业界可能被定位为从属于实验室,故提议由团队负责人来确保工业界在设计、制造和原型技术测试中来承担领导角色"。IIC"呼吁工业界在整个 MFE 项目中发挥更广泛的作用,而不仅仅是在 ITER 上"。威廉·埃利斯(埃巴斯科公司/雷神公司)后来担任了 IIC 的主席。

7.12 另一个聚变法规

1980 年 10 月 7 日,卡特总统签署了 1980 年《磁聚变能源工程法案》,要求在 2000 年前运行聚变示范发电站。然而,次月他便在连任竞选中输给了罗纳德·里根。1992 年 10 月 24 日,老布什(George H. W. Bush)总统签署了 1992 年《能源政策法案》。第二个月,他在连任竞选中输给了比尔·克林顿(Bill Clinton)。

1992 年《能源政策法案》要求能源部长"实施一项聚变能源 5 年计划,到 2010 年建造一座技术示范装置,验证其商业发电的实用性"。该法案还规定,"在本法案颁布之日后的 180 天内,部长应为聚变能源项目制定一份全面的管理计划。该计划应包括技术开发的具体计划目标、里程碑和时间表,以及成本估算和计划的资源需求"。该法案授权 1993 财年拨款 3.4 亿美元,1994 财年拨款 3.8 亿美元用于聚变。国会后来为 1993 财年提供了 3.27 亿美元,为 1994 财年提供了 3.22 亿美元。

在 1992 年 10 月 20 日给能源部长沃特金斯的一封信中,SEAB 对聚变学术界提出建造一个新的 TPX 装置的计划发表了评论,"我们认为这个项目具有坚实的技术优势并建议进一步发展"。DOE 随后于 1994 财年向 OMB 发出开始 TPX 装置"1 号设计"的指示。

1992 年 11 月,比尔·克林顿战胜老布什当选美国总统,并于 1992 年 12 月 21 日提名哈泽尔·R. 奥利里为能源部长。奥利里当时是明尼苏达州北方电力公司的执行副总裁。自 1980 年以来,北方电力公司一直是 FPA 的会员单位。在卡特政府时期,奥利里曾是能源监管机构的负责人,而她已故的丈夫约翰·奥利里担任过能源部副部长。

尽管沃特金斯部长制定了一项国家能源战略,国会也刚刚通过了 1992 年的《能源政策法案》,但当选总统克林顿在任命奥利里为能源部长时说,"她将给一个未能满足国家迫切需求的部门注入新的活力"。

克林顿总统上任时的确支持扩大聚变研究。1993 年 2 月 17 日,克林顿总统在国会联席会议上发言,概述了他刺激美国经济和减少联邦赤字的计划。在总统发表题为"美国变革愿景"的讲话时,白宫的一份文件指出,"聚变能"提供了从现成燃料中获得大量能源且对环境影响小的前景。MFE 研究工作的核心是美国、欧洲共同体、日本和俄罗斯合作建造 ITER。ITER 的设计和建造将是一项耗资数十亿美元的工程,需要 20 年才能完成。美国必须维持一个重要的国内研究项目,以支持我们在 ITER 上的研究工作。而自 20 世纪 70 年代初以来,美国没有运行任何一台新的大型聚变研究装置。这项投资(由克林顿提出)将为美国聚变能源项目的适度发展提供资金,使其超过通货膨胀率,从而能够建造一个新的装置,即 TPX 装置"。

当老布什总统于 1993 年 1 月离任时,他提出的 1994 财年预算为 4.23 亿,高于 1993 财年提出的 3.4 亿美元。该预算包含启动 TPX 项目的 3600 万美元。克林顿总统随后只申请了 3.48 亿美元，国会最终批准了这一数额。

7.13　1992 年和 1994 年电力研究所聚变评估

1991 年 10 月，罗伯特·赫希成为美国 EPRI 的副所长，负责研究所在华盛顿特区的工作。赫希曾在 20 世纪 70 年代将美国核聚变计划的重点重新放在了能源目标上，此后他曾在埃克森（Exxon）公司和阿科（Arco）公司担任高管。他受雇于当时的 EPRI 总裁理查德·巴尔齐瑟（Richard Balzhiser），后者在 20 世纪 70 年代曾作为白宫 OSTP 的副主任对聚变政策产生过影响，并设法为海军研究实验室正在萌芽的激光惯性聚变项目提供过资金（见第 4 章）。

赫希组建了 1992 年 EPRI 聚变评估小组。他担任小组主席。其他成员有弗洛伊德·卡勒（Floyd Culler，EPRI 前所长、ORNL 前主任）、纳里·辛格兰尼（Nari Hingorani，EPRI 电气系统部副主任）、约翰·泰勒（John Taylor，EPRI 核电部副主任）、托马斯·施奈德（Thomas Schneider，EPRI 探索和应用研究办公室执行科学家和合作经理）和德温·斯宾塞（Dwain Spencer，商业化和商业发展副主任，EPRI 公司的行政人员）。

EPRI 研究的目标如下：

（1）从实用需求的角度评估广泛的聚变概念。

（2）加强 EPRI 对聚变能的判断力。

（3）为 DOE 提供对电力公司重要的聚变概念指标方面的指导。

（4）为重建 DOE 与 EPRI 在聚变领域的沟通与合作提供基础。

该小组从电力公司需求的角度制定了一套"用于评估聚变概念的实操因素"，它们是：

（1）反应堆构型的复杂性。

（2）各种聚变构型的可用性特征。

（3）各种聚变构型的燃料选择和燃料循环。

（4）各种聚变构型的能量平衡和子系统效率。

（5）各种聚变构型的安全性。

（6）与各种聚变构型相关的废料流。

（7）与各种聚变构型相关的选址问题。

（8）与各种聚变构型物理／技术相关的不确定性。

该小组在其报告[76]中得出结论，"联邦聚变研究计划代表了一项重要的国家投资"，"在普林斯顿 TFTR 上产生 10～20 MW 氘氚聚变功率是计划的一个重要里程碑，应该继续作为高度优先事项"。该小组认为托卡马克的结构"非常复杂"，并说"保持非托卡马克项目的多样性也很重要"。

他们建议，保持聚变计划多样化，DOE 应特别考虑以下几点：

（1）尽可能简化的概念和／或设计。

（2）无氚燃烧的电站设计，这是由于（氘氚反应产生的）14 MeV 中子会产生非常严重的材料问题。

（3）使用某些低活化材料。

（4）高总体能量转换效率，例如，复合热电直接转换。

（5）每隔几年更换大量聚变反应堆堆芯材料所带来的停堆与废料处理问题。

（6）从聚变等离子体中有效除灰的重要性。

该小组建议，"工程思维和市场的最终需求应该成为聚变能计划制定和决策的关键因素"。

1992 年的 EPRI 聚变小组完全由 EPRI 的高管组成。1994 年，赫希组建了一个新的聚变小组，几乎完全由企业高管组成。1994 年评估小组的构成见表 7.3。该小组发表了一份报告"实用聚变能系统的标准"[77]，并列出了"至关重要"的"三种主要标准"：① 经济性；② 公众接受度；③ 监管的便利性。

表 7.3 1994 年 EPRI 聚变研究小组成员

杰克·卡斯洛（Jack Kaslow），EPRI 公司，主席	比尔·穆森（Bill Muston），TU 电气公司
梅文·布朗（Merwin Brown），太平洋天然气和电力公司	小阿特·彼得森（Art Peterson，Jr.），尼亚加拉·莫霍克（Niagara Mohawk）公司
罗伯特·希尔施，EPRI 公司	史蒂芬·罗森（Stephen Rosen），休斯敦照明和电力（Houston Lighting and Power）公司
拉尔夫·伊佐（Ralph Izzo），公共服务电力和天然气（Public Service Electric and Gas）公司	托马斯·施奈德，EPRI 公司
约翰·麦肯（John McCann），纽约爱迪生综合公司（Consolidated Edison Company）	彼得·斯科里奇（Peter Skrgic），阿勒格尼电力（Allegheny Power）系统公司
丹尼斯·麦克劳德（Dennis McCloud），田纳西山谷管理局（Tennessee Valley Authority）	布鲁斯·斯诺（Bruce Snow），罗切斯特燃气和电力（Rochester Gas & Electric）公司

关于经济性，该小组表示，"早期核聚变电站的融资能力取决于人们对商业电站性能的信心。为了获得这种信心，需要对示范或试验电站的性能做出令人信服的验证"。他们说，"为了对冲新技术较高的经济风险，核聚变电站生命周期内的成本必须低于商业化的其他竞争技术"。

关于公众接受度，该小组表示，"通过最大限度地提高聚变电站的环保吸引力、发电的经济性和安全性，可以最有效地获得公众认同感"。他们列举了许多提高环保吸引力的特征，包括消除或最小化放射性废料、有毒排放物和废热。

关于监管的便利性，该小组表示，"电站和系统设计将影响监管要求"。他们指出了以下重要的设计考虑事项："将电站与人口密集区隔离或制定场外应急计划；最大限度地减少对安全功能的需求；尽量减少废料产生；以及尽量减少职业性辐射暴露"。

赫希对于过度强调氘氚聚变燃料循环感到不满。在 1993 年 3 月 5 日给美国 DOE FEAC 的报告中，赫希说，"目前设想的氘氚托卡马克和激光聚变反应堆将极其复杂，具有高放射性，可能会受到严格的监管，而且成本高昂"。他建议聚变计划"摆脱氘氚燃料循环"并"尽可能快地扩大备选研发方案"。然而，哈罗德·福尔森（贝克特尔集团公司）在 5 月 5 日的众议院听证会上表示，"我非常担心，因反复猜想存在更小、更便宜的装置，或使用更奇怪、陌生燃料的装置，而放弃发展以氘氚为燃料的托卡马克装置"。他说，"今天来判断任何聚变发电站是可接受的或不可接受的，都是在预测一个与今天大不相同的未来"。

20 世纪 90 年代，在罗伯特·康恩和法罗克·纳杰马巴迪先后指导下，磁聚变学术界完成了一系列聚变发电站设计。1996 年，由史蒂芬·罗森（休斯敦照明和电力公司）主持的 EPRI 聚变工作组评估了最新设计的白羊座-RS（ARIES-RS）装置。1996 年 9 月 17-18 日会议后，在给 DOE 能源研究办公室主任的一封信中，罗森说，"我们经常批评过去的设计，因为当时可用的初步设计和标准草案没有完全符合我们的新标准"。然而，罗森也表示，"安全标准已修订，可直接满足我们的标准，白羊座-RS 概念设计似乎已经仔细考虑了我们的意见，以便在新批准的安全标准范围内为进一步设计提供有用的依据"。他还说，"虽然我们希望看到能源成本进一步降低，但我们（作为最终用户）认为，白羊座-RS 托卡马克电站的设计具有许多在未来电力系统中有吸引力的特征"。

7.14 惯性聚变与国家点火装置的起源

根据美国 DOE FPAC 的建议，美国 DOE 成立了惯性约束聚变咨询委员会（ICFAC）。ICFAC 于 1992 年 12 月 16-18 日举行了第一次会议。会后，ICFAC 向沃特金斯部长递交了一份报告，建议"DOE 应该继续开展 NIF 的概念设计工作"。他们说，NIF 的目标应该是"一座性价比高的 1~2 MJ、500~700 TW 的先进玻璃介质激光实验装置，旨在演示和研究点火和适度能量增益"。ICFAC 信中进一步指出,"虽然点火物理是最紧迫的目标,但委员会坚信,ICF 的长远未来将会通过继续实施其他驱动器项目(轻离子、KrF、直接驱动)而得到最好的支持,这些驱动器项目可能更适合 LMF 和/或能源应用"。ICFAC 的成员见表 7.4。

表 7.4 1992 年 DOE 惯性聚变咨询委员会成员

文卡特什·纳拉亚纳穆蒂(Venkatesh Narayanamurti),主席,加州大学圣巴巴拉(Santa Barbara)分校	唐纳德·杜奇亚克(Donald Dudziak),北卡罗来纳州立大学
所罗门·J.布克斯鲍姆,贝尔实验室	大卫·哈默(David Hammer),康奈尔大学
蒂莫西·科菲(Timothy Coffey),海军研究实验室(NRL)	阿瑟·柯敏(Arthur Kermin),密苏里州
理查德·艾里,SAIC 公司	史蒂文·库宁,加州理工学院
贝齐·安克-约翰逊(Betsy Ancker-Johnson),世界环境中心(World Environmental Center)	杰拉尔德·库尔辛斯基,威斯康星大学
约翰·比雷利(John Birely),美国国防部	康拉德·朗米尔(Conrad Longmire),任务研究(Mission Research)公司
罗伯特·克里斯蒂(Robert Christy),加州理工学院	布鲁斯·米勒,泰坦光谱(Titan Spectron)公司
罗纳德·戴维森,普林斯顿大学	马歇尔·罗森布鲁斯,加利福尼亚大学圣地亚哥分校
安东尼·德马里亚(Anthony Demaria),联合技术(United Technologies)公司	威廉·西蒙斯(William Simmons),顾问
	阿尔文·特里韦尔皮斯,ORNL

1993 年 12 月 7 日,美国 DOE 最终解密了大量 ICF 研究成果,从而兑现了 FPAC 1990 年的建议和能源部原部长沃特金斯随后做出的承诺。尽管解密并不像许

多人希望的那样广泛，但这是向开放转变的明显迹象，并为更广泛的国际合作打开了大门。在 12 月 7 日宣布这一决定的新闻发布会上，DOE 声称现在只有 20% 的 ICF 研究仍然保密。能源部长哈泽尔·奥利里随后启动了一项重大评估，旨在解密数十年来 DOE 的其他文件。

7.15　问题的迹象

参议院拨款委员会主席，也是核聚变的支持者参议员 J. 班尼特·约翰斯顿（J. Bennett Johnston）仍然希望看到核聚变项目聚焦于托卡马克的快速开发。他认为，美国应致力于 ITER 建设，把国内聚变计划的重点放在支持 ITER 上。他不满的是，ITER 这么多年来一直在设计，但在选址和建设上却没达成一致。1993 年，他曾提出一项法案，将美国聚变计划更名为 ITER 计划。该法案指出，如果美国不集中全部精力迅速完成 ITER，该计划的预算将减少到每年 5 000 万美元（该法案未通过）。然而，1994 年 6 月 23 日，作为 1995 财年拨款过程的一部分，参议院委员会将克林顿总统的聚变申请削减了 1 000 万美元，并限制只能开展 TPX 装置的设计工作。在附于参议院批示的一份报告中，拨款委员会表示"非常令人担心的是，DOE 未能向国会报告它打算如何推进 ITER，并解决与如此规模的项目相关的复杂国内和国际问题。DOE 去年接到指示，要提供一份计划来描述 ITER 在美国境内的候选地点、ITER 最终选址的必要流程，以及包括里程碑和预算在内的时间表和关键路线，这些是在 2005 年之前，ITER 设计、建设和开始运行所必需的。这些计划对于确保 ITER 从开始工程设计到现在定于 1998 年开始建设的有序过渡至关重要。美国政府不愿提出一个框架，这危及了美国聚变计划的未来"。该报告补充说，"如果没有 ITER，TPX 装置对国防部聚变计划的贡献将值得怀疑"。报告还指出，"我们强烈认为，除非总统和国会都对 ITER 作出全面承诺，否则我们不应建造 TPX 装置"。

第7章 复兴的希望（1990—1995年）

主要进展：TFTR

1993年12月9日星期四，美国东部时间晚上11:08，PPPL的科学家在TFTR中使用氘氚燃料产生了3 MW的聚变功率。次日，功率增加到6 MW，超过了2年前JET创造的1.7 MW的纪录，这些能量在持续约1秒的脉冲中被释放出来。这是第一次在聚变实验中使用50%-50%混合的氘氚（JET实验只使用了10%的氚）。TFTR实验达到了大约3.5亿摄氏度的温度，远高于聚变反应堆所需的大约1亿摄氏度。为达到这个温度，中性束加热功率约20 MW。这一成就尤其令我高兴，因为我曾经编写了AEC的"决策文件"，该文件促成了1974年国会批准建设TFTR。EPRI所长理查德·巴尔齐瑟博士于12月22日致函PPPL主管罗纳德·戴维森说："你在TFTR演示了超过5 MW的聚变功率，这是一项辉煌的成就。我们为你们的努力和这一非常有成就的结果喝彩"。TFTR后来（1994年11月）实现了10 MW的聚变功率（见图7.1），从而满足了它最初的设计目标。TFTR项目是在PPPL科学家戴尔·M.米德和后期理查德·霍利鲁克（Richard Hawryluk）的领导下开展的。

TFTR后来还首次演示了聚变反应产物（氦核）加热等离子体的能力。

一周后，即1994年6月30日，参议院全体议员以60 : 30的票数恢复了被削减的经费并授权建造TPX装置。两周后的7月13日，克林顿总统给新泽西州州长克里斯汀·托德·惠特曼（Christine Todd Whitman）写了一封信，声称"我致力为聚变能源的发展而制定一个强大、平衡的计划，我对你们在这一充满希望的科学领域所做的工作感到欣慰"。比尔·克林顿总统说："普林斯顿的TPX装置是美国聚变计划的下一个重要装置，我相信TPX将证明聚变技术是未来一种安全且具有商业价值的能源形式。我的1995财年预算包括对TPX装置的拨款。我期待着未来与你们合作，帮助我们国家实现具有巨大潜力的聚变能"。此后不久，众议院和参议院通过了财年拨款法案，提供了总统要求的全部聚变资金，但仅限于TPX装置设计。他们还呼吁总统科学技术顾问委员会（PCAST）对聚变政策进行评估。

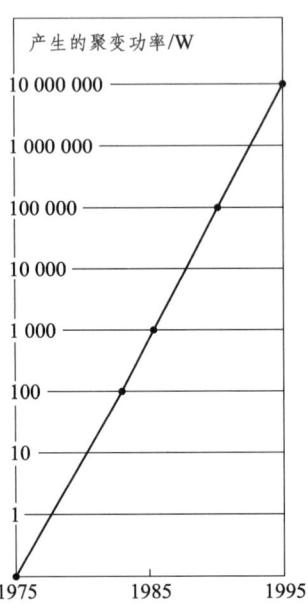

图 7.1　1975—1995 年期间，托卡马克实验产生的聚变功率从不到 1 W 上升到 10 MW

1994 年 10 月，能源部长哈泽尔·奥利里成立了能源顾问委员会秘书长战略能源研究与开发工作组。我是该小组 31 名成员之一，该小组由丹尼尔·耶尔金（Daniel Yergin，剑桥能源研究协会）担任主席。奥利里说，她呼吁"对 DOE 18 亿美元的应用能源项目进行一次高级别评估"。她表示，希望"获得一份独立评估，评估 DOE 是否有一个连贯有效的计划，将能源技术推向市场"。在 10 月 12 日的第一次会议上，奥利里告诉工作组，自 1978 年以来，能源项目的资金下降到 1/5，从 92 亿美元下降到 18 亿美元（按 1995 年购买力），尽管在此期间世界能源消费量几乎翻了一番，且目前美国每年石油进口额已超过 400 亿美元。成立这个工作组是为了给 DOE 能源项目增加投资提供依据。然而，工作组的评估任务很快就被取消了。

译：程功　校：刘耀远

第 8 章

金融海啸

（1995—1999 年）

> 对麻雀来说鼹丘就是一座大山。

8.1 与美国的契约

美国于 1994 年 11 月举行了国会中期选举。结果，共和党于 1995 年 1 月控制了众议院和参议院。当国会或总统职位的控制权从民主党转移到共和党时（反之亦然），不可避免的是，无论之前的工作多么有价值，都会被贬低，并且需要"改变"。共和党人纽特·金里奇当选为众议院议长。他宣布了一项名为"与美国的契约"的新政策。实际上，这意味着"削减联邦支出"。"与美国的契约"要求将聚变计划削减约 50%。[78]

克林顿总统（民主党人）正在确定他最终向国会提交的 1996 财年预算。在美国 DOE 能源研发特别工作组的一次会议上，能源部长奥利里告诉我们，白宫告诉她计划在美国 DOE 削减 12 亿美元。她不再要求特别工作组给出增加能源项目支出的合理性，而是要求他们告知如何在削减预算的情况下实施可行的能源项目。

尽管预算形势严峻，克林顿总统还是向国会提交了一份 1996 财年预算申请，其中包括在 PPPL 建造 TPX 装置和在 LLNL 建造一个新的惯性聚变实验装置 NIF 的资金。他为磁约束申请 3.66 亿美元（1995 财年为 3.65 亿美元），为惯性约束申请 2.41 亿美元（1995 财年为 1.77 亿美元）。

8.2 国家点火装置

位于加利福尼亚州 LLNL 的 NIF 旨在使用一组激光束（192 路）点燃含有氘氚燃料的靶丸进而发生聚变反应。按照 1996 财年预算的建议，该装置将使用大约 1.8 MJ 的激光能量来产生相同或更多的聚变能。它被证明是在不进行地下核武器试验的情况下研究武器物理的工具，也是通往以前被提议研究的 LMF 的过渡平台，LMF 的目标是产生比输入激光能量多 100 倍的聚变能量。NIF 的费用估计为 11 亿美元，计划 2002 年运行。NIF 最终耗资约 35 亿美元，并于 2009 年投入运行。

NIF 激光器是单发次的，而发电站需要激光器（或其他类型的驱动器）重频发射，也许每秒十次。DOE 任命大卫·克兰德尔（David Crandall）为 NIF 新办公室主任。大卫此前曾在 OFE 担任高级物理和技术部主任。

1995 年初，DOE 举办了一系列关于 NIF 的公众意见征集研讨会。（DOE）举行了三次公开研讨会（1 月 24 日、1 月 30 日和 3 月 9 日），讨论 NIF 及其与核武器扩散的潜在关系。有数十人出席会议，表达了他们反对建造 NIF 的立场，他们认为，研究武器物理的装置可供国际合作使用，这将导致核武器扩散。一些发言者还认为，建造 NIF 只是美国 DOE 武器实验室保持雇员水平的一个借口；其他人以增加的支出违背了华盛顿当前削减联邦总支出的预算政策为由表示反对。在整个 NIF 建设过程中，两个反对 NIF 的先峰团体是国家资源保护委员会（NRDC）和利弗莫尔反核公民团体"三谷保护会"（Tri-Valley Cares）。

我在 3 月 9 日的研讨会上发言："NIF 是建立 ICF 科学原理的一个及时且必要的实验装置，这项技术潜含许多商业价值，包括最终开发一种具有商业竞争力的能源"。我指出，核武器设计的基本原理早已为各国所知，不需要 NIF 上建立的相应物理基础。我还说，"防扩散政策应该基于对裂变材料和相关设备的控制和检查上，而不是基于对聚变过程科学研究的阻止上。"我注意到，著名的科学团体杰森小组（JASONS）从核扩散的角度对 NIF 进行了审查，并得出结论认为，"NIF 是一个极其复杂的挑战，不可能被潜在的核扩散者获取或为其所用"。

8.3 1995年总统科学技术顾问委员会聚变评估

1995财年拨款法案要求行政部门让PCAST负责对聚变计划进行评估。评估工作始于1995年3月，由PCAST成员约翰·P. 霍尔德伦教授（加州大学伯克利分校）主持。霍尔德伦此前对聚变计划做出过几项重要贡献，包括他领导的一项关于聚变的环境、安全和经济方面的研究。[79]在开展这项评估时，总统科学顾问杰克·吉本斯（Jack Gibbons）说，"在21世纪，必须越来越重视开发能够以环境可持续的方式提供大量电力的能源。应该在这种背景下评估聚变能和其他能源供给技术的作用"。

该小组被要求"开展一项评估，确定至少四种不同方案的技术、政策取向以及预算需求，以构建磁聚变计划"。该任务要求"委员会应从'不考虑取消核聚变计划'这一假设出发"。

向委员会提供的4个备选方案如下：

（1）建设TPX装置，加入ITER的下一阶段。
（2）建设TPX装置，但不加入ITER的下一阶段。
（3）不建设TPX装置，但加入ITER的下一阶段。
（4）不建设TPX装置，也不加入ITER的下一阶段。

为了研究稳态托卡马克物理，美国聚变界将TPX装置的建设视为美国国内磁聚变计划的核心。虽然TPX装置位于PPPL，但它是一个由TPX装置国家委员会监督的国家项目。斯图尔特·普雷格（Stewart Prager，威斯康星大学）担任TPX装置国家委员会主席。我也是委员会的成员之一，其他成员包括大卫·鲍德温（LLNL）、罗纳德·戴维森（PPPL）、约翰·道森（John Dawson，加州大学洛杉矶分校）、米克洛斯·波科拉布（Miklos Porkolab，哥伦比亚大学）、杰拉德·纳夫拉蒂尔（Gerald Navratil，MIT）、保罗·卢瑟福（PPPL）、约翰·谢菲尔德（ORNL）和理查德·西蒙（Richard Siemon，LANL）。

对PCAST委员会的要求还包括，"如果委员会愿意，可以考虑其他选择"。

评估任务还要求委员会考虑 DOE 紧张的财政状况，包括计划在未来 5 年削减总体能源资金，并考察 DOE 能源研发特别工作组（负责审查 DOE 的应用能源研发项目，我也是其成员之一）正在进行的活动。除了主席霍尔德伦，PCAST 小组的其他成员还有诺曼·奥古斯丁（Norman Augustine，洛克希德·马丁公司）、罗伯特·康恩（加州大学圣地亚哥分校）、劳伦斯·帕佩（Lawrence Papay，贝克特尔公司）、安德鲁·塞斯勒（Andrew Sessler，LBNL）、罗伯特·索科洛（Robert Sokolow，普林斯顿大学）、查尔斯·维斯特（Charles Vest，MIT）和吴丽莲（Lillian Wu，IBM 公司）。应他们之邀，我于 1995 年 4 月 24 日私下会见了 PCAST 小组。

PCAST 委员会于 1995 年 6 月 16 日发布了报告。报告指出，欧洲和日本的聚变研究体量"比美国对应研究的体量大三倍"。他们（PCAST）说，"我们认为，美国 DOE 目前提议的聚变资金水平有充分的理由从 1996 财年的 3.66 亿美元增加到 2002 财年的约 8.6 亿美元，并在 1995 财年至 2005 财年期间保持平均 6.45 亿美元。"然而，他们也承认，"尽管上述计划是合理和可取的，但在当前预算紧张的情况下，它似乎并不现实"。鉴于这些限制，报告得出结论说，"因此，我们敦促政府和国会坚定地支持美国聚变研究计划，将资金稳定在每年不少于 3.2 亿美元"。这一水平比当时计划的预算每年少了 4 600 万美元。委员会表示，在 3.2 亿美元的情况下 TPX 装置无法取得进展，因此他们敦促美国官员要求国际 ITER 团队缩小 ITER 的规模，转为研发一项更低目标的燃烧等离子体实验装置，类似于美国此前提议的 BPX 装置。该委员会还表示，如果聚变计划的资助减少到每年约 2 亿美元，那么将无法开展除核心理论和中型实验以外的任何工作。

在 1995 年 7 月 26—27 日的 ITER 理事会会议上，ITER 理事会坚决拒绝了 PCAST 的建议，即降低 ITER 的技术目标，并将重点放在设计一个点火物理试验装置上（其成本仅为 ITER 估算成本的 1/3）。理事会指出，"ITER 理事会已重新达成共识，认为这是一个必要的步骤；ITER 的目标仍然可以实现，绝不能改变；设计能够达到目标；四方合作已证明是一个有效的框架；现在是迈出这一步的合适时机了"。ITER 理事会的成员是叶甫盖尼·维利霍夫主席（俄罗斯）、保罗·法塞拉（Paolo Fasella，欧共体）、大井直隆（Naotaka Oki，日本）和詹姆斯·德克尔（美国）。德克尔当时是 DOE 能源研究办公室的代理主任。

1995 年 9 月 7 日，在蒙特利尔举行的 FPA 和加拿大核协会联合会议上，ITER 理事会主席维利霍夫建议考虑引入其他合作伙伴，以便为 ITER 的建设筹集必要的资金。他提议韩国、印度和中国作为可选项。他说，亚洲国家在发展核聚变方面将发挥更积极的作用是合乎逻辑的，"因为那里将是未来能源危机最严重的地方。" 1995 年 7 月 23 日，韩国总统金泳三（Kim Young-sam）宣布了一项雄心勃勃的计划，要加入世界发展核聚变能源的研究工作，作为韩国发展能源、空间和其他先进技术的大规模研究的一部分。金泳三说，韩国将立即开始设计其聚变装置，并于 1998 年开始建造。

8.4 国会动手了

尽管 TFTR 直到最近才实现了其最初的设计目标，即产生 10 MW 以上的聚变功率，而且克林顿总统也在他原本严格的 1996 财年预算申请中保留了聚变预算，但国会却更专注于大规模削减联邦计划，包括削减聚变项目。

1995 年 3 月 16 日，众议院预算委员会投票，要求 DOE 在 1996 财年开始关闭整个机构，作为拟议的 1 900 亿美元（超过 5 年）联邦开支削减计划的一部分。在一份附加报告中，委员会列出了可能削减的项目，包括"国际聚变项目"。在 2 月 15 日的听证会上，众议院科学委员会能源和环境小组委员会主席众议员达纳·罗拉巴彻（Dana Rohrabacher）表示，"我们必须决定，（对于在核聚变中）花费数十亿美元所取得的微小成功，是否值得再继续为该项目下一个（至少）30 年的开发而投入数十亿美元"。在 3 月 14 日的参议院拨款委员会听证会上，主席皮特·V. 多梅尼奇（他长期支持核聚变）说，"如果我们发展核聚变，它的花费将越来越多，我们将没有钱做其他事情"。

聚变学术界的几名成员被邀请在 3 月 28 日的众议院能源和水拨款小组委员会听证会上作证，该小组委员会负责监督 DOE 的预算。作证的人包括罗伯特·康恩（加州大学圣地亚哥分校，PCAST 聚变审查小组成员）、罗纳德·戴维森（PPPL 主任）、吉姆·德雷克（Jim Drake，马里兰大学，代表大学聚变协会）、布鲁斯·蒙哥马利（Bruce Montgomery，MIT）、斯图尔特·普雷格（威斯康星大学，代表美国物理学会等离子体物理分部）、内德·索特霍夫（Ned Sauthoff，PPPL，代表电气和电子工程师协会）和我本人。

我追溯了聚变计划过去 20 年的历史，并表示"已经取得了与所提供的资金相称的进展"。我说，"聚变能和其他先进的能源技术对于先进工业文明的延续是绝对必要的。现在投资聚变能的资金是一项适度而审慎的投资，以确保子孙后代的高生活水平"。

戴维森指出，"无论如何，世界必须在未来几十年找到新的能源"。他说，"在下个世纪中叶之前，世界面临着非同寻常的能源短缺"。他指出，普林斯顿的 TFTR 在 1994 年 11 月产生了"高达 10.7 MW 聚变功率的世界纪录"，他说，"通过这些历史性的实验，我相信聚变能的发展已经进入了一个新时代"。

康恩说，"除非制造新的装置，否则很难展示比该项目最近产生的成果更引人瞩目的结果"。他说，"我们现在准备建造一个新的美国托卡马克，这将进一步优化聚变发电站的设计"。

德雷克指出，"目前，美国每年大约有 50% 的石油消耗依赖进口，成本约 1000 亿美元"，他同时评论道，"聚变计划的年度成本不到我们年度石油进口费用的 0.4%"。他说，"这个计划（聚变）的投资与潜在的收益相比微不足道"。

普雷格指出，"聚变计划已经产生了一个新的科学分支——等离子体物理学"，它"不仅产生了具有重大科学价值的成果，还具有广泛的应用"。他表示，"聚变的年度支出不到能源年度支出的千分之一"。他说，聚变预算"在过去十年里减少了大约一半"。

索特霍夫说，"聚变计划应包括适度平衡的等离子体点火研究（如 TFTR 和

ITER）、聚变技术计划、托卡马克概念改进（如当前基础计划和规划中的TPX装置）、IFE（如NIF）、替代概念和基本等离子体研究"。

在上述6月份的PCAST聚变评估委员会报告发布前不久，众议院科学委员会和众议院拨款委员会将1996财年聚变预算定为2.29亿美元。众议院和参议院拨款负责人最终同意提供2.44亿美元，比1995财年的3.63亿美元减少了33%。拨款法案没有为TPX装置的建设提供资金。

尽管美国聚变计划在过去经历了预算削减，但一年内削减33%的幅度是前所未有的，并导致了大规模裁员、项目的终止和剩余项目的延迟。从最大的聚变实验室PPPL发布的新闻稿可知，他们正在向820名正式员工和110名分包商员工中的"166名正式员工和80名分包商雇员发出裁员通知"。DOE告诉PPPL停止他们的主要实验（TFTR）工作。此外，DOE还下令关闭得克萨斯大学的得克萨斯实验托卡马克（Texas Experimental Tokamak）装置和威斯康星大学的费德罗斯（Phaedrus）实验装置。DOE还表示，它可能会暂停运行美国另外两个主要的托卡马克（分别位于MIT和GA）一年或更长时间，并减小ITER项目的参与力度。

众议院和参议院的拨款法案都呼吁对磁聚变计划进行"重组"，以适应较低的资金预算水平。最终拨款法案附带的报告指出，"由于未来几年增加聚变计划资金的前景渺茫，聚变计划有必要调整其战略、内容和近中期目标。重组后的计划应强调继续发展聚变科学，加强关注概念优化和聚变能替代方案，以及开发和测试对聚变能至关重要的低活化材料"。DOE责成FEAC就这一重组提出建议，并要求1995年12月提交报告。

美国国会没有削减惯性聚变项目，该项目由美国DOE的武器类别资助，批准了2.41亿美元，而1995财年的水平为1.73亿美元。拨款中包含了继续进行NIF工程设计和建造的资金。

8.5 工业界的回应

1995年9月13日,在FPA董事会、美国聚变工业理事会(FICUS)、美国IIC和TPX装置工业理事会的联席会议上,代表们决定就制定新的聚变战略致函能源部长哈泽尔·奥利里。信中写道,"在根据最终预算进行项目调整时,我们恳请你要特别注意保持均衡,这将为科学进步和技术发展提供支持,并最终实现商业能源"。信中指出,"聚变需要三个相互作用的要素持续发展:新科学、相关技术的开发以及项目管理的系统方法,以优化利用有限资源,并最大限度地缩短实现商业应用的时间"。这封信的结论是,"工业是聚变能源造福社会的手段,因此工业界对聚变能源方案持开放态度。我们相信,无论预算如何,私企都可以在均衡的聚变计划中发挥巨大作用"。

这封信由大卫·鲍德温(GA)、S. 洛克·博加特(洛克希德·马丁公司)、詹姆斯·康纳(James Conner,巴布科克与威尔科克斯公司)、斯蒂芬·迪恩(FPA)、威廉·埃利斯(雷神公司)、大卫·埃弗森(David Everson,埃弗森电气公司)、塞缪尔·哈克尼斯(Samuel Harkness,西屋公司)、约翰·兰迪斯(斯通与韦伯斯特公司)、詹姆斯·朗(James Lang,麦道宇航公司东方分公司)、切斯特·洛布(Chester Lob,通信和动力工业公司)、迈克尔·蒙斯勒(Michael Monsler,W. J. 斯查费联合公司)、威廉·罗比内特(William Robinette,TRW公司)、艾伦·托德(Alan Todd,诺斯罗普·格鲁曼公司)和史蒂芬·托特(Stephen Toth,CBI工业公司)签署。

8.6 放弃聚变能源任务

为应对国会预算削减,美国DOE FEAC成立了两个小组委员会:一个常设科学问题小组委员会,由詹姆斯·卡伦(威斯康星大学)担任主席;一个临时战略规划小组委员会,为重组聚变计划提供建议,由迈克·诺泰克(Mike

Knotec，巴特尔太平洋西北实验室）担任主席。诺泰克小组委员会的成员见表8.1。DOE告诉诺泰克小组只考虑聚变计划的两个预算额度：上限为2.75亿美元，下限为2亿美元。诺泰克小组委员会于1995年12月举行了两次会议（在PPPL和GA），并于1996年1月18—19日在华盛顿特区举行的会议（由罗伯特·康恩主持）上向全体FEAC成员作了报告。[80]

表8.1 1994年DOE FEAC成员

罗伯特·W.康恩，主席，加州大学圣地亚哥分校	乔治·R.贾斯尼（George R. Jasny），马丁·玛丽埃塔能源系统公司（Martin Marietta Energy Systems），已退休
约翰·F.克拉克（John F. Clark），巴特尔太平洋西北实验室（Battelle Pacific NW Laboratories）	迈克·L.诺泰克（Michael L. Knotek），巴特尔太平洋西北实验室
托马斯·B.科克伦（Thomas B. Cochran），自然资源保护委员会（Natural Resources Defense Council）	约翰·W.兰迪斯，斯通与韦伯斯特公司（Stone & Webster Corporation）
哈罗德·K.福尔森，贝克特尔·汉福德公司（Bechtel Hanford Inc.）	斯蒂芬·L.罗森，休斯敦照明和电力公司
约瑟夫·G.加文，格鲁曼公司（Grumman Corp.），已退休	马歇尔·N.罗森布鲁斯，加州大学圣地亚哥分校
凯瑟琳·B.格比（Katharine B. Gebbie），国家标准与技术研究所（National Inst. of Standards and Technology）	P.弗洛伊德·托马斯（P. Floyd Thomas），马丁·玛丽埃塔能源系统（Martin Marietta Energy Systems）公司

贝弗利·K. 哈特林（Beverly K. Hartline），连续束线加速器装置（Continuous Beam Accelerator Facility）	詹姆斯·R. 汤普森（James R. Thompson），轨道科学公司（Orbital Sciences Corporation）
	德米特里厄斯·D. 维那布尔（Demetrius D. Venable），汉普顿大学（Hampton University）

1990年9月，能源部长的FPAC建议：

（1）美国应致力于将聚变能作为一种潜在的能源。

（2）美国的聚变计划必须以能源为导向，具体目标是在2025年建成一座示范发电站，在2040年建成一座商业发电站。

（3）美国应该最大限度地利用国际合作，同时保持健康的国内计划。

（4）私企的参与是面向能源的聚变计划的一个组成部分。

相比之下，在1996年初，FEAC根据诺泰克小组的报告，为重组后的聚变计划建议了以下政策目标：

（1）为追求国家科技目标而推进等离子体科学的发展。

（2）发展聚变科学、技术和等离子体约束创新概念，作为国内计划的核心主题。

（3）参与国际合作，发展核聚变能源科学和技术。

诺泰克小组委员会（和FEAC）为聚变计划提供了一份新的"任务报告"：《先进的等离子体科学、聚变科学和聚变技术——经济和环境上有吸引力的聚变能源所需的知识基础》。

1990年，FPAC曾建议在聚变计划中将2025年设定为聚变示范发电站运行的目标日期，而重组后的计划没有时间表。到目前为止（2012年），DOE仍然没有聚变示范发电站的运行时间表。

诺泰克小组建议 DOE 将该计划的名称从聚变能源计划改为聚变能源科学计划，并将 FEAC 更名为 FESAC（聚变能源科学咨询委员会）。该小组建议缩小规模并限制 DOE OFE 的管理权限，取而代之的是，利用新的 FEAC 科学小组委员会和学术同行评议来做项目决策，他们说这一过程更符合新的"科学主导的任务"。

诺泰克小组面临的一个关键问题是，美国参与 ITER 后如何适应重组后的计划。其他 ITER 合作伙伴（俄罗斯、日本和欧盟委员会）将 ITER 视为聚变工程试验反应堆的原型装置，并将以此为基础建造一座聚变示范发电站。诺泰克小组建议，"在重组后的美国聚变计划中，ITER 计划的主要作用是推动燃烧等离子体科学"。

诺泰克小组的建议以 10 : 2 的票数获得了整个 FEAC 的支持。FEAC 成员约瑟夫·加文（已退休的格鲁曼公司总裁/首席执行官兼 NASA 登月舱项目负责人）表达了强烈的不满，他说，美国 DOE 决定将 FEAC 规划的金额限制在 2.75 亿美元"代表着根本性的政策缺陷"。他指出，PCAST 最近才建议拨款 3.2 亿美元。加文建议联邦能源委员会"对能源部长和行政当局提出直接挑战，要求他们着手努力说服国会支持 PCAST，为聚变能每年提供 3.2 亿美元的资金"。加文说，"美国的核聚变计划取得了太多的成功，并且极具前景，不能在没有努力争取，没有认真审查国家优先事项的情况下就放弃。这需要魄力，而非迎合民意。"另一位持反对意见的 FEAC 成员是詹姆斯·R. 汤普森（美国航天局前副局长，时任轨道科学公司发射系统组执行副总裁兼总经理）。

尽管 FEAC 主席罗伯特·康恩（加州大学圣地亚哥分校工程学院院长）也是推动更雄心勃勃聚变研究的 PCAST 小组成员，但他认可了诺泰克小组委员会的报告，并于 1996 年 1 月 27 日将该报告转交给了 DOE 能源研究办公室主任玛莎·克雷布斯（Martha Krebs）。在他的公函中，康恩说，"美国在世界 MFE 计划中强大的领导地位在 1996 财年拨款的决定中结束了。然而，我们的结论是，美国仍然可以在 MFE 发展中发挥重要的支撑作用，但前提是必须认识到美国研究要依赖欧洲、日本和俄罗斯联邦的研究活动和决策。因此，进展将取决于保持国内和国际活动的平衡"。

在1996年3月7日众议院科学委员会能源和环境小组委员会的听证会上，康恩作证说，"美国的计划只占世界聚变能源研究的20%左右，这使我们沦为世界舞台上的边缘角色"。他以委员会推荐的2.75亿美元做比较，并说日本每年在核聚变上花费大约4.5亿美元，欧盟每年花费6亿美元。在同一场听证会上，乔·加文批评政府缺乏远见和视野，并呼吁增加聚变支出。他说："聚变支出增加1亿美元，仅相当于单架B-2轰炸机成本的1/14。"DOE能源办公室主任玛莎·克雷布斯告诉委员会，DOE正在改变其聚变计划，"从面向目标的能源技术计划转变为聚变能源科学计划"。她说，DOE"不再会有任何大型建设项目的计划"。DOE将"继续积极参与ITER的工程设计活动，直至其于1998年7月完成"，但"考虑到（美国计划的）财政限制，DOE不会寻求成为ITER装置的东道主"。她还表示，FEAC将更名为FESAC，"其成员构成将进行调整，以反映该计划的科学性质"。DOE从新的FESAC中移除了几乎所有行业人员。新FESAC的成员见表8.2。

表8.2　1996年美国DOE FESAC成员表

约翰·谢菲尔德，ORNL，主席	麦克·诺泰克（Mike Knotek），巴特尔西北太平洋公司实验室
艾拉·伯恩斯坦（Ira Bernstein），耶鲁大学（Yale University）	约翰·林德（John Lindl），LLNL
理查德·布里格斯，SAIC公司（SAIC）	厄尔·马尔马（Earl Marmar），MIT
詹姆斯·卡伦，威斯康星大学（University of Wisconsin）	布鲁斯·蒙哥马利，MIT
帕特里克·科尔斯托克（Patrick Colestock），费米实验室（Fermilab）	马歇尔·罗森布鲁斯，加州大学圣地亚哥分校（UCSD）

续表

梅丽莎·克雷（Melissa Cray），LANL	托尼·泰勒（Tony Taylor），GA
弗雷德·戴尔拉（Fred Dylla），（托马斯·杰斐逊加速器实验室）	内尔明·乌坎（Nermin Uckan），ORNL
凯瑟琳·格比（Katherine Gebbie），国家科学技术研究所（NIST）	斯图尔特·兹韦本（Stewart Zweben），PPPL
理查德·哈泽泰（Richard Hazeltine），得克萨斯大学（University of Texas）	斯图尔特·普雷格，美国物理学会（American Physical Society）
约瑟夫·约翰逊（Joseph Johnson），佛罗里达州农工大学（Florida A&M University）	约翰·戴维斯（John Davis），ANS
查尔斯·卡奈尔（Charles Kennel），加州大学洛杉矶分校（UCLA）	内德·索特霍夫，电气与电子工程师学会（IEEE）

克雷布斯在美国物理学会（APS）1996年1月出版的《APS新闻》上写到："就我个人而言，面对我们所知的下世纪中叶美国和世界能源需求，我认为国会的行动是不明智、愚蠢和悲剧性的。对于许多致力于实现聚变能的人来说，这也是一场灾难。如此规模的削减，如此突然的转向，将给人类和科学留下遗憾；这几乎无法避免。尽管如此，国会还是做了明确表态，其1996财年的资金水平是基于这样的预期，即重组后的聚变科学计划在未来成本中将显著降低。现在不是否认、拖延或相互指责的时候。现在是发挥想象力的时候了。"克雷布斯说，聚变计划必须进行重组，以摆脱基于时间节点的研究模式。

当这些重组事件发生时，我已不再是FEAC的成员。如果我还是FEAC成员，我会强烈支持加文的观点。在1996年6月的《聚变能协会行政简报》中，我引用了作者托马斯·W.麦克奈特（Thomas W. McKnight）的话，"目标和愿景的区别在于，目标有一个明确的时间框架，在这个时间框架内，我们打算采取具体行动来实现这个目标。"美国不再将发展聚变作为能源的目标，它只是一个愿景。

1996年7月2日，西屋研究实验室研发运营部主任、美国聚变工业理事会（FICUS）主席塞缪尔·D. 哈克尼斯博士写信给美国DOE聚变负责人N. 安妮·戴维斯博士，说："事实上，聚变仍然是一个专注于最终产品的能源项目，而不是一个仅仅为了推进等离子体和聚变科学的研究项目。在这方面，我们（FICUS）认为，强调等离子体和聚变科学而不考虑能源属性，将导致国会支持会持续下降。"

尽管磁聚变计划在财政和战略上都遭到了毁灭性打击，但惯性聚变计划作为武器支持的项目却在蓬勃发展（国会预算削减的狂热并未扩大到军事开支）。当国会宣布"与美国的契约"并削减联邦开支时，他们并未打算将其应用于那些与军事有关的项目。DOE的ICF计划属于核武器范畴，作为新命名的"基于科学的库存管理"计划的一部分。ICF被证明是研究核武器物理的一种手段。与此同时，国会在1995财年至1997财年期间将磁聚变计划的资金从3.63亿美元削减至2.3亿美元，并将惯性聚变的资金从1.73亿美元增加至3.67亿美元。在国会阻止继续建造TPX装置并下令关闭TFTR时，他们同时批准了NIF的建造，NIF当时预计成本为11亿美元。

主要进展：Tore Supra，Omega，Z，JET

1996年初，在法国Tore Supra超导托卡马克上工作的科学家们使等离子体放电持续了2 min，创造了新的世界纪录。Tore Supra是世界上第一个带有超导磁线圈的托卡马克。此外，90%的等离子体电流由较低杂波的1.9 MW射频波激励。

同样在1996年，罗切斯特大学的科学家们利用Omega激光器40 kJ能量产生了400 J的聚变能。

1997年，圣地亚国家实验室的科学家使用Z装置，通过驱动7 MA的电流通过圆柱排列的细钨丝阵列，产生柱状箍缩内爆，从而在4 ns脉冲（85 TW）内产生 500 kJ 的 X 光。在 ICF 中，产生高通量 X 射线对于驱动聚变燃料靶丸的对称内爆非常重要。一年后，他们将 Z 装置输出提高到 2 MJ 和 200 TW。

1997 年秋，JET 进行了约 100 次氘氚燃烧实验，实验使用持续时间较长的低功率脉冲，达到约 16 MW 的聚变功率水平，每个脉冲约 1 s，聚变能量约为 22 MJ（见图 8.1）。获得的最大聚变增益为 0.65（$Q=P_{fusion}/P_{heat}$）。JET 在氘氚实验中还开展了 α 粒子加热实验和离子回旋波加热（ICRF）实验。在这一阶段，JET 成功测试了接近 ITER 规模的氚闭循环工厂。此外，通过演示真空腔内组件的远程操作，JET 还对聚变技术做出了重大贡献。

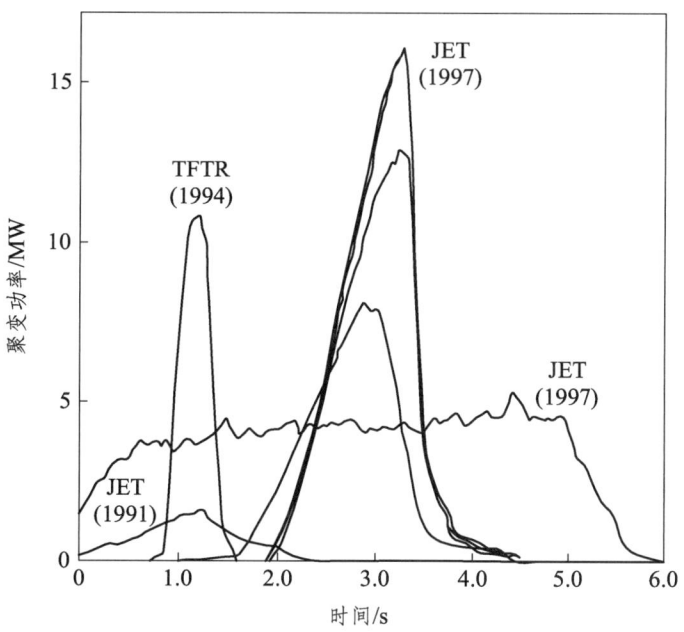

图 8.1　TFTR 和 JET 产生的聚变功率

注：继 1994 年在 TFTR 上产生 10 MW 聚变功率之后，JET 在 1997 年产生的聚变功率达到 15 MW。JET 在 1997 年也实现了持续 5 s 大约 5 MW 的功率输出（由 PPPL 的戴尔·M. 米德提供）。

8.7 托卡马克物理实验装置重生为韩国超导托卡马克先进研究装置

DOE虽未能让国会资助TPX装置，但TPX装置很快在其他地方得以重生并更名。1996年6月14日，韩国科学技术部部长钟昆莫博士（Dr. KunMo Chung）（20世纪60年代初我们同为MIT的研究生）与能源部长哈泽尔·奥利里签署了一项协议，在聚变能源方面进行合作。钟博士宣布，韩国和PPPL将合作设计和建造韩国的一个大型超导托卡马克，它类似命运多舛的TPX装置。韩国将向普林斯顿大学提供资金以协助设计。目前，该装置已经建成并投入运行，名为韩国超导托卡马克先进研究（KSTAR）装置。美国聚变学术界此前确定并提倡的许多研究活动目前正在韩国和其他国家开展。

1998年5月，日本在国立聚变科学研究所开始运行一个新的十亿美元级的仿星器——大型螺旋装置（LHD），旨在"为仿星器聚变反应堆奠定科学基础。"本岛佑司（Osamu Motojima）是LHD实验的负责人，他后来成为了ITER项目的总干事。

8.8 1997年总统科学技术顾问委员会能源报告

比尔·克林顿总统于1997年1月16日致信他的科学顾问杰克·吉本斯，要求"评估目前的国家能源研发现状，并在1997年10月1日前向总统提出建议，说明如何确保美国有能满足下一世纪能源和环境需求的计划"。克林顿说，"分析应该在全球背景下进行，评估应该解决短期和长期的国家需求，包括可再生和先进的裂变和聚变能源选项，以及能源最终使用效率。"PCAST成员约翰·P.霍尔德伦（他之前是加州大学伯克利分校的教授，后移居哈佛）被任命为这项研究的负责人。一个由约翰·阿赫恩（John Ahearne，杜克大学）主持的核评估小组负责处理聚变相关问题。

新的 PCAST 小组在 1997 年 9 月 30 日的报告《面向 21 世纪挑战的联邦能源研发》[81] 引用了 1995 年霍尔德伦主持的前 PCAST 聚变小组的结论。[82] 这份新报告建议全面增加包括聚变在内的大多数能源项目的资金。PCAST 表示，资金增加是必要的，"以缩小当前能源研发计划与应对未来挑战所需计划之间的差距"。对于聚变，小组建议从目前的 2.32 亿美元逐步增加到 2003 年的 3.28 亿美元。他们说，"我们的专家组还重申支持 1995 年 PCAST 建议的具体内容，即（聚变）计划的预算控制策略应围绕三个关键原则：① 一个强大的国内等离子体物理和聚变技术核心计划；② 一项共同资助的国际实验，重点关注点火和适度持续燃烧这个关键目标的科学问题；③ 参与一项为聚变能系统研发的实用低活化材料国际计划"。

PCAST 报告称，"PCAST 能源研发小组认为，目前 2.3 亿美元的资金水平太低；它无力支持美国参与开发实用低活化材料的国际计划；也降低了对 ITER 设计的资助水平；美国最大的聚变实验装置（TFTR）被迫提前关闭；以及取消了美国下一个主要的等离子体科学和聚变实验装置。这也限制了可用于探索替代聚变概念的资源"。

在 1997 年 10 月 3 日的一封信中，16 所大学的校长告诉能源部长费德里科·佩纳（Federico Peña）："聚变能源科学解决具有重要基础属性的学术挑战，并发展具有明显社会效益的应用。大学正在投入学术资源，致力于这一领域的卓越研究和教学"。他们说，"我们担心资金（进一步）削减会危及这一科学领域的科研活力，因此我们写信表达对聚变能源科学的支持"。这封信所代表的大学有奥本（Auburn）大学、哥伦比亚（Columbia）大学、汉普顿（Hampton）大学、MIT、威廉和玛丽大学（William and Mary）、康乃尔（Cornell）大学、里海（Lehigh）大学、纽约大学（NYU）、普林斯顿（Princeton）大学、科罗拉多（Colorado）大学、马里兰（Maryland）大学、得克萨斯（Texas）大学、威斯康星（Wisconsin）大学以及加州大学的欧文（Irvine）分校、洛杉矶分校（Los Angeles）和圣地亚哥（San Diego）分校。

8.9 聚变能路线研讨会

FPA 于 1997 年 8 月 27-29 日主办了一场为期 3 天的研讨会，与会者 65 人。[83] 所讨论的 7 个议题的总结报告如下：

讨论的第一个议题是"如何看待未来市场？"

研讨会总结报告指出，美国的电力市场预计在近期和中期将变得越来越有竞争性，而当前聚变发电站概念设计预测的电力成本高于现在的电站，因此从经济角度来看，目前无法与现有能源竞争。然而，总结报告说，"从长远来看，预测是困难的。像全球变暖或燃料的地域可用性这样的因素有利于核聚变这样的技术"。总结报告称，"尽管聚变能距离实现商业竞争还要等几十年，但聚变学术界寻求与未来客户建立更紧密的联系已为时不早。至少，客户的关注是聚变能获得政治支持所必需的。而且，他们的技术经验对指导我们的项目研发也很有价值"。总结报告评论道，"同样重要的是，世界各地的市场力量各不相同，在其他许多国家，电力行业比美国更受政府控制。美国的一个有利趋势是大型核电站运营公司的出现。这些公司可能更容易接受聚变能"。

讨论的第二个议题是"聚变能是作为电力生产者还是以其他所需产品的供应者进入市场？"

总结报告指出，"聚变能本身和为聚变能开发的技术都有一系列可能的商业和军事应用，其中一些可能会展示出聚变和／或聚变技术的实用性。鉴于电力市场的经济因素，在近期和中期寻求这种应用很重要。同样，出于上述电力市场的原因，尽早与潜在客户进行对话也很重要"。

讨论的第三个议题是"其他燃料循环能与氘氚燃料循环竞争吗？"

总结报告说，"研讨会上提交的材料表明，从物理学的角度来看，其他燃料循环将很难与氘氚循环竞争。如上所述，从经济角度来看，氘氚循环也很难与其他技术竞争。尽管如此，先进燃料可能具有工程、安全和环境优势，因此值得积极开展持续研究，重点在于可与氘氚燃料循环特别匹配的方案"。

讨论的第四个议题涉及托卡马克通向商业聚变能之路。

总结报告说,"托卡马克科学技术基础的发展是一个巨大的成功,将有利于任何磁聚变方案的发展。传统托卡马克的改进以及更重要的衍生物,如球形环(Spherical Torus)装置,很可能产生商业上的成功。ITER 代表着在聚变科学和聚变技术中利用世界主流聚变研究力量的尝试。如果 ITER 着手建设,美国应该努力成为重要的参与者"。

讨论的第五个议题涉及 ICF 实现商业化的途径。

总结报告称,"惯性聚变学术界在实现其方案的过程中做出了卓越的科学和技术研究,并提供了一条潜在的商业化道路。然而,实现商业应用还需要额外的研究,这些研究目前并没有得到武器预算资助。鉴于 NIF 的建设为 ICF 研究带来了重要的机遇,聚变能科学办公室(OFES)应积极开发 IFE 相关技术。所有人都应该努力打破将聚变学术界分为惯性约束阵营和磁约束阵营的壁垒"。

讨论的第六个议题是"通往商业聚变能道路上有前途的非托卡马克磁约束路线"。

总结报告指出,"有大量的方案和方案上的改进,尽管 FEAC 和 FESAC 对总体替代方案进行了评估,但还没有商定流程来确定它们之间的优先次序。应该建立这样一个流程。一些备选方案比其他方案可更多地从托卡马克数据库受益,因此可以加快这些方案的发展。另一方面,如果探索的某些方案与磁环方案交叉,风险就会降低"。总结报告评论说,"尽管美国 DOE OFES 已经宣布增加研究投入,但到目前为止只出现了少量增长,而且控制新项目平衡的流程也尚不清楚。虽然许多方案最初可以在适度的水平上进行探索,但在未来几年,启动大多数方案对预算的影响尚未进行充分考虑"。

最后讨论的主题是"聚变发电站真的需要低活化材料吗?"

总结报告说,"材料对于许多技术的商业成功非常重要,尤其是核技术。聚变需要独特环境中运行的先进材料。因此,材料开发计划对于聚变是必不可少的。低活化是聚变材料的一个理想特性,但其他特性对于技术可行性和经济性可能更重要。因此,需要一个考虑系统平衡的综合计划"。

8.10　告别托卡马克聚变试验反应堆

1997 年是美国主要聚变实验装置——TFTR 在 PPPL 运行的最后一年。TFTR 在 1976 财年预算中获得授权,并在戴尔·米德和后来的理查德·霍利鲁克的有力领导下于 1982 年开始运行。但由于国会削减预算,它最终被关闭了。

在 TFTR 的众多成就中,它率先实现了超过 5 亿摄氏度的"高温状态";实现了密度 - 温度 - 约束时间的劳森三重积记录值;1994 年实现了聚变能和功率的第一个记录值(超过 600 MJ 和近 11 MW);演示了"自举电流",有望在未来实现高效率且稳态托卡马克发电站;对聚变反应产物(氦核)进行了首次测量,并演示了它们的清除过程和聚变反应产物对等离子体的加热;实现了氚燃料的常规运行。1980 年后,虽然国会和行政部门对能源计划普遍缺乏兴趣,但上述所有成就仍在预算减少的情况下实现了。TFTR 的姊妹设施——JET 后来在 1997 年实现了 16 MW 的聚变功率,并运行至今(2012 年)。

8.11　聚变学术界试图重组

在 1998 年 4 月 27 日那周,大约 150 人(大部分来自磁聚变学术界)在威斯康星州麦迪逊市(Madison)出席"下阶段重大实验论坛"。然而,在论坛上,由迈克·坎贝尔(Mike Campbell,LLNL)领导,包括罗杰·班格特(Roger Bangerter,LBNL)、史蒂芬·博德纳(海军研究实验室)和罗伯特·麦克罗伊(罗切斯特大学)在内的惯性聚变学术界成员提出了一项开发商业聚变能源的综合计划(见图 8.2)。他们提出在目标日期——2023 年建造一座惯性聚变示范发电站。

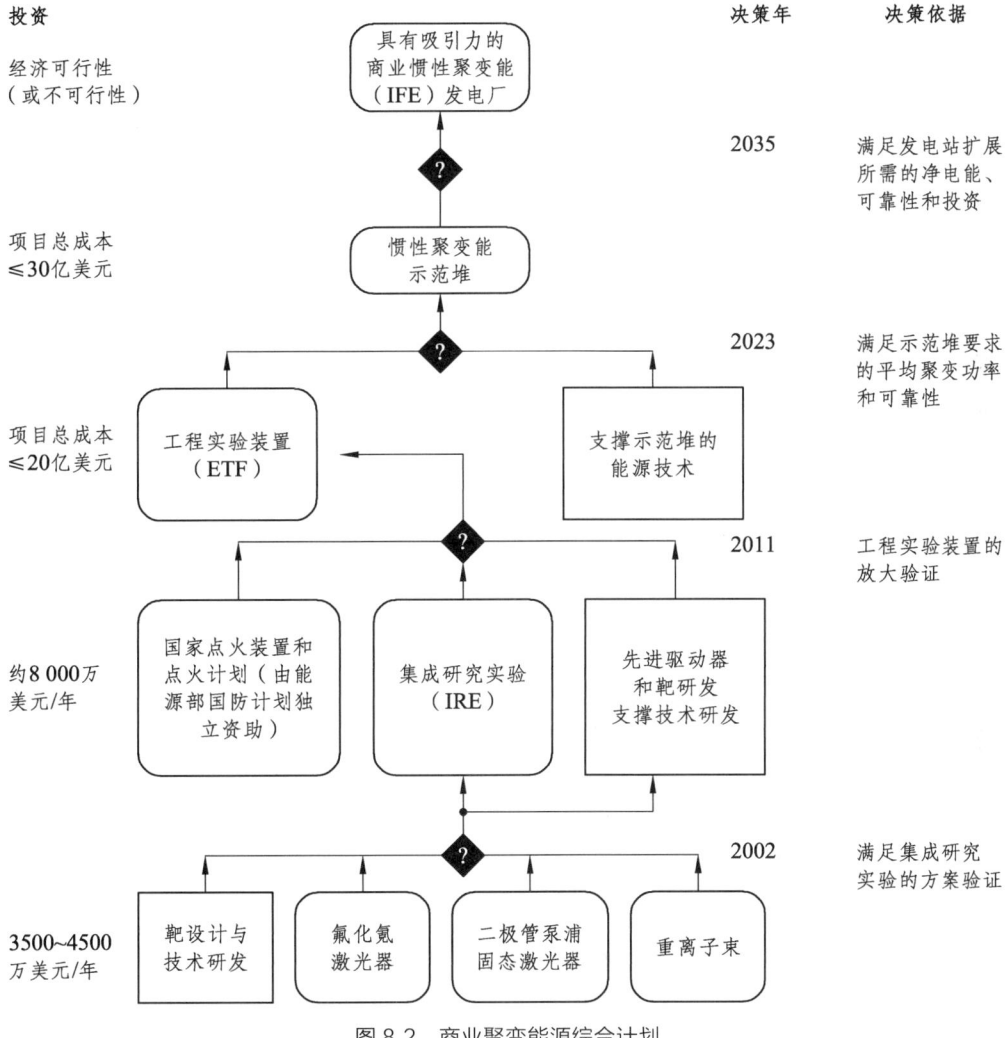

图 8.2 商业聚变能源综合计划

注：惯性聚变倡导者在研讨会上展示的路线图，它展示了惯性聚变发电站的决策日期、装置和项目成本。

惯性聚变学术界提出的"路线图"促使磁聚变学术界的领导者开始以同样的方式进行思考，很快他们也制定了类似的路线图，但没有给出日期或成本（见图 8.3）。

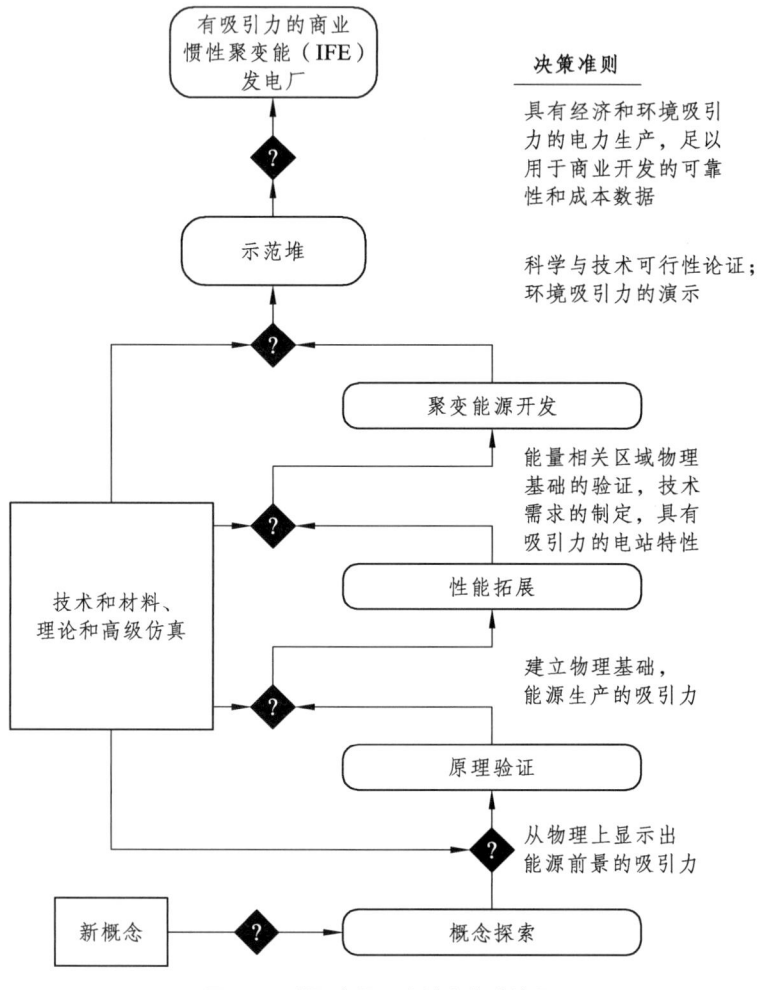

图 8.3　磁聚变倡导者给出的路线图

注：图中无日期或成本。它展示了通向商业聚变发电站的项目阶段。

在美国磁聚变计划中启动了"下一步选项"计划，旨在制定开展"燃烧等离子体"实验研究的计划。

8.12 国会勒令美国退出国际热核实验反应堆合作

1998年夏秋季，美国是否继续参与 ITER 成为一个关键议题。现有的 6 年 ITER 工程设计活动协议将于 1998 年 7 月到期。欧盟、日本和俄罗斯都签署了延长 3 年的协议，但国会建议政府在未经国会批准的情况下不要这样做。众议院通过的 1999 财年拨款法案提醒 DOE，"国会已经非常清楚，除了 1998 财年对工程设计的义务之外，不存在未来参与 ITER 的义务"。众议院科学委员会主席、众议员詹姆斯·森伯伦纳（James Senbrenner，威斯康星州共和党人）个人对 ITER 问题很感兴趣。他在 8 月 7 日给我的一封信中说，"我认为，很明显，按照 1992 年协议的最初设想和具体定义，ITER 将不会被建造。ITER 各方似乎一致认为，需要探索现有设计的替代方案。然而，无论是美国还是国际聚变界，对于这些替代方案应该是什么，以及如何仅通过延长当前为特定项目设计的 ITER 协议来实现目标，尚未达成明确共识"。森伯伦纳的信是对我 7 月 25 日去信的回应，我在信中称，"我已经阅读了你 6 月 25 日写给时任国务卿佩纳（Peña）的信，信中敦促他推迟签署（ITER）延期协议。我请你重新考虑你的观点，并协助副国务卿欧内斯特·莫尼兹（Ernest Moniz）努力争取国会对这一协议延期的批准"。

然而，国会并未让步。1998 年 9 月 22 日，接替佩纳部长的新能源部长比尔·理查森（Bill Richardson）签署了 ITER 协议，将协议延长一年，以便美国有秩序地撤出 ITER 项目。在 1999 财年拨款法案的最终阶段，国会呼吁 DOE "在承诺未来任何磁聚变项目或装置之前，要进行更广泛的评估，以确定美国应该采用哪些聚变技术来实现点火或聚变能源装置"。

8.13 聚变能协会会议：迈向聚变能的高费效比步骤

FPA 于 1999 年 1 月 25-27 日举行了年会暨研讨会。[84] 如上所述，尽管有迹象表明美国正在以 ITER 为契机退出对聚变能源目标的追求，但 N. 安妮·戴维斯博士（美国 DOE 聚变能源科学副主任）告诉参会者，"虽然美国的聚变项目已经从聚变能源开发重组为以聚变科学基础为重点的创新驱动研究，但我们必须保持我们的长期能源愿景"。她说，"重组过程为探索实现这一愿景的高费效比路线创造了机会，在更经济实惠的路线下，提供更好的聚变成果，并使联邦研究基金的投资回报最大化"。她指出，"市场上的一些发展趋势（如化石燃料供应充足，以及可能实现碳捕获技术；发电净成本的降低；以及向相对更小尺寸、更分散的发电设备的发展）可能会让核聚变能难以加入竞争。然而，从长期来看，有几个因素让我们对聚变能的前景感到乐观"。在这些因素中，戴维斯提到，"人们可以想象大型核运营公司的出现，这些公司有长远的眼光，并且由于对核技术相当熟悉，可能会接受聚变能，并将以前的核设施重新改造为聚变设施"。她还说，"环境问题，如气候变化，将持续存在，并可能随着化石燃料的持续燃烧而变得更加严重"。她指出，"从长远来看，全球人口增长、对提高生活水平的渴望以及资源枯竭问题都强烈支持聚变能"。她说，"聚变能在市场上的可行性将取决于其相对于其他竞争性能源的成本、可靠性和发展路线"。

20 世纪 80 年代末，马丁·彭（Martin Peng，ORNL）提出了"球形环"概念，这是一种降低托卡马克聚变装置规模和成本的方法。本质上，这个想法是缩小托卡马克"环形圈孔洞"的大小。从技术上讲，这是通过减小"纵横比"（环形腔半径与约束等离子体半径的比值）来实现的。1999 年初，国家球形环实验（NSTX）装置在 PPPL 即将建成。在 FPA 会议上，GA 的科学家们基于球形环概念提出了一个为期 20 年的聚变发展计划。基于非托卡马克方案的许多其他想法也被提了出来。[84]

8.14　1998—1999 年 能源部长咨询委员会评估

1998 年底，能源部长比尔·理查森（前联合国大使，后任新墨西哥州长）要求 SEAB 成立一个新的聚变小组委员会，审查 DOE 与聚变有关的活动。

由理查德·梅瑟夫（Richard Meserve，后来成为核管理委员会主席）领导的 SEAB 聚变工作小组于 1999 年 8 月 9 日发表了报告。[85] 在向理查森部长递交报告时，SEAB 主席安德鲁·阿西（Andrew Athy）说，"聚变项目必须由强有力的管理层领导，才能够以合理的速度指导项目实现其目标"，并且需要充足的预算，"每年大约 3 亿美元"。强有力的管理方式与磁聚变科学家们两年前刚刚重组并转向以"科学"为重点的管理方式形成了对立。

SEAB 报告说：

"工作小组认为，基本科学问题——即聚变反应是否可以产生足够的净能量增益，并能够维持和控制，从而成为具有商业用途的能源——是可以解决的。除其他因素外，实现这一成就的时间取决于科学家和工程师的创造力、管理技能、资金的充足程度以及国际合作的有效性。"

"尽管如此，聚变能要成为世界能源供应的重要来源，仍然存在重大障碍。为取得进展，需要推进基础科学知识（从控制湍流、优化磁场构型到提高聚变能增益），解决非常困难的材料问题（例如，开发一种能够承受高温和高中子通量的容器），应对艰难的工程挑战（例如，构建一个可靠且可修复的系统），并证明其经济可行性（以一种不会让核聚变成本过高的方式解决这些问题）。克服这些挑战需要多年的不懈努力。尽管需要耗费大量的精力和费用，聚变计划因其独特的能源潜力而值得继续支持。资源短缺和限制燃烧产物对空气的污染最终会要求我们减少对化石燃料的依赖。面对这一现实，DOE 正在明智地推进一系列能源技术，以满足未来的能源需求。事实上，鉴于核聚变的潜力以及全球能源需求增加和化石能源供应最终减少所带来的风险，我们不得不积极追求聚变能源。"

关于 MFE 计划，工作小组表示，他们支持"重新调整该计划的重点"，从"几乎完全专注于在托卡马克中实现聚变能，转向一个更广泛的计划，而且该计划还将探索科学基础和其他约束方法"。他们说："DOE OFES 已经开始扩展聚变研究项目，应该鼓励它继续这项工作。我们认为，DOE 必须参与加强美国聚变研究的国际活动，并就这些问题与国会进行沟通，这至关重要。"

关于 IFE，工作小组表示，"与 MFE 的情况一样，惯性聚变也取得了显著进展。惯性聚变的科学基础已经发展到这样一个程度，即我们有充分的信心，在可行的范围内成功地建造点火驱动器并制备出符合要求的靶丸"。工作小组指出，"一些因素支持重离子束作为 IFE 的驱动技术。"但是"鉴于 IFE 技术的不成熟状态，目前只选择一种驱动技术进行继续探索是不合适的"。他们还表示，应继续利用反应堆研究来指导研究方向和资源配置，并设定进一步投资的目标。

在这份报告中，工作小组指出，"应该努力找出一条合理的道路，以从聚变中获得大量能源"。他们说，"如果聚变能要成为一种实用能源，聚变计划必须识别并及时解决必须克服的重要工程和经济问题，这一点至关重要"。该报告称，"管理层应通过明确、合理的里程碑和目标来恢复公信力，并实现这些目标"。它指出，"考虑到有限的预算、众多的选项以及问题之间的相互联系，将需要对项目进行日益复杂的管理。"工作组的报告呼吁"应用新的管理工具和技术"。它说，"考虑到聚变工作的复杂性，一个综合的项目规划流程是绝对必要的"。报告还指出，"正确管理聚变计划需要一个全面的规划系统：保证项目活动的透明度；提供按绩效管理的方法；鼓励基础性、创新性的科学研究；推动资源规划；将成就与目标联系起来；建立问责制；鼓励培养训练有素的人才；描述活动之间的相互关系，以及实现 DOE OFES 和国防计划中基础项目与实用聚变能源目标之间的整合"。

然而，DOE 对建立强有力的聚变管理风格不感兴趣，更喜欢以对待基础（开放式）科学研究项目的方式对待它。

8.15　1999 年斯诺马斯聚变会议

1999 年 7 月，来自美国和其他 11 个国家的 300 多名物理学家在科罗拉多州斯诺马斯村（Snowmass Village）举行了为期两周的会议，讨论美国聚变能源科学研究计划的现状及其未来。这次会议的正式名称是《1999 聚变夏季研讨会：未来十年聚变能源科学的机遇和方向》。重要的是，会议广泛涵盖了磁约束聚变和惯性约束聚变的研究工作。尽管会议议程并未包含对项目方向的具体决策，但完成的工作对美国聚变计划的发展方向产生了重大影响。

8.16 聚变能源科学咨询委员会对聚变计划优先级及平衡的评论

在 1999 年 9 月 8-9 日的会议上，美国 DOE FESAC 向美国 DOE 科学办公室主任玛莎·克雷布斯提交了关于聚变计划"优先事项和平衡"的建议。一项关键的建议是，即使在目前 2.22 亿美元的资金水平上，也应该将大约 500 万美元从 MFE 转移到 IFE。FESAC 表示，"在 MFE 和 IFE 中实现更加一体化的国家计划（应该）是未来几年的主要规划和政策目标"。他们表示，MFE 计划"目前在其计划子要素之间保持了合理的平衡"，并称该计划"适当强调了稳态、外部控制的构型，如先进的托卡马克和球形环"。然而，他们还说，"为了保持适当的平衡，还必须重视脉冲和/或自组织①设计"。他们参考了 1999 年 6 月在 FESAC 主席约翰·谢菲尔德指导下编写的一份报告"聚变能源科学计划中的机遇"。

玛莎·克雷布斯于 1999 年 12 月初卸任。

8.17 管理和预算办公室的观点

尽管 SEAB、PCAST 和美国聚变界的大多数成员都对聚变能应用表现出明显的兴趣，但聚变能仍然被 OMB 视为一个"科学项目"。在 1999 年 10 月 19 日举行的 FPA 年会上，OMB 聚变预算审查员迈克·霍兰德博士（Dr. Michael Holland）说："从 OMB 的角度来看，我想强调的是，我们认为聚变是一个科学项目，而不是能源技术项目。这意味着我们会依据评判其他科学领域项目（如高能物理、核物理、

---

① 译者注：自组织是指等离子体或磁场在没有外部直接干预下，通过内部的相互作用和动态过程自发地形成有序结构或稳定状态的现象。

基础能源科学）的标准来评判聚变项目。卓越的科学成果是我们所关注的关键绩效指标。我们将聚变科学视为科学计划而非能源技术计划的部分原因是国会最近采取的一些行动，特别是将聚变从能源预算账户转移到科学账户这一举动。"在回答问题时，霍兰德博士发表了以下补充意见："我个人的看法是，聚变科学计划的技术问题应该像我们对待高能物理的技术问题一样来考虑。我们在加速器研发上投入了大量资金，但是我们这样做是为了推进高能物理科学，加速器研发本身不是目的。因此，如果聚变科学项目的技术问题与你试图推进的科学理解相关联，那么我认为这是一项明智的投资。我觉得这是我唯一能想到的分配这部分预算的方法。"

随着90年代这10年（和20世纪）的结束，MFE预算保持在2.3亿美元左右，远低于10年前的3.45亿美元。另一方面，1999年DOE武器类别中的ICF预算为5.08亿美元，而1989年仅为1.64亿美元。这是因为决定建造基于激光器的NIF装置。然而自1998年起，在ICF的总预算中，国会每年拨出2 500万美元用于高平均功率激光器（HAPL）计划，以支持民用能源的开发。在接下来的10年里，美国DOE武器计划坚决拒绝为这一"民用"研究申请资金，声称这超出了他们的武器任务范围，国会也坚定不移地继续提供资金和费用来发展IFE应用。HAPL计划由美国海军研究实验室的约翰·塞希安（John Sethian）领导，但其范围是全国性的。该计划采用了一种综合系统方法来开发激光惯性聚变发电站所需的所有子系统。

8.18　2000年前不会有聚变示范发电站出现

随着20世纪接近尾声，很明显，到2000年，世界不会有1976年计划[24]中设想的一座运行中的聚变发电站。原因有三：美国政府未能提供必要的资金（见图8.4）；美国政府未能承诺建造必要的装置，如聚变工程试验堆；美国DOE未能管理该计划以实现其宣称的实际目标。

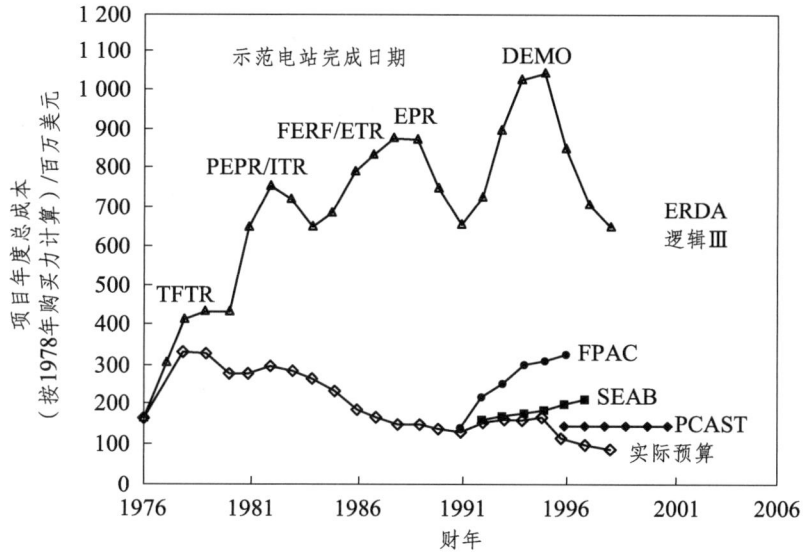

图8.4 聚变计划与聚变项目预算历史

注：1976年计划中逻辑Ⅲ规定的为建成示范电站所需资金与截至1998年实际提供资金的对比。图中还显示了 DOE FPAC、SEAB 的建议，以及 PCAST 提议的资助水平。1976年计划中确定为必要的装置包括：原型实验动力反应堆或点火试验反应堆（PEPR/ITR）、聚变工程研究装置或工程试验反应堆（FERF/ETR）、实验动力反应堆（EPR）和示范电站。

译：程功　校：刘耀远

第 9 章

新千年：科学与能源

（2000—2008 年）

> 目标和愿景的区别在于，目标有一个明确的时间框架，在这个框架内，我们打算做一些事情来帮助实现这个目标。

2000 年春，微软全国广播公司（MSNBC）进行了一项关于核聚变能的在线调查。截至 3 月 27 日，有 8 000 人回应。其中，65% 的人表示，他们相信核聚变能"将在我有生之年带来影响"，25% 的人认为核聚变能"会成为重要的能源，但在我有生之年不会实现"；6% 的人表示，由于"经济或科学"因素，核聚变能"不会带来任何影响"。

尽管美国 DOE OFES 主任 N. 安妮·戴维斯在 1999 年 9 月的 FPA 会议上宣布，她打算让聚变计划继续朝着能源目标前进，但正如我们看到的那样，她的努力遭到了巨大的阻碍。

FPA 刚刚庆祝其成立 20 周年。FPA 的初衷是动员私营企业参与聚变工程和商业化布局。FPA 最初得到了许多行业和电力公司的支持，见表 5.3。但后来他们却改变了初衷，其一是因为在 20 世纪 80 年代政府放松了对公共电力行业的管制，其二是因为缺乏新聚变装置的建设以及美国退出 ITER 从而导致参与聚变研发的行业机会消失，许多私营企业逐渐退出了 FPA。但参与聚变研究的主要国家实验室和大学开始加入 FPA（见表 9.1），并很快成为我们的主要支持者和参与者。无论如何，DOE 确实对 FPA 给予了一定的认可。2000 年 7 月，能源部长比尔·理查森授予我第二个 DOE 杰出助理奖。颁奖词为，"美国 DOE 授予斯蒂芬·迪恩博士杰出助理奖，表彰您在过去 20 年中作为 FPA 的联合创始人和会长为聚变计划做出的诸多贡献。您通过不懈努力将聚变学术界的不同成员聚集在一起，召开专题会议，并努力提高公众的认识和理解"。这些工作有助于使聚变成为国家能源科学领域中的重要内容。

表9.1　2012年FPA单位会员

波音公司（Boeing Company）	加州大学洛杉矶分校（University of California, Los Angeles）
哥伦比亚大学（Columbia University）	加州大学圣地亚哥分校（University of California, San Diego）
通用原子公司（GA）	罗切斯特大学（University of Rochester）
劳伦斯·伯克利国家实验室（LBNL）	得克萨斯奥斯汀分校（University of Texas, Austin）
劳伦斯·利弗莫尔国家实验室（LLNL）	威斯康星大学（University of Wisconsin）
洛斯·阿拉莫斯国家实验室（LANL）	卡拉巴萨斯·克里克研究公司（Calabazas Creek Research, Inc.）
麻省理工学院（MIT）	通用聚变公司（General Fusion）
橡树岭国家实验室（ORNL）	罗格斯技术公司（Logos Technologies）
普林斯顿等离子体物理实验室（PPPL）	Tech-X 公司（Tech-X Corporation）
圣地亚国家实验室（SNL）	伍德拉夫科学公司（Woodruff Scientific, Inc.）
萨凡纳河国家实验室（Savannah River National Laboratory）	谢弗公司（Schafer Corporation）

9.1　国家能源政策发展小组

2000年11月，美国前总统老布什的儿子小布什（George W. Bush）赢得了美国总统大选，接替比尔·克林顿成为总统。他的首批政令之一是建立了一个由副总统迪克·切尼（Dick Cheney）领导的国家能源政策发展小组（NEPDG），这给了美国聚变界希望。我准备了一份关于聚变和能源政策的声明，由聚变学术界内外190人签署[87]，并于2001年2月5日递交给能源政策发展小组。该声明敦促能源政策发展小组，"除了采取行动解决当前的问题，我们敦促你们通过创建和资助一项重点研发工作来满足国家的长期能源需求，以扩大我们未来的商业能源选项"。声明指出，"我们主张扩大并持续能源研发工作，为美国和世界提供21世纪所需的能源。这项工作的重点应该是提供新的经济和环境上可接受的能源技术，以提高能源最终使用效率、实现化石燃料的清洁燃烧和改进核裂变技术，并提供成本更低、效率更高的可再生能源选项。从长远来看，我们敦促加速发展聚变能源"。在3月26日的回信中，新能源部长斯宾塞·亚伯拉罕（Spencer Abraham）表示，"正如我在1月份的任命听证会上指出的那样，我坚定致力于制定一项能源政策，包括以对环境负责的方式增加国内能源生产，增加我们对可再生能源的利用，减少我们对进口石油的依赖，以及开发新技术来减少与能源相关的污染"。他说，"美国DOE OFES致力于提供经济和环境上有吸引力的能源所需的知识，进而提升我们对等离子体科学和聚变科学的理解，这是我们科技工作的重要组成部分"。能源政策小组的另一名成员、财政部长保罗·奥尼尔（Paul O'Neill）也回应称，"我同意能源供应是一个长期问题，研发是该行业长期健康发展的关键因素。我知悉聚变能的前景。我们将在未来制定有效的前瞻性能源政策时牢记这一点"。

2001年5月17日，布什总统发布了国家能源政策发展小组报告。尽管该报告侧重于短、中期能源，但也提到了聚变能，称"NEPDG建议总统指示能源部长开发下一代技术——包括氢能和聚变能"。

该报告指出："聚变能——太阳的能源，具有作为丰富、清洁能源的长期潜力。所有国家都可以大量获得足够成千上万年使用的基本燃料——氘（一种重氢）和锂。核聚变不产生温室气体。聚变产生的放射性废料寿命很短，只需要掩埋和监管100年左右。此外，系统中任何时候都只有少量燃料，因此不存在堆芯熔毁事故的风险。

最后，由于聚变能不需要铀和钚等特殊核材料，因此核扩散的风险很小。聚变系统可为基于氢和燃料电池的能源供应链提供能量，也可以直接提供电力。"

"尽管还处于早期发展阶段，聚变研究已经取得了一系列进展。20 世纪 70 年代初，聚变研究达到了在 0.01 s 内产生 0.1 W 聚变功率的里程碑。如今，聚变产生的功率要大一百亿倍，并在实验室演示了 1 s 内产生超过一千万瓦功率的能力。"

"在国际上，欧洲、日本和俄罗斯正在努力制定建造大规模聚变科学和工程试验装置的计划。这些测试装置有朝一日可能能够稳定产生数百兆瓦的聚变功率。"

"只有氢和聚变技术取得重大进展，聚变能才能成为可行的能源。而过去十年取得的技术进步和即将取得的进步有望改变遥远未来的能源结构。"

9.2　国家科学院关于聚变科学研究质量的报告

2001 年春，美国国家科学院发布了一份关于美国聚变计划科学质量的报告。该报告由 DOE 于 1998 年 4 月授意启动。最终报告《能源部聚变能源科学计划办公室的评估》[88]指出，"因此，（科学院）委员会认为，美国聚变研究计划寻求从聚变中获取实用的能量来源（聚变能目标），该计划资助的科学研究在质量上显而易见能与当代物理科学其他前沿领域的研究相媲美。"斯克里普斯海洋学研究所（Scripps Institution of Oceanography）所长、美国宇航局前副局长查尔斯·卡奈尔博士担任科学院委员会主席。

尽管这份报告的标题可能会让人误认为整个聚变计划都经过了评估，但事实上它的范围仅限于聚变科学。该报告在其前言中承认："该报告侧重于磁约束等离子体科学以及在这一领域的长期发展战略，并没有直接涉及惯性约束等离子体……此外该评估也没有直接涉及由聚变能源科学计划资助的相关特定技术开发和工程研究……因为委员会选择将重点放在聚变能源科学计划中的基础物理研究上。"尽管如此，委员会还是发表了看似毫无根据的评论："一个明显的理由是，聚变能源科学计划围绕关键科学目标来组织，它将最大限度推动聚变能源向实用化发展。"然而，报告中没有任何地方试图证明这一点。相反，该报告承认，"根据职责，委员会没有审视与聚变基础技术发展相关的许多关键路线问题，也没有审视涉及聚变能源装置和发电站的工程问题，但科学和工程共同进步的速度将决定朝着能源目标前进的速度"。

9.3 燃烧等离子体物理

随着 21 世纪前十年的开始，美国聚变工作的重点逐渐被明确为"燃烧等离子体物理"研究，而不是以聚变电站为目标的一种均衡的科学技术研究。

MIT 的固体物理学家米尔德里德·德雷斯豪斯（Mildred Dresselhaus）取代玛莎·克雷布斯担任 DOE 科学办公室主任，得克萨斯大学的聚变等离子体理论物理学家理查德·哈泽泰取代约翰·谢菲尔德（ORNL）担任 FESAC 主席。

大学聚变协会（UFA）在得克萨斯大学（2000 年 12 月 11-13 日）和 GA（2001 年 5 月 1-2 日）举办了燃烧等离子体科学研讨会。这些研讨会的主要推动者包括杰拉尔德·纳夫拉蒂尔、罗纳德·帕克（MIT）、穆罕默德·阿卜杜（加州大学洛杉矶分校）和法鲁克·纳杰马巴迪（加州大学圣地亚哥分校）。研讨会讨论了与燃烧等离子体物理相关的科学问题，以及在 10 年内建造一个可用于开展此类实验的装置的技术要求。

研讨会之后，大学聚变协会发表了以下声明：

"燃烧等离子体（BP）实验将大大加强美国聚变能源科学计划。TFTR 和 JET 上的实验产生了类似反应堆状态的等离子体，并达到了接近盈亏平衡的条件（即 $Q \to 1$）。这些实验中的 α、β 粒子和高能粒子的加热效应类似于反应堆，使得燃烧等离子体物理特性首次得以研究。这些使用托卡马克磁构型的实验结果（$Q \to 1$）使我们相信 $Q>5$ 实验极为可行。产生强自加热聚变等离子体将有助于研究许多新现象。（我们）将研究和控制聚变 α 产额、α 加热维持的压力传播、边界等离子体行为之间的非线性耦合以及聚变点火瞬态现象。对阿尔芬波（Alfven wave）动力学、高能粒子对无碰撞重联的影响以及质子和α粒子加热的额外研究也将对空间和天体物理等离子体物理产生影响。"

"虽然聚变研究已经为BPX做好了准备，但建造一个高性价比的反应堆还需要更多的等离子体物理知识。实用反应堆需要更经济的托卡马克或更高性价比的构型，而这两者都有赖创新（技术或设计）。BPX将开辟新的科学研究领域，使我们朝实现聚变能的目标更进一步。而且如果证明燃烧等离子体可以在托卡马克构型中实现，那么许多相关的磁构型也必然适用。此外，这一成就还将激发聚变能实用化所需的创新性工程与技术的开发。最后，高 Q 状态下的实验将带来新的发现，从而大力推动聚变能实用化发展。大学聚变协会支持对潜在的BPX的探索，并主张这是美国聚变能源科学计划的下一个重要目标。"

"美国聚变能源科学计划的重点是通过探索广泛的磁约束构型来发展实用聚变能源所需的科学和技术基础。正在研究的每个创新性约束概念都有利于提高聚变发电系统的经济性和/或可靠性。目前，该计划还包括基础等离子体科学、等离子体理论、计算等离子体物理、系统研究和技术研究，这些对于发展新的认识，推动实用聚变和等离子体的其他应用至关重要。这一基础计划对于推进关键科学和技术、发展更高性价比方案以及充分利用BPX所取得的成果也至关重要。因此，必须显著增加聚变预算来资助BPX。然而美国聚变能源科学计划在1996年被大幅削减预算后，过去几年的经费又相对持平，这导致基础计划经费严重不足。因此，大学聚变协会支持更快实现聚变能的经费平衡计划，需要增加基础计划和BPX的经费。"

2000年10月，德雷斯豪斯要求FESAC"明确燃烧等离子体物理的科学问题"。她说，"多年来，美国磁聚变界已经认识到燃烧等离子体物理是聚变研究的下一个前沿领域。在过去20年，该计划在国际和国内进行了多次尝试，以推进托卡马克实验装置的设计和建造，并在此类装置中探索燃烧等离子体科学"。她指出，"由于各种原因，所有这些尝试都失败了"。她要求（FESAC）在2001年7月21日前提交报告。

杰弗里·弗莱德伯格教授（Jeffrey Freidberg，MIT）主持了 FESAC "燃烧等离子体评估小组"。评估报告得到了 FESAC 的认可，并于 2001 年底提交给了 DOE。FESAC 表示，"FESAC 完全赞同燃烧等离子体小组的意见。我们尤其同意该小组提出的建议，即 BPX 将带来巨大的科学和技术回报。我们也同意，目前的科学理解和专业知识使人们相信，这样的实验无论多么具有挑战性，都会成功"。FESAC 建议聚变界在 2002 年夏举办一次"斯诺马斯"研讨会，"对规划的 BPX 设计进行关键的科学和技术审查"。

美国对建造燃烧等离子体物理实验（装置）重新产生兴趣，部分原因是不确定 ITER 是否真的会进行建造，以及美国已经退出 ITER 伙伴关系。无论如何，国会和政府对 ITER 的态度正在改变。

主要进展：DⅢ-D

2001 年 7 月 2 日，在 GA 从事 DⅢ-D 托卡马克研究的科学家宣布了一项重大科学进展，称他们"通过非常迅速地旋转热核聚变燃料，将聚变能源装置中常规压力上限提高了近一倍"。他们指出，"聚变燃料中的高压至关重要，因为聚变反应释放的能量随着燃料压力的增加而迅速增加"。他们说，"这些结果是朝着可行的、经济的和有吸引力的可控聚变发电迈出的重要一步"。哥伦比亚大学、PPPL 与 GA 科学家合作开展了这些实验。

9.4 国际热核实验反应堆崛起？

2001 年 11 月 1 日，众议院科学委员会主席舍伍德·博勒特（Sherwood Boehlert，纽约州共和党人）和小组委员会主席拉尔夫·霍尔（Ralph Hall，得克萨斯州共和党人）写信给能源部长斯宾塞·亚伯拉罕，"极力建议你开始派代表参加关于 ITER 的国际讨论，如你所知，这是一项重大的聚变研究计划"。这些国会议员表示，"显然，时间对于 ITER 计划至关重要，美国应该开始评估该计划的可行性，评估美国在其中可能发挥的作用，并参与讨论以完善该计划并选择一个（建造）地点"。他们说，"如果我们不尽快开始考察ITER，我们可能会失去作为合作伙伴加入的机会"。

大约在同一时期，小布什（George W. Bush）总统任命雷蒙德·L. 奥巴赫（Raymond L. Orbach）为DOE科学办公室主任。当时，凝聚态物理学家奥巴赫是加州大学河滨分校的校长，他很快成了ITER的拥护者。2001年，当总统和他的科学顾问约翰·马伯格（John Marburger）与欧洲、日本和俄国的国际同行会面时，他们不断被问及为什么美国不参加ITER。自然这导致了美国对是否参与ITER的重新审查。

2002年1月3日，能源部长亚伯拉罕回复了众议员博勒特和霍尔2001年11月1日的信。他说，"我已经同意审查当前摆在我们面前的ITER选项，并根据总统的国家能源政策，确定它是否适合美国DOE和国家（需求）"。他指出，"政府的其他代表也已经要求DOE审查其对于ITER的现行政策"。在一项相关研究中，英国科学杂志《自然》评论称，"任何对长期可持续能源的真正研究都必须包括对核聚变的全面技术评估"。他们说，"布什（总统）最好花钱重新加入ITER，并帮助它成为科学合作的典范"。在同一期《自然》杂志上，科学作家杰夫·布鲁姆菲尔（Geoff Brumfiel）引用布什的科学顾问约翰·马伯格的话说，"我认为我们绝对应该重新考虑参与（ITER）"。

2002年5月2日，在底特律举行的八国集团能源部长会议上，能源部长斯潘塞·亚伯拉罕的部分发言如下："先进技术和科学贡献在我们未来的能源计划中发挥着至关重要的作用。除了氢燃料电池等有前途的创新技术之外，总统还急于加快聚变能作为一种实用能源的发展。我们目前正在美国和世界各地就如何最好地开展聚变计划进行认真的磋商。布什总统对ITER国际合作项目的潜力特别感兴趣，并要求我们认真考虑美国的参与。这一重大的国际合作将回答一个关键的科学问题：聚变反应——为太阳提供能量的反应，能在地球上被利用来造福全人类吗？"

9.5 美国聚变研究 50 年

美国于 1952 年正式开始了它的聚变计划——舍伍德计划。2002 年初，ANS 杂志《核新闻》的编辑们让我写一篇文章，总结美国聚变研究 50 年的历史。我的文章发表在 2002 年 7 月的期刊上。[89] 在这篇文章中，我评论到，"证实可以进行聚变能工程开发已经 20 多年了，但是一个意志薄弱的政府一直不愿意管理和资助这个计划，来实现其宣称的实际目标"。

9.6 高平均功率激光器计划

从 1998 年末开始，国会不断敦促 DOE 资助旨在通过 ICF 实现民用聚变能的研究。ICF 由美国 DOE 的武器计划资助和管理，DOE 坚定地声称这种民生应用不在他们的"任务"范围内。ICF 的民用研究要求重复点燃（也许每秒十次）填装聚变燃料的小靶丸，并不是每天一次或几次，而后者对于武器实验来说已经足够了。尽管有几种方案（称为"驱动器"，如重离子加速器、Z 箍缩装置、激光驱动器），但国会选择了激光驱动器，并从 1999 财年开始连续十年，每年向 DOE 武器计划提供大约 2 500 万美元。1999 财年后，DOE 每年都未申请资金来继续这项工作，而国会每年都会为此增加资金。这个计划叫作高平均功率激光器（HAPL）计划。这是一项全国性的研究，美国海军研究实验室的约翰·塞希安出色地完成了协调工作。

2001 年举办了三次 HAPL 研讨会，2002 年初又举办了一次。在 2002 年 4 月 4—5 日的研讨会上，塞希安将该计划描述为"一个协调一致、重点明确的多实验室合作计划，旨在基于激光器、直接驱动靶和固体内壁靶室，开发激光聚变能源的科学和技术"。他说，"该计划采用了'系统方法'，以便同步开发关键组件"。事实上，这与美国 DOE 科学办公室磁约束聚变计划的管理方法形成鲜明对比，后者自 20 世纪 90 年代中后期开始，采用了首先关注于科学研究的串行方法。

9.7　2002年聚变夏季研讨会

2002年7月中旬，包括30多名非美国参与者在内的280多名聚变研究人员（大部分来自磁聚变界）在科罗拉多州斯诺马斯举行了为期两周的会议。研讨会的重点是确定"下一步"装置的选项，特别是那些旨在研究"燃烧等离子体"的装置。目前已经提出了三种磁聚变装置：一种称为点火器的强场铜磁体托卡马克，另一种称为聚变点火研究实验（FIRE）的先进强场铜磁体托卡马克，第三种是工程反应堆ITER。（会议）还讨论了IFE领域的进展和计划。研讨会小组倾向于FIRE或ITER，与被视为国际装置的ITER相比，FIRE是由美国主导的装置，成本更低，反应堆特征更少。

对于惯性聚变，夏季研讨会指出，LLNL建造的NIF"预计将产生燃烧的惯性聚变等离子体"。

夏季研讨会之后，DOE FESAC组建了一个特别小组（也称奥斯汀小组），进一步考虑磁燃烧等离子体装置的备选方案，我是该小组的成员。该小组于8月6-8日在得克萨斯州奥斯汀（Austin）举行会议。随后9月11—12日，FESAC的全体成员在马里兰州盖瑟斯堡（Gaithersburg）召开了正式会议。

奥斯汀小组的报告得到了FESAC全体认可。ITER建设的总成本估计为50亿美元，奥斯汀小组建议美国出资5亿美元。如果美国对ITER的出资是以增加美国当前聚变预算来实现的，那么奥斯汀小组对ITER的支持度高于FIRE。根据这一假设，该小组的报告指出，"我们现在应该争取加入ITER谈判，目标是成为该项目的合作伙伴"。该小组和FESAC表示，"期望的角色是美国作为合作伙伴参与所有活动，包括全面参与项目和计划的管理"。FESAC主席理查德·哈泽泰将FESAC的建议转达给了美国DOE科学办公室的新主任雷蒙德·奥巴赫。

在政府考虑美国是否应该重新加入ITER时，奥巴赫和乔治·布什总统的科学顾问约翰·马尔伯格要求FESAC将ITER置于能源发展战略的背景下加以考虑。在2002年9月11-12日的FESAC会议上，奥巴赫要求FESAC"制定一个计划，其最终目标是大约在35年内开始运行一个示范发电站。"他说，该计划"应该考虑世界各地所有聚变装置的能力，包括MFE和IFE，因为MFE和IFE都为推进聚变能提供了重要条件"。奥巴赫说，他希望在2个月内制订一个初步计划，因为他希望"在12月中旬之前向总统提供从现在到未来聚变能的完整科学前景"，并"在2003年3月之前制订一个最终的详细计划"。他说，"这是聚变计划的历史性时刻"。

FESAC成立了一个小组来准备聚变能源计划。PPPL主任罗伯特·戈德斯顿领导这个小组，而我是其中一名成员。表9.2列出了全部小组成员。该小组于10月3—4日在普林斯顿、10月28—31日在利弗莫尔、11月15—17日在佛罗里达州奥兰多（Orlando）举行了会议。并在2002年11月25—26日于马里兰州盖瑟斯堡（Gaithersburg）召开的会议上，小组向FESAC提交了中期报告。

表9.2　FESAC 35年计划的小组成员

罗伯特·J.戈德斯顿，主席	格兰特·洛根
穆罕默德·阿卜杜	凯瑟琳·麦卡锡（Kathryn McCarthy）
查尔斯·贝克	法鲁克·纳杰马巴迪
迈克·坎贝尔	克雷格·奥尔森（Craig Olson）
文森特·陈（Vincent Chan）	斯图尔特·普雷格
斯蒂芬·迪恩	奈德·索特霍夫
阿曼达·哈伯德（Amanda Hubbard）	约翰·塞希安
罗伯特·奥蒂（Robert Iotti）	约翰·谢菲尔德
托马斯·贾布（Thomas Jarboe）	史蒂文·津克尔（Steven Zinkle）
约翰·林德	

聚变学术界非常欢迎奥巴赫的评论和他实现能源目标的计划。他们希望这标

志着聚变研究向能源目标的回归,并有一个(建设)示范发电站的时间表。唉,他们(再次)失望了。

9.8 另一个科学院聚变审查小组

2002年9月17—18日,美国国家科学院在华盛顿特区召开会议,开始对聚变计划进行新一轮评估。这个评估是以科学为导向的。新委员会的名称是"燃烧等离子体评估委员会"(BPAC),由约翰·埃亨(西格玛·赛中心)和雷蒙德·丰克(威斯康星大学的等离子体物理学家,后来成为美国DOE聚变计划主任)共同主持。

2002年11月18日,总统科学顾问约翰·马伯格就"政府对和平探索核聚变能相关问题的看法"向BPAC发表讲话。他说,"首先,本届政府支持核聚变发电的概念。我们由聚变科学计划转向聚变装置工程计划越快,就越容易创造有利的经济条件,来加速实现实用的聚变电站"。他接着说,"核聚变的前景如此宏伟,不容被忽视——但我们也明白,这句话已经说了50年了"。马伯格又说,"我认为聚变界已经充分证明,BPX是聚变研究必不可少的下一个科学进程。我相信,没有BPX,就没有可预见的实用聚变能途径"。他补充说,"(一个)同样重要的研究是寻找商业上最优的约束技术"。他最后说,"只有在第一个问题——产生燃烧等离子体得到解决后,其他问题,如开发能够承受14 MeV中子的材料或包层设计技术才变得重要"。

作为决定是否重新加入ITER进程的一部分,奥巴赫委托DOE对ITER的成本估算进行了内部评估。DOE评估委员会得出结论,"ITER小组已经根据完善的管理和工程原则编制了一份完整的成本概算,这作为确定缔约方对ITER建设的相对贡献的依据是可信的"。该委员会表示,他们估计的ITER成本概算为50亿美元(以2002年不变美元计算),成本概算"得到了设计和研发成果的支持,这些成果对于面临建设资金决策的科学项目来说非常全面"。

9.9 美国重新加入国际热核实验反应堆项目

2003年1月，小布什总统发表声明说，"我很高兴宣布，美国将加入ITER，这是一个宏大的国际研究项目，旨在开发聚变能源的潜力。ITER的成果将推动在21世纪中叶生产清洁、安全、可再生和商业化的聚变能源研究。核聚变能的商业化有可能大幅提高美国的能源安全，同时大幅减少空气污染和温室气体排放"。DOE的一份新闻稿称，"美国在（估计50亿美元）建设成本中的份额预计约为总额的10%"。1月30日，美国能源部长亚伯拉罕对PPPL的聚变研究人员发表讲话时说，"但我必须明确，我们加入ITER的决定绝不意味着我们在国内承担的聚变项目的作用会降低。我们必须保持和加强我们在普林斯顿、其他大学和其他实验室中强大的国内研究项目。美国需要在建设ITER的同时进行关键科学研究，以加强我们在聚变技术方面的竞争地位"。

9.10　35年计划

2003年3月，由罗伯特·戈德斯顿主持的FESAC小组提交了美国DOE科学办公室主任雷蒙德·奥巴赫此前要求的"35年计划"。总统的科学顾问约翰·马伯格也对该计划提出了需要，他的欧洲同行告诉他，在欧洲聚变研究中存在类似的计划。FESAC 35年计划设想在未来15年内，以大约100亿美元的总成本，对MFE和IFE方法及相关技术进行广泛投资。届时，将选定第一代聚变发电站的概念，并在接下来大约20年进行重点开发。[90]

该计划要求在2004财年启动开发工作，预算为3.32亿美元，但最近提交的2004财年总统预算申请（中聚变计划预算）仅为2.57亿美元。为了实施该计划，需要持续增加聚变预算，到2008年要增至约5.7亿美元，并在2013年左右达到约9亿美元的峰值。该计划指出，"为了实现35年计划的目标，该计划必须由强有力的管理层来指导。考虑到预算有限、选项众多以及问题之间的相互联系，还需要对 35 年计划进行越来越复杂的管理"。

当 FESAC 被要求编写（35 年）计划时，聚变界认为政府对聚变能源开发非常感兴趣。我们被告知，这样一个计划是必要的，以便总统能够理解重新加入 ITER 决策的背景。然而，事实证明，（重新加入）ITER 的决定是在计划完成之前就做出的。因此，当计划提交时，它被认为是不必要的，随后被忽视了。更糟糕的是，尽管美国 DOE OFES 2004 财年预算文件包含了 1 200 万美元以重启美国 ITER 计划，但这是以基本取消其他所有面向能源的聚变项目为代价的。

在 2003 年 3 月 5-6 日的会议上，FESAC 对 2004 财年预算提案中提出的聚变技术经费削减表示失望。在 3 月 5 日的一封信中，FESAC 主席理查德·哈泽泰告诉 DOE 科学办公室主任雷·奥巴赫，"对某些项目要素的破坏性削减令人担忧；这封信表达了我们最严重的关切"。哈泽泰说，"2024 年总统（预算）申请书中的聚变能源科学预算令 FESAC 成员震惊。FESAC 对 2004 财年取消核聚变技术的预算感到困惑。这一削减将严重影响我们参与 ITER 以及其他燃烧等离子体的研究活动"。他补充到，"对未来能源系统的研究是聚变研究的核心组成部分。最终聚变发电站的概念设计有助于我们将目标具体化，同时使我们能够确定（其中）关键的科学挑战。随着能源目标越来越成为聚变研究的核心，此类系统研究提供了很重要的见解。然而，2004 财年预算大大减少了对这类研究的资助"。哈泽泰进一步指出，"关于燃烧等离子体的新计划，FESAC 强调了在计划中保持科学和技术广度的重要性。能源部长在最近关于美国参与 ITER 的声明中再次强调了这一点。然而，FIRE 的资助已被取消，而 FIRE 是一项国内 BPX，可以为 ITER 提供一种替代方案。同样，IFE 也是美国平衡的聚变计划的一个重要组成部分，它是 MFE 的主要替代方案，并利用了 NNSA 在 NIF 中的投资。然而，2004 财年的预算取消了 MFE 和 IFE 的靶室技术"。这封信的末尾写到，"总之，FESAC 发现，总统在 2004 财年预算申请中的核聚变研究经费不仅微不足道，而且严重失衡，它终止了计划中真正重要的部分。核聚变研究被迫接受了新的挑战，并确定了新的优先事项，以符合总统的既定规划；核聚变科学家希望继续这项工作。我们需要的是拨款能够匹配在研项目的规模和性质"。

大学聚变协会（UFA）给众议院拨款委员会能源与水资源委员会递交了一封信，敦促他们在总统 2004 财年的预算申请中增加 2 500 万美元。信中说，"在没有额外资金的情况下，以目前 2.57 亿美元的预算申请（与 2003 财年的申请相同），还要在 2004 财年对 ITER 进行必要的资金投入，这将会破坏美国聚变计划中基础科学和技术方面的关键发展能力"。信中提到，"在 2004 财年和随后的几年里，随着我们推进 ITER 项目，必须提供必要的额外资金，以确保有一个强大的美国聚变计划来参与和利用我们在 ITER 取得的进展。"国会最终在总统的申请中增加了 680 万美元，并规定其用于"国内计划中与 ITER 无关的项目。"国会还将 DOE 提议的 ITER 投资从 1 200 万美元减少到 800 万美元。

2003 年 5 月 5 日，白宫 OSTP 中负责物理科学和工程的助理主任帕特里克·鲁尼（Patrick Looney）在国家科学院 BPAC 的演讲中明确表示，美国政府对 35 年计划或任何生产聚变能的计划都不感兴趣。他告诉委员会，"没有确定的聚变能源开发时间表"。尽管他承认布什总统在重新加入 ITER 时曾表示，"ITER 的成果将推动 21 世纪中叶生产清洁、安全、可靠和商业上可用的聚变能源的研究"，但鲁尼说，"总统的推测有很大的弹性，并不意味着会按时间表完成"。此外，他还说，"这是能源科学，不是（绝对不是）能源技术"。他表示，美国加入 ITER 谈判的决定并不是更广泛的核聚变计划的一部分。他说，"（重新加入）ITER 的决定并不意味着对其他聚变相关计划的认可"。他补充到，"由于 ITER 的建设要到 2006 年才开始，所以在 2006 财年之前，整体预算将保持中性。如果美国加入 ITER，美国将不会领头"。"美国在选址问题上是绝对中立的。美国无意为 ITER 提供场地"。从积极的一面来看，鲁尼说，"ITER 为美国科学家提供了使用世界上最精密的 BPX（平台）的机会"。

另一方面，能源部长斯宾塞·亚伯拉罕在 2003 年 7 月 29 日的参议院能源和自然资源委员会听证会上说，"也许在 20～30 年后，我的继任者可以在这个委员会上，解释我们今天所做的投资最终是如何获得回报的。这位未来的能源部长会怎么说？我希望他或她能说，在 ITER 实验成功完成后，我们现在准备考虑建造一个示范聚变发电站，并向电网输送电力"。

9.11 燃烧等离子体评估委员会报告

2003 年秋，国家科学院 BPAC 发表了题为《燃烧的等离子体：将一颗恒星带到地球》的最终报告。这份长达 170 页的报告得出结论，"推进聚变科学迫切需要开展 BPX"，但"在预算不变的情况下，无法进行 BPX"。几个月后，总统向国会提交了他的 2005 财年预算申请，要求拨款金额（2.64 亿美元）与 2004 财年相同。然而，在这笔固定预算内，DOE 提议向 ITER 提供 3 800 万美元（比 2004 财年增加 3 000 万美元），并再次表示打算终止其他所有核聚变技术项目。预算文件还指出，OFES 打算将其惯性研究从支持 IFE 技术转向支持以科学为导向的高能量密度实验室物理（HEDLP）研究。

BPAC 建议将 ITER 作为美国核聚变计划的一个组成部分，而不是将其与美国国内计划分开考虑。他们说，"制订一个战略上平衡的美国聚变计划应该包括美国对 ITER 的参与、强大的国内聚变科学技术实力、综合的理论与模拟计划以及对等离子体科学的支持"。他们建议美国应该参加 ITER，但是"如果谈判失败，美国应该尽快继续与国际伙伴一起（在国内）进行 BPX"。他们评论说，"随着 ITER 项目的发展，除了承诺直接投入 ITER 建设资金外，还需要大幅增加聚变科学计划的经费"。

DOE 科学办公室主任雷·奥巴赫随后要求 FESAC"确定需要解决的主要科学和技术问题，建议如何组织活动来解决这些问题，并给出这些活动的优先顺序（至 2014 年）"。FESAC 成员查尔斯·贝克（加州大学圣地亚哥分校）被要求主持 FESAC 评估小组，并于 2004 年 7 月提交报告。斯图尔特·普雷格（美国威斯康星州）为小组副组长。奥巴赫表示，FESAC 可以假设"ITER 建设的经费是独立于国内（聚变）计划的经费"。然而，在总统2005财年预算于2004年初公布后，很明显，ITER的经费实际上是从国内计划中划拨的。此外，奥巴赫明确表示，他认为聚变是一门科学而不是一个能源项目。在给约翰·林德（LLNL的惯性聚变科学家）的信中，奥巴赫在解释对聚变技术计划的削减时表示，"真正的问题是我们的聚变能源科学计划应该在多大程度上成为一个能源开发计划。政府在这个问题上的立场是，无论是MFE还是IFE，现在都不是我们投资聚变能源相关研发的正确时机"。奥巴赫说，"对于MFE，与能源相关的技术研发经费取决于ITER的结果。同样，对于IFE，我们在实现点火和增益之前，不会投资能源应用所需的技术。在我们确信自己理解核聚变科学之前，进行所需技术开发的投资将承担不可接受的风险"。

主要进展：Z、OMEGA、LHD

2003年春，圣地亚国家实验室的科学家们成功地用Z脉冲功率装置产生的X射线压缩了一个装有聚变燃料的靶丸。尽管之前已经利用激光在黑腔内产生的X射线成功地进行了此类压缩实验，但这是首次成功使用Z脉冲功率装置产生的X射线开展此类实验。Z箍缩具有成本相对较低的特点。（圣地亚）还构思和评估了这种重复脉冲聚变发电站的概念。克雷格·奥尔森（Craig Olson）领导的一项为期数年的研究设计出了每10 s一次脉冲的高产额惯性聚变发电站。图9.1中显示了两种靶设计。

2004年4月，罗切斯特大学激光能量学实验室（LLE）的科学家开始使用OMEGA激光器对填充气的冷冻靶开展内爆实验。他们成功地制作了冰层平滑度接近2 μm（均方根）的靶，并产生了与一维流体力学模拟程序预测非常一致的、创纪录的聚变中子产额。在2004财年，OMEGA激光装置总共完成了1 558次打靶。这是OMEGA或任何类似规模的惯性聚变装置年度打靶发次的最高纪录。

2005年初，日本国家聚变科学研究所的科学家们在耗资数十亿美元的LHD（仿星器）中维持2×10^7 ℃（2 keV）高温等离子体长达30 min。在30 min的实验中，

1.3×10^8 J 的能量被注入等离子体，最终创造出新的世界纪录。作为实验的一部分，他们展示了精密的射频功率技术在加热和维持等离子体方面的应用。在电子和离子回旋频率下持续输入了大约 700 kW 的功率。

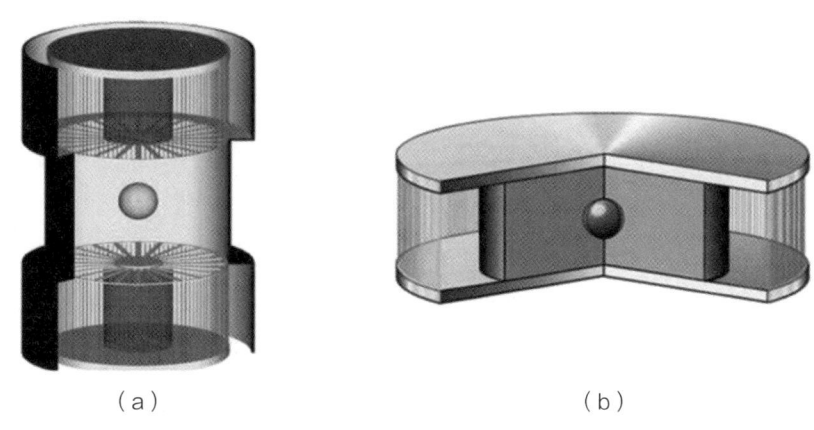

图 9.1　圣地亚国家实验室正在研究的两种类型的惯性聚变靶

一个由鲁隆·林福德（加州大学）主持的 FESAC 小组负责审查 IFE 计划，并要求于 2004 年年中提交报告。[91] 与奥巴赫博士的先聚变科学研究再应用技术研究观点相反，该小组敦促 DOE 实施"一个协同的计划，对所有关键组件（聚变靶、驱动器和靶室）开展一定程度的研究，并始终关注终端产品及其明确的技术要求"。报告的措辞意在提醒人们注意，DOE 已宣布终止其在 IFE 靶和靶室方面的所有工作，这是其结束所有聚变技术工作计划的一部分。

国会在总统 2005 财年的预算申请中增加了 1 200 万美元，并将其用于国内计划，并指示 DOE，削减其在 ITER 计划中的支出。与此同时，美国 DOE 重新估算了美国投资 ITER 的成本，从 5 亿美元增加到了 11.2 亿美元。

9.12　国际热核实验反应堆与美国国内聚变计划

2006 年是 ITER 建设项目的首个拨款年度。总统的预算申请为 OFES 预算总额增加 1 700 万美元。但预算申请中要求为 ITER 增加 5 100 万美元，因此必须从正在开展的国内聚变计划中削减 3 400 万美元。此前美国 DOE 在 2004 财年和 2005 财年取消了聚变核技术计划，并通过以下措施进一步削减经费：取消聚变材料研究计划（730 万美元）、将重离子惯性聚变研究的经费减半（720 万美元）、减少正在进行的托卡马克实验和理论研究（740 万美元）、减少非托卡马克（替代概念）研究（1 000 万美元）以及减少开发等离子体技术（300 万美元）。

在众议院科学委员会能源小组委员会的听证会上，DOE 科学办公室主任雷·奥巴赫就 2006 财年的预算申请作证时说，"在 2006 财年的预算中，我们不得不在一定程度上削减国内（聚变）计划，但我想从国内计划的重新定位，而不是减少的角度来看待这个问题"。小组委员会主席朱迪·比格特（Judy Biggert，伊利诺伊州共和党人）告诉奥巴赫，"我非常担心我们有限的资源被大量分配给 ITER 装置，而它甚至还没有选址"。她补充说，"我再次对美国在 ITER 项目中反复无常的目标表示怀疑和担忧"。

在 2005 年 4 月 11 日给奥巴赫的一封信中，FESAC 说，"我们对总统提出的 2006 财年预算及其对未来几年的影响深感不安。特别是，核心（聚变）计划如果承担了很大一部分 ITER 建设费用，就会导致（国内）聚变研究的瓦解"。FESAC 正在提交前面提到的优先事项和平衡评估小组（由查理·贝克领导）的结果。FESAC 提醒奥巴赫，ITER 的建设经费将高于当前美国国内项目的经费水平。

2005 年秋，国会为总统的 2006 财年聚变申请增加了 1 700 万美元，但拒绝削减国内项目的资金。国会不允许 DOE 将国内聚变计划削减 3 400 万美元，而是希望在国内计划中保留 3 000 万美元，并相应减少申请中的 ITER 经费。在会议报告中，参众两院的拨款委员会表示，"与往年一样，与会者希望 DOE 在 2007 年有额外资金来源，而不是通过削减国内聚变研究或其他科学办公室计划，来填补美国在 ITER 投资上的资金缺口"。

2005 年 6 月 28 日,欧盟、日本、俄罗斯、中国、韩国和美国政府代表在莫斯科举行会议,并签署了一项联合声明,确定法国的卡达拉奇(Cadarache)为 ITER 建设地点。成员国正式批准了一项关于缔约方分摊费用的协议。ITER 的建设将于 2006 年开始,首次等离子体实验将于 2016 年进行。第一次满功率(500 MW 热功功率)氘氚实验将于 2021 年开始。尽管 DOE 已告知国会,美国在 ITER 中 10% 的份额将耗资 11.22 亿美元,但 ITER 的成本仍被宣传为 50 亿美元(按 2000 年美元计算)。DOE 的奥巴赫说,这个数字将是美国支出的"上限"。在 2007 财年预算申请中,DOE 向国会提供了美国已投入和欲投入 ITER 的经费概况,见表 9.3。

9.3 美国历年投入 ITER 的经费　　　　　单位:百万美元

2006 财年	19.3	2011 财年	181.3
2007 财年	60.0	2021 财年	130.0
2008 财年	160.0	2013 财年	116.9
2009 财年	214.5	2014 财年	30.0
2010 财年	210.0	总投入	1 122.0

9.13　2005 年能源政策法案

2005 年 7 月下旬,国会通过了 2005 年《能源政策法案》,经小布什总统签署成为法律。该法案中有一节涉及聚变政策规定,"美国的政策是进行研究、开发、演示和商业应用,以提供必要的科学、工程和商业基础设施,确保美国在为本国和其他国家提供聚变能源方面具有竞争力,包括尽早让聚变能源通过美国电网提供电力或生产氢气"。

主要进展：NIF、HIF、OMEGA 和 EAST

2005 年 12 月 1 日，LLNL 发布了一份新闻稿，宣布"在 NIF 上成功进行了一轮激光实验，验证了与实现点火所需的等离子体和 X 射线环境相关的关键计算机模拟和理论预测结果"。科学家们使用计划的 192 束激光束中的 8 束，用大约 8×10^{12} W 的 2 ns 激光脉冲辐照了一系列大小不同的黑腔，产生的辐射温度与理论预测和以前从其他装置获得的经验一致。研究结果发表在 2005 年 11 月 18 日《物理评论快报》上。此时是爱德华·摩西（Edward Moses）在 LLNL 领导 NIF 计划。

2006 年，LBNL 和 LLNL 从事 HIF 计划的科学家展示了加速器注入器技术，该技术对重离子惯性聚变驱动器注入器系统的尺寸和成本具有潜在的重大经济和技术影响。用于 HIF 的离子束必须具有高"亮度"，即强电流和低发射温度，以便将高功率束流传输到小靶点上。实现该目标的第一步是在注入时产生尽可能小的发散角。科学家们将 119 路离子束注入静电四极通道，验证了束流的合束。格兰特·洛根领导了 HIF 项目。

同样在 2006 年，罗切斯特大学激光能量学实验室的科学家在 OMEGA 激光装置上进行了缩比实验，以验证 NIF 的 ICF 点火靶设计。实验结果与定标模型吻合良好。罗伯特·麦克罗伊领导了罗切斯特的研究工作。

2006 年 9 月 26 日，中国科学家开始在他们的新型超导托卡马克（称为 EAST）上进行实验。该项目是中国合肥等离子体物理研究所与通用原子、PPPL 国际合作的成果。中国官员表示，EAST"将是一个独特的装置，可在未来几年探索与特定形状等离子体截面稳态运行相关的一些关键问题"。EAST 被设计用来产生持续约 1 000 s 的等离子体。

该法案要求能源部长"就美国参与 ITER 进行谈判并达成协议"，同时明确规定能源部长向国会提交一份报告，说明如何在不减少科学办公室其他项目（包括其他聚变项目）资金的情况下，为美国参与 ITER 项目提供资金，并且自报告提交之日 60 天内，不得动用联邦资金用于 ITER 建设。

该法案称，"聚变科学、技术、理论、先进计算、建模和模拟"应得到加强，并且"应根据科学创新、成本效益和装置的潜力，选择新的磁和惯性聚变研发装置，以尽早实现实用聚变能源的目标"。

9.14 更多的美国国内聚变预算削减

2006年初，总统向国会提交了2007财年预算申请，要求为OFES拨款3.19亿美元（比2006财年增加3 800万美元）。在预算申请中，总统要求为ITER提供6 000万美元，并再次提议削减HIF和高能量密度物理（削减400万美元）、创新约束物理（削减200万美元）和聚变材料研究（削减240万美元）的经费。对此，大学聚变协会（UFA）回应到，"政府提出的2007财年预算将大范围削减大学研究项目，严重损害美国从ITER成果中获益的能力"。

2007年初，小布什总统向国会提交了一份激进的2008财年聚变预算申请，金额为4.28亿美元（2007财年为3.19亿美元）。他要求全额拨款1.6亿美元用于ITER建设，并小幅增加（900万美元）国内聚变研究经费（2.68亿美元，2007财年为2.59亿美元）。国会最终拒绝大幅增加对ITER的资助，在2008财年仅向OFES提供了2.9亿美元。这让美国规划中的ITER投资陷入混乱。2008年初，美国DOE推翻了此前的ITER资助方案，并告诉国会，其对ITER项目的最新预算总额将在14亿~22亿美元。然而，在2008年初，总统要求国会向OFES提供4.95亿美元，其中包括向ITER提供2.145亿美元的资助（这是旧资助计划中的金额）。国会最终向OFES提供了3.95亿美元，其中比2007财年多出的1亿美元全部用于ITER。

9.15 戴维斯、罗伯茨和威利斯退休

自1989年以来一直担任美国聚变计划总负责人的N. 安妮·戴维斯博士和戴维斯领导下的ITER与国际事务部主任迈克·罗伯茨（Michael Roberts）博士均于

2006年4月3日从联邦政府退休。戴维斯领导下的研究部主任约翰·威利斯（John Willis）博士也先于他们退休（2005年4月1日），他在联邦政府服务了34年。

他们退休后，DOE OFES 失去了高层管理团队。奥巴赫的副手詹姆斯·德克尔博士以"代理"身份履行戴维斯之职，同时开始招募戴维斯的继任者。最终（2007年3月1日），威斯康星大学的等离子体科学家雷蒙德·丰克（Raymond Fonck）博士担任了这一职务。然而，他只在这个职位上待了17个月就又回到了大学。丰克曾获得 FPA 2004 年领导奖。

FPA 向戴维斯博士颁发了 2007 年杰出职业生涯奖，随后又向罗伯茨和威利斯颁发了特别奖。

9.16 2007 惯性约束聚变能研讨会

IFE 科学与技术研讨会于 2007 年 4 月 24—27 日在加州圣拉蒙（San Ramon）举行。[92] 研讨会重点讨论了使惯性聚变成为有吸引力的能源所需的科学、技术和政策。会议共举行了四次分组讨论，分别由格兰特·洛根（LBNL）、史蒂芬·奥本斯迁（Steve Obenschain，海军研究实验室）、克雷格·奥尔森（圣地亚国家实验室）和我（FPA）主持。在最后一天，我对四场分组讨论进行了总结，内容如下：

"除了 HIF 的某些方面，IFE 一直由国会附加项目（HAPL 计划）和实验室指导研究与发展（LDRD）项目资助。国家核安全管理局（NNSA，惯性聚变项目的主要资助方）专注于单发装置和技术；OFES 专注于聚变"科学"，而不是能源开发。需要在 DOE 建立一个"大本营"，它专注于聚变能源开发，并有意接受和实施 IFE 战略规划。这将要求行政部门改变政策。之前聚变界和 DOE 评估小组的研究都表明，MFE 和 IFE 都可作为聚变能的技术路线；但目前的 DOE 政策，无论有意还是无意，都阻碍了 IFE 的发展。

导致 IFE 计划突然受重视的一个关键事件是预期在 2010—2012 年期间 NIF 能实现点火。DOE 应该准备好利用这一成果。因此，需要在近期内实施具体计划，以为应对该事件做好准备。这些计划包括用于 IFE 的重频驱动器、靶和靶室开发、模拟计算和 IFE 系统研究。在 NIF 点火前这些工作所需的资金大约为每年 6 000 万~7 000 万美元,与目前 NNSA 资助的 ICF 研究相比并不多。近年来,IFE 专项研究的经费(每年 2 500 万~3 000 万美元)完全来自每年的国会拨款。DOE 并没有明确支持此类研究的计划。新设立的 HEDLP 计划中与"能源相关"的研究将对 IFE 研究起到补充作用,但不能替代专门的 IFE 研究。

IFE 突破性战略的基石是一个旨在建设重频 IFE 聚变试验装置的计划。该装置的详细构造尚未确定,但它被设想为演示装置(示范发电站)之前的最后一个重要设施。作为建造计划的一部分,需要开发子系统原型和组件以完成最终设计并推进建造。这包括激光器、重离子驱动器和 Z 箍缩驱动器的开发、靶设计和制造、靶室技术和详细的概念设计。作为聚变试验装置计划的一部分,子系统的模块化和可分离性为其提供了一条高费效比的开发路线。

NIF 点火后开展聚变试验装置的准备工作在很大程度上取决于是否可获得稳定的经费来源。目前,IFE 方面的经费每年都面临不确定性。

作为 IFE 战略计划的一部分,应重视回答非技术人员最有可能提出的非技术问题,如为什么 IFE 对社会而言是理想能源。

IFE 战略计划应包含愿景、详细的研发任务、预算和时间表。基于 NNSA 正在建立的雄厚科学技术基础,该计划应重视 IFE 开发的成本效益。它还应该描述与之前的一些聚变计划相比具有的更快发展潜力。由于现有发电站的更换和新发电站的建设可能会在 2050 年左右真正开始,因此如果可能的话,聚变(能源)应该尝试提出一个计划,在该时间节点前后建造好一座商用发电站。

IFE 战略计划还应包括实验室、大学和工业界之间的合作伙伴关系。工业界参与开发将使 IFE 计划更有可能产生商业产品。还需要进行电站研究,为 IFE 规划有吸引力的远景,并突出需要改进的领域。

美国 IFE 学术界应该与不断发展的国际 IFE 研究合作,与此同时该计划要能够在国内实施,并专注于对美国市场具有吸引力的产品。

林福德在 FESAC IFE 评估小组的报告[91]中所描述的 IFE 一般特征仍然有效。IFE 自那以来已经取得了很大进展。例如，美国和其他地方正在就快点火进行更深入的研究，提出了更具吸引力的靶辐照设计和技术，并提出了一个更短的发展路线。

当前的 DOE 计划强调和扩大在 HEDLP 中的研究，这将加强 IFE 的物理基础。然而，这并不能取代对与能源有关并聚焦 IFE 开发的工作的迫切需求。"

NNSA ICF 预算在 20 世纪的前 10 年保持了良好的势头，从 2000 财年的 4.75 亿美元开始，到 2008 财年的 4.79 亿美元结束，并在 2006 财年达到 5.44 亿美元的峰值。除了国会每年为面向 IFE 的 HAPL 计划持续增加约 2 500 万美元（尽管 NNSA 每年都没有申请 HAPL 经费），ICF 经费的变化主要是由于 NIF 建设的需要。

9.17 国际聚变合作 50 年

2008 年 10 月，联合国 IAEA 在日内瓦举行了第 22 届聚变能会议，庆祝 IAEA 聚变国际合作会议举办 50 周年。日内瓦曾是 1958 年原子能和平利用会议的举办地，在那次会议上，聚变研究首次被解密。22 届聚变能会议上，戴尔·米德（PPPL）提交了一篇论文《50 年聚变研究的一些亮点》，总结了技术进展。[93] 遗憾的是，7 月 19 日，就在会议召开的几个月前，英国核聚变先驱尼科尔·皮科克去世了，他曾引领了世界托卡马克"热潮"，也曾是 1969 年前往莫斯科测量 T-3 托卡马克等离子体温度的小组组长。[17]

译：程功　校：邓克立

第 10 章

奥巴马政府

（2009—2012 年）

> 一艘没有舵的船可能会漫无目的地在危险的小岛周围游荡，却不会沉入海底。
> 华盛顿遵循一个原则：没有钱。

2008 年 11 月，巴拉克·奥巴马（Barack Obama，民主党人）赢得美国总统选举，同时民主党人也牢牢掌控着众议院和参议院。在白宫（OSTP 和 OMB）和 DOE 宣布新的总统任命时，科学家们，尤其是聚变研究人员，都非常激动。

10.1 新的任命

总统选择了哈佛大学的约翰·P. 霍尔德伦作为科学顾问和 OSTP 的负责人。霍尔德伦在聚变问题上经验丰富，早在 20 世纪 70 年代初，他在 LLNL 的 MFE 项目工作时发表了一篇论文《磁镜等离子体中碰撞分布的解析近似》。在 20 世纪 70 年代和 80 年代，他还写了几篇与聚变发电站相关的环境和安全问题的论文。1989 年，他担任磁聚变能环境、安全和经济高级委员会（ESECOM）主席。（他的一篇）报告[79]指出，"与裂变相比，（聚变的）优势可能大到足以改变公众对 MFE 的接受程度"。1994—2001 年，作为克林顿总统领导下的 PCAST 成员，他主持了两项关于核聚变政策的研究，如第 8 章所述。[81,82]在 1997 年的 PCAST 报告中，他建议增加 1 亿美元的聚变预算，而当时（1997 财年）的预算为 2.32 亿美元。

奥巴马总统选择1997年诺贝尔奖得主朱棣文（Steven Chu）担任能源部长，朱棣文曾利用激光开展过原子物理研究。在2003年成为LBNL主任之前，朱棣文曾在贝尔实验室（Bell Labs）和斯坦福大学（Stanford University）工作。作为LBNL的主任，朱棣文的职责之一是负责HIF综合能源项目，但据说他对此关注甚少。2008年9月17日，朱棣文在国家新闻俱乐部（National Press Club）发表演讲时表示，"美国需要迅速采取财政和监管措施，确保广泛部署有效的技术，进而最大限度地提高能源效率和减少碳排放"。他指出，"然而，大多数公司并不愿意投资变革性技术的研究，因为这些技术在10年内不会实现商业化，但这些技术可能会极大地改变整个能源格局"。尽管他没有具体提到聚变（或其他）技术，但他说，"我相信，大力支持能源科学和技术，再通过激励措施来加速开发和部署创新解决方案，可以改变整个能源供需的格局。尤为重要的是，我们要投资那些工业界尚不愿探索的概念"。

奥巴马总统选择史蒂文·库宁担任科学部副部长，他自2004年以来一直担任世界第二大石油公司英国石油公司（British Petroleum）的首席科学家。库宁此前曾在加州理工学院工作，并在1995年至2004年期间担任教务长。库宁对ICF发展有数十年的深入了解，曾在许多惯性聚变评估和咨询委员会任职，并担任过主席。例如，他主持了1990年美国国家科学院ICF计划的评估工作，并在20世纪90年代中期在DOE ICFAC任职。科学院委员会的建议包括，美国DOE应加快在美国海军研究实验室建设氟化氪激光器（即Nike装置），并"立即启动"罗切斯特大学的OMEGA激光器的建设。库宁被授予1994年FPA领导奖，以表彰"他对ICF计划的重大贡献"。

威廉·布林克曼（William Brinkman）是普林斯顿大学物理系的资深研究教授，他被选为美国DOE科学办公室主任，接替曾是ITER项目拥护者的雷·奥巴赫。布林克曼于1966年加入贝尔实验室，1981年成为物理研究实验室主任，2000年成为副所长。布林克曼熟悉PPPL的主要聚变工作，也曾一度（1984—1987年）担任圣地亚国家实验室的副主任，当时该实验室正在进行一项重要的ICF研究。

这些任命让美国聚变界认为，现在那些理解我们的科学与目标的人已经就位。简而言之，他们是"我们可以交谈的人"。

10.2 惯性约束聚变能

在 2009 年参议院确认库宁（的资格）后不久，我在 DOE 办公室会见了他，并讨论了美国聚变计划，特别是惯性聚变计划。然而 IFE 民用研究并没有得到 DOE 的认可。OFES 的预算用于满足 MFE 的需求，尤其是托卡马克研究和 ITER。NNSA 武器预算的管理者支持 ICF 项目，但他们认为 ICF 能源研究不在他们的"任务"范围内。因此，他们拒绝为 IFE 相关研究申请资金，尽管国会已经连续十多年为 IFE HAPL 项目提供资金。

我向库宁提供了一份白皮书，这份白皮书是我在惯性聚变界几位成员的帮助下编写的[94]，题名为《扩大惯性聚变能计划的理由》。该理由的技术基础主要是，NNSA 的 ICF 计划通过即将完工的 NIF，将很快演示单发模式下聚变靶丸的点火，因此，"近期需要增加对 IFE 研发的资助，以便在 NIF 点火之后迅速转向惯性聚变的能源应用"。我们讨论了关于 OFES 和 NNSA 似乎都不愿意或没有能力承担 IFE 任务的问题。库宁理解这个问题，并哀叹在 DOE 内存在他所称的"烟囱"思维①。他说，他将努力打破这些障碍，以实现 DOE 的总体目标。然而，他觉得还需要某种外部评估来帮助他解决 IFE 的问题。我们讨论了开展评估的各种可能方式，包括 FESAC、JASONS、SEAB 和国家科学院。令我略感失望的是，他并不认为他可以凭借自己的学识和观点来"力排众议"。任何评估都需要时间，科学院的时间最长，但可能最有影响力。他选择启动一个科学院评估，三年后（2012 年初），却只完成了一个中期报告。[95]

---

① 译著注：它是指一种部门或团队之间缺乏沟通与合作的心态，每个部门或团队像烟囱一样独立运行，不与其他部门共享信息或协调工作。这种心态可能导致资源浪费和效率低下。

大约在我约见库宁的同时,《今日物理》的编辑兼科普作家大卫·克莱默（David Kramer）对库宁进行了采访,并问他"核聚变怎么样了？"库宁的答复发表在 2009 年 9 月的《今日物理》,他说:"就我个人而言,我希望看到我们的核聚变计划相比过去更加专注、更富有活力。ITER 将在 2020 年左右实现燃烧等离子体,这太久了。我们应该想办法加快进程,或者探索其他获得聚变能的方法。IFE 是国防部通过 NNSA 和 NIF 寻求的另一种选择。我会密切关注 NIF,因为它能为聚变能源提供一条替代途径。"

当我与库宁会面时,尚未被参议院确认为 DOE 科学办公室主任的威廉·布林克曼走了进来。他问我的第一个问题是"ITER 怎么样了？"他说他担心 ITER 不断上升的成本。

我说,我也担心建造一个聚变工程试验堆（ITER）的成本太高,但我认为这已成"定局",政府已经承诺了。我说,我认为 ITER 有可能在自身（财务）压力下崩溃,但我不愿看到美国是第一个退出并为其崩溃而遭受指责的国家。布林克曼后来成为 ITER 委员会的一员,也成为美国继续参与该项目的倡导者。

10.3　国家点火装置开始运行并期待实现点火

位于美国加州 LLNL 的 NIF 于 2009 年春首次向实验靶室发射了 192 路满功率红外激光（总能量接近 2 MJ）,随后红外激光被转换为总能量 1.1 MJ 的紫外激光（这是聚变点火实验所需要的）。光束能量和脉冲形状（在时间上）与实现点火所期望的大致匹配。2009 年 6 月,NIF 激光系统开始以较低的能量向实验靶发射 192 束光束,以表征在小圆柱体（黑腔）内实现 X 光驱动的能力。这些早期打靶实验是在比点火实验更小的靶丸上进行的。2010 年初,NIF 激光将 1 MJ 能量发射到靶上。这些靶使用了充气靶丸,是后期聚变燃料靶丸的替代品。NIF 主任爱德华·摩西说:"这是我们点火之旅上一个不可思议的里程碑。我们正在顺利实现我们的既定目标——有史以来第一次在实验室环境中实现可控、持续的核聚变和能量增益。"

2010年9月29日，NIF科学家进行了第一次集成点火实验，将全部192束激光束（总能量为1 MJ）发射到一个含有冷冻分层混合物（氘和氚）的靶丸上。所有系统均成功运行。项目负责人爱德华·摩西说："这是ICF 50年历史中的一个伟大时刻。"然而，点火没有实现，聚变点火试验仍在继续。

随着NIF接近完工，LLNL开始了一项研究，旨在确定一条通往商业聚变发电站的道路，它被称为"LIFE"（激光IFE）。LLNL设想了一个非常快速的NIF后续开发计划，来实现商业化。[96]

10.4 投资改进和管理变革

2009财年国会为OFES提供了4.03亿美元，其中1.24亿美元用于ITER，略高于2008财年ITER的1亿多美元拨款。2010财年，应奥巴马总统的要求，国会后来提供了4.26亿美元。OFES还在2009财年获得了9 100万美元的"激励"资金，这是美国为应对持续约两年的经济衰退而采取的刺激经济的一项国家措施。对于NNSA的ICF项目，国会在2009财年提供了4.42亿美元，在2010财年提供了4.58亿美元。NNSA的NIF从未像OFES的ITER那样面临财政危机。自1998财年以来，NNSA的ICF预算一直在4亿美元以上。

从2009年4月1日起，斯图尔特·普雷格接替罗布·戈德斯顿，成为PPPL主任。普雷格此前是威斯康星大学的教授和聚变科学家，也是FESAC的前主席。

自2009年6月7日起，爱德华·西纳科夫斯基（Edward Synakowski）接替2008年8月辞职的雷蒙德·丰克，成为OFES的主任。西纳科夫斯基是一位物理学家，1988年从得克萨斯大学获得博士学位后，曾在PPPL的TFTR装置和NSTX装置上工作。自2006年以来，他一直是LLNL聚变能源项目负责人。

2010年初，奥巴马总统提名另一名核聚变资深人士担任重要职务。唐纳德·L.库克（Donald L. Cook）被任命为NNSA国防项目副局长。他从1977

年开始在圣地亚国家实验室从事包括惯性聚变在内的各种项目,并在1984—1999年管理过圣地亚ICF和脉冲功率项目。他也是1993年FPA领导奖的获得者。

奥巴马总统任命的人员不仅要对核聚变有着广泛的知识和兴趣,还需要在DOE投入时间承担许多其他职责和任务。由于美国和全世界已经开始并持续处于经济大衰退中,他们的工作变得更具挑战性。为了支撑国内经济以及参与伊拉克和阿富汗的战争(战争花费超过1万亿美元),美国政府大规模举债支出。一些"激励"资金(9100万美元)投入了聚变计划,促使LBNL建造了一个小型重离子加速器,旨在研究与惯性聚变相关的高能密度物理。

2010年初,奥巴马总统向国会提交了他的2011财年预算。与2010财年4.26亿美元的拨款相比,聚变项目仅申请了3.8亿美元拨款。预算申请书指出,ITER的支出将减少5 500万美元(仅有8 000万美元,而2010财年为1.35亿美元),因此提议将国内聚变计划预算增加900万美元。ITER投资的减少导致了进度延误,并使ITER项目的进展慢于预期。与2010财年的4.37亿美元相比,NNSA的ICF项目获得了4.82亿美元,主要用于"NIF诊断、冷冻和实验支持"。OFES项目最终只获得了3.67亿美元,其中包括给ITER的8 000万美元。

10.5 国际热核实验反应堆的变化

2008—2009年,对ITER项目的管理、进度和成本进行了国际评估。最初,ITER的建设完成时间定于2016年。但在2008年6月,ITER委员会批准将首次运行时间推迟两年至2018年,而首次产生氘氚(D-T)等离子体推迟到2023年。在2009年6月的理事会会议上,理事会(暂时)保留了2018年"首次产生(氘)等离子体"的时间节点,但将氘氚实验的时间节点推迟到了2026年。在2009年11月的理事会会议上,曾考虑再一次推迟时间表,但该决定被搁置。这些问题(管理、进度和成本方面)在2010年前6个月是关注的焦点。

在2010年2月23—24日举行的ITER代表团团长会议（中国、欧盟、印度、日本、朝鲜、俄罗斯和美国）上，ITER组织提议将时间表再推迟一年（至2019年11月首次产生等离子体）。ITER的设计变更是导致进度落后的部分原因，但完成项目的估计成本也超过了一些成员国计划支出的预算，最突出的是欧盟和美国，这才是主要原因。例如，美国2006年将其对ITER的投资成本定为11.2亿美元，但2008年DOE修正为14亿～22亿美元"范围"。2010年，欧盟承认，已将其45%份额估算值上调了两倍多。欧盟警告欧洲议会和欧洲理事会，预计欧洲在ITER建设中的份额可能从27亿欧元增加到72亿欧元。此外，美国代表团团长威廉·布林克曼（DOE科学办公室主任）在2010年3月8日的FESAC会议上表示，各代表团团长收到了一份关于ITER管理结构的"非常负面"的报告。布林克曼告诉FESAC，"如果我能抓到提出当前管理结构的人，我会掐死他"。其中一个关键的管理问题是ITER组织对各成员国国内机构的活动缺乏有效监督。

在2010年7月最后一周会议上，ITER理事会批准将首次产生等离子体的时间再推迟一年（至2019年11月），并将氘氚实验再延期一年（至2027年）。理事会批准了新的"基准"成本估算（190亿美元），约为先前商定预算的2倍（或原始预算的4倍）。9%的份额意味着美国将花费约18亿美元。理事会还任命了一位新的ITER总干事——本岛修（Osamu Motojima），接替自国际ITER协议签署以来一直领导该项目的池田佳奈美（Kaname Ikeda）。本岛修原来是日本国家聚变科学研究所（NIFS）的总干事，并领导了日本十亿美元级LHD的建造。他还是2008年FPA杰出职业生涯奖的获得者。

2012年，ITER继续面临成本和进度问题。ITER的成本预计将翻倍，这成为一个严重问题，但最终在2011年末，欧洲理事会、欧洲议会和欧盟委员会就2013年之前如何筹集额外资金，达成"临时"协议，问题原则上得到了解决。2011年3月，日本发生的海啸让人质疑日本能否维持其对ITER计划资助，担心的问题最终也得到了解决。然而，由于国会和政府对美国赤字支出的担忧，美国的形势正在恶化。要求控制或减少所谓"可自由支配"支出的压力越来越大。聚变属于这一类情况。在 2012 年初奥巴马总统向国会提交的 2013 财年预算申请中，美国聚变项目的总体资金保持稳定，但对 ITER 的预算比所需金额少了约 1 亿美元，无法兑现对 ITER 发展的承诺。因为 2013 财年 ITER 预算在 2012 财年的基础上增加了 4 500 万美元（从 1.05 亿美元增至 1.5 亿美元），这将通过削减国内聚变项目来弥补这个资金缺口。尽管美国 DOE 没有公开承认其 ITER 份额的总成本在持续上升，但美国聚变界普遍认为其已接近 25 亿美元。

10.6 磁聚变方案的削减

在应该探索多少"方案"以及应该在多大程度上支持"替代方案"（对于领先的托卡马克）的问题上，磁聚变计划内部一直存在"矛盾"。20 世纪 80 年代中期（1986、1987、1988 财年）的预算削减导致了主要替代方案（磁镜）的消失，此后从事较小规模替代方案（箍缩、场反转等）研究的科学家被要求说明他们的研究对托卡马克发展的作用。20 世纪 90 年代，美国 DOE 的两个聚变评估小组表示，这种做法是不妥的，应为聚变本身的发展保留一个替代计划。[97, 98] 在 20 世纪前 10 年，OFES 将这一预算类别的名称改为"创新方案"，并将与托卡马克有关的工作归在该类别中，包括 NSTX 托卡马克和仿星器。这使得托卡马克"真正替代方案"的研究活动看起来比实际更大。从 2003 年开始，随着对 ITER 计划的支持逐渐明确，要求更加侧重托卡马克方案的压力越来越大。此外，OMB 和科学办公室不断敦促磁聚变项目用"科学术语"而非聚变"概念"阐述自身内容及相关目标。一系列研讨会和 FESAC 研究（被称为"ReNew"）从待研究的科学问题角度阐述了核聚变工作（参见 FESAC 报告，原文发布于网站 http://science.doe.gov.fes/）。

2009年6月，当爱德华·西纳科夫斯基接任OFES负责人时，他不仅屈服于这些压力，削减了聚变计划，还乐见其成。此外，当他清楚地意识到，为美国建造一个大型新装置争取资金毫无希望时，他确信美国磁聚变工作只能支持ITER，并告诉聚变研究人员到海外更新或能力更强的托卡马克装置上工作。这种"策略"在美国聚变界非常不受欢迎（至少可以这么说）。

在西纳科夫斯基领导下，聚变政策发生变化的第一个明确标志是，OFES在2010年初发布了创新约束概念（ICC）计划提案征集。征集文件将ICC计划描述为"通过解决阻碍托卡马克方案的关键问题，如等离子体的破裂、内部组件的热负荷以及运行和维护的复杂性，探索实用聚变能的改进途径"。征集文件写到，"与以往的ICC提案征集相比，这次将更加强调那些最有希望建立这种联系并解决（托卡马克）问题的提案。总的来说，那些最有助于增强和改进托卡马克方案的科学基础研究是本次征集活动的一个重点关注领域"。在2010年3月10日的FESAC会议上，格伦·伍登（Glen Wurden，LANL）表示，此次征集"实质上改变了ICC计划的性质和意图"。他说，"这绝不是ICC计划的惯例"。在回答FESAC成员鲁隆·林福德的问题时，西纳科夫斯基确认，（征集文件的）措辞代表了他有意减少ICC中对"约束概念"的侧重，而更多地强调"创新"，以支持核聚变计划更广泛的科学目标。他说，"预算的现实情况使得任何替代方案在可预见的未来都不可能拥有新的、更大的装置"。

当总统在2012年初提交他的2013财年预算时，聚变预算不再包括ICC。2011年，OFES悄悄终止了五个ICC计划，其中包括位于MIT的MIT-哥伦比亚大学联合开展的"悬浮偶极"（Levitated Dipole）实验。以前由ICC资助的项目现在被纳入一个名为"实验等离子体研究"的项目中，而该项目提交的预算已从1 800万美元减少到1 100万美元。在提交的2013财年预算中，那些旨在寻找托卡马克概念"替代方案"的科学家们在预算报告中再也找不到属于他们的具体计划或方案了。

10.7 磁-惯性聚变异军突起

磁惯性聚变（MIF，也称为MTF）是一种方法，旨在获得中等密度等离子体，这种等离子体介于托卡马克和其他磁聚变能（MFE）方法中产生的典型的相对低密度等离子体和惯性约束聚变（ICF/IFE）中产生的典型的极高密度等离子体之间。LANL的科学家们长期倡导和研究的这种方法，在2011年罗切斯特大学的实验中以及在圣地亚国家实验室（SNL）的计算机模拟中这种方法都得到了一定程度的验证。洛斯·阿拉莫斯[99, 100]以及空军研究中心的希瓦星（Shiva Star）装置[101]正在开展相关实验。圣地亚计划在2013年使用强大的Z脉冲功率装置开展实验。

利用罗切斯特大学的OMEGA激光装置，科学家们证明磁化激光驱动靶的内爆能提高聚变产额。[102]在靶周围放置一个8×10^4 Gs的磁场，然后通过内爆导电等离子体来实现约束和压缩。观测到的离子温度和聚变中子产额分别提高了15%和30%。尽管靶丸周围的磁铁线圈会引入不对称性（这通常会干扰获得球对称内爆），但使用相对较新的极直接驱动技术还是实现了球形压缩。

在圣地亚国家实验室，计算机模拟结果[103]预测，如果使用氘氚作为燃料，并利用Z装置中目前可输出的26 MA电流，可能会实现"科学上的盈亏平衡"（产生的聚变能量等于聚变燃料中沉积的能量）。Z装置上的实验预计于2013年进行，但由于缺乏辐射屏蔽设备，Z装置将使用氘氘作为燃料，而不是氘氚。模拟预测，一个更大的Z装置（电流约为现装置的3倍）可以产生1 000倍或更大的能量增益。2012年2月5-8日举行了一次研讨会，讨论与这项技术相关的问题[104]，SNL称之为磁化套筒惯性聚变（MAGLIF）。

伊尔夫·林德穆斯（Irv Lindemuth）在2010年12月1-2日的FPA年会上发表了一篇论文，描述了研究这种中等密度状态的等离子的好处以及获取这种等离子体状态的技术。[105]

10.8 示范电站之路的复兴

2011年5月，来自多个聚变中心、工业界和欧盟委员会的70多名专家在德国加兴（Garching）举行了一次会议，标志着聚变发电站概念设计的启动。在吉安弗兰科·费德里西（Gianfranco Federici）的指导下，成立了发电站物理和技术部。费德里西说，"我们必须采取更加面向系统和集成化的方法，而不是专注于详细的组件设计"。来自欧盟委员会的谢尔盖·派达西（Serge Paidassi）表示，"理想情况下，我们将在2030年开始建造示范电站，并在2040年投入使用。这是一个非常远大的目标。到2050年，商业发电站将有可能实现运营"。派达西还说，"如果在这个过程中未能尽早让工业界参与进来，你不可能会开发出工业化的概念、想法和设计"。泰勒斯集团（Thales Group）、西门子（Siemens）、安萨尔多（Ansaldo）和阿海珐（Areva）等企业参加了会议。

在美国，2011年9月PPPL举行了一次关于MFE路线图的国际研讨会。[106]来自美国、德国、印度、中国、日本、韩国、法国和俄罗斯的大约70名代表参加。研讨会的目标是"促进国际技术讨论，探讨实现示范电站所需的科学技术问题和前提条件，以及在通往示范电站道路上ITER等主要核设施在发展过程中的任务、要求和风险"。

随后，IAEA决定举办一系列关于规划示范聚变发电站的年度研讨会。首届IAEA示范项目研讨会（DPW-2012）定于2012年10月15-18日在加州大学洛杉矶分校举行。DPW-2012的具体目标是讨论示范电站关键的科学和技术问题，旨在确定能够解决这些问题的设施和研究项目。IAEA表示，"研讨会的成果可被任何一方用作规划可能的示范电站路线图的参考资料"。

10.9 惯性约束聚变能评估

在我2009年夏与库宁会面后不久，DOE科学副部长史蒂文·库宁（2009

年11月）宣布，他将对惯性聚变作为能源的前景进行评估。然而，进行这样的评估既麻烦也耗时。直到2010年春，美国科学院和DOE才就进行此项评估签署了一份任务说明书和一项协议，但直到2010年12月，美国科学院评估委员会才举行了第一次会议。

任务说明书指出，（科学院）将组建一个委员会来评估ICF能源系统的前景。委员会将编写一份报告，包含以下内容：

（1）评估利用ICF发电的前景。

（2）明确开发IFE示范电站相关的科学和工程挑战、成本估值和研发目标。

（3）就研发路线图的制定向DOE提供建议，旨在创建IFE示范电站的概念设计。

委员会还将编写一份中期报告，为2012财年预算审议提供信息。聚变靶物理小组将为委员会提供技术支撑。

任务说明书称，"一个能够获取涉密信息以及受控非涉密信息的聚变靶物理小组（以下简称"小组"）将作为惯性约束能源系统委员会（以下简称"委员会"）的技术支撑，并提供一份仅包含公开信息的报告，该报告在委员会确定和提供的参数基础上阐述聚变靶所面临的研发挑战。该小组还将评估当前各种聚变靶技术的性能"。

尽管任务说明书要求及时提交中期报告"为2012财年预算审议提供信息"，但实际上，中期报告[95]因提交时间（2012年3月2日交给DOE）太晚，未能及时为2012财年预算审议提供信息。

当评估工作显然无法按照最初设想的时间表完成时，关于中期报告时间进度的任务说明书被修订为"委员会还将编写一份中期报告，为联邦政府未来的年度规划提供信息"。

评估委员会和靶物理评估小组的主要成员见表10.1和表10.2。

表 10.1　2010—2012 年国家科学院 IFE 委员会成员

罗纳德·C.戴维森， 普林斯顿大学，联合主席	大卫·哈默（David Hammer）， 康奈尔大学
杰拉尔德·库尔辛斯基， 威斯康星大学，联合主席	约瑟夫·S.赫齐尔（Joseph S. Hezir）， EOP 集团公司
查尔斯·C.贝克， 加州大学圣地亚哥分校，已退休	凯瑟琳·麦卡锡（Kathryn McCarthy）， 爱达荷国家实验室
罗杰·O.班格特， LBNL，已退休	劳伦斯·T.帕佩（Lawrence T. Papay）， PQR 有限公司（PQR, LLC）
里卡多·贝蒂（Riccardo Betti）， 罗切斯特大学	肯·舒尔茨（Ken Schultz）， GA，退休
简·贝亚（Jan Beyea），公共利益咨询员 （Consulting in the Public Interest）	安德鲁·M.塞斯勒，LBNL
罗伯特·L.拜尔（Robert L. Byer）， 斯坦福大学	约翰·谢菲尔德（John Sheffield）， 田纳西大学诺克斯维尔分校
富兰克林·昌-迪亚兹（Franklin Chang-Diaz），阿德·阿斯特拉火箭公司（Ad Astra Rocket Co.）	小托马斯·A.汤布雷罗（Thomas A. Tombrello, Jr.），加利福尼亚理工学院
史蒂文·C.考利（Steven C. Cowley）， 英国原子能管理局	丹尼斯·G.怀特 （Dennis G. Whyte），MIT
理查德·L.加文（Richard L. Garwin）， IBM 托马斯·J.沃森研究中心（IBM Thomas J. Watson Research Center）	乔纳森·S.沃特尔（Jonathan S. Wurtele），加州大学伯克利分校
马尔科姆·麦基奥克 （Malcolm McGeoch），顾问，PLEX 有限责任公司（PLEX, LLC）	罗莎·杨（Rosa Yang）， 电力研究院有限公司（Electric Power Research Institute, Inc.）

表 10.2 2010—2012 年国家科学院惯性约束聚变靶小组成员

约翰·阿赫恩（John Ahearne），西格玛·赛公司（Sigma Xi），主席	托马斯·梅尔霍恩（Thomas Mehlhorn），海军研究实验室
罗伯特·戴恩斯（Robert Dynes），加州大学圣地亚哥分校	梅里·伍德－舒尔茨（Merri Wood-Schultz），顾问
道格拉斯·埃尔德利（Douglas Eardley），卡夫利理论物理研究所（Kavli Inst. for Theoretical Phys.）	乔治·齐默尔曼（George Zimmerman），顾问
大卫·哈丁（David Harding），罗切斯特大学	

委员会由罗纳德·C.戴维森（普林斯顿大学）和杰拉尔德·库尔辛斯基（威斯康星大学）共同主持，于 2010 年 12 月开始工作。这项研究将在两年内完成。中期报告于 2012 年 3 月 2 日提供给 DOE，并于 3 月 7 日向公众发布。中期报告称，中期报告之前的 4 次会议"主要是通过口头报告收集信息，但委员会现在才开始对许多将被纳入最终报告的重要主题进行详细分析"。

中期报告指出，"本报告未涉及但在最终报告中将尽可能涉及的重要主题包括：IFE 的成本效益分析，各种驱动器方案的比较，以及面向设计和建设 IFE 示范电站的国家层面的研发路线图，包括在可能情况下对每个阶段所需资金的大致估计。在研究开始时，委员会决定将聚变-裂变混合方案排除在研究范围之外"。

中期报告提供了两个"初步"结论和一项建议。

结论 1：过去十年，ICF 的科技进步是巨大的，特别是对燃料压缩中高能量密度条件的实现和理解、ICF 过程的数值模拟以及探索 IFE 应用所需的若干关键技术方面（例如，高重频激光器和重离子束系统、脉冲功率系统和低温靶制备技术）。

该报告指出，"尽管取得了上述进步，但是，完整的IFE系统所需的许多技术仍处于技术成熟度的早期阶段。委员会所评估的所有IFE方法（二极管泵浦激光器、氟化氪激光器、重离子加速器、脉冲功率；间接驱动和直接驱动），在建立IFE示范电站的技术基础方面仍然存在关键的科学和工程挑战"。

结论2：目前选定一种具体的驱动方式作为IFE演示装置的首选方案还为时过早。

该报告指出，"委员会当然认识到，最终将不得不在各种选项中做出具体抉择。在最终报告中，委员会将提供关键实验结果的示例，这些结果将确定哪种驱动器-聚变靶组合最有可能成功"。

"美国DOE NNSA支持在NIF进行ICF的国家级重大研究，该研究主要侧重于解决与国家核武器库存管理和国家安全相关的技术问题。为实现NIF的点火条件，一场紧张的全国性攻关正在进行中，尽管进展比最初预期的要慢，但已取得相当大的技术进展"。

"目前的NIF激光器、靶、打靶频率、制备方法和材料不是专门为适应IFE应用而设计的。然而，即使实现点火的时间被推迟，NIF进行的许多实验对IFE也是有价值的，特别是那些验证性实验"。

报告总结说，"上述讨论促使委员会提出以下建议"：

建议：应开始规划有效利用NIF，将其作为IFE可行性评估的主要内容之一。

美国DOE科学副部长史蒂文·库宁博士请求美国科学院对惯性核聚变能源进行评估。然而，库宁于2011年11月辞去了他的职位，这使人们严重怀疑美国DOE不再会有一位愿意接受科学院建议的"倾听者"。

截至2012年9月，委员会的最终报告已通过DOE的保密审查，正在接受发布前的国家科学院内部评审。

10.10　2013 财年美国聚变计划困境

2012 年 2 月 13 日，奥巴马总统向国会提交了 2013 财年预算申请。DOE 的预算为 271.55 亿美元，相比 2012 财年已批准的 263 亿美元，增长了 3.2%。

对于美国 DOE 科学办公室，总统请求拨款 49.92 亿美元，比 2012 财年批准的预算（48.74 亿美元）增加了 2.4%。对于美国 DOE OFES，总统请求拨款 3.983 亿美元，比 2012 财年批准的预算（4.01 亿美元）减少了 0.7%。然而，在总预算额中，美国对国际 ITER 项目的资助将从 1.05 亿美元增加到 1.5 亿美元，导致美国国内基础聚变计划从 2012 财年的 2.96 亿美元减少到 2.483 亿美元，减少了 16%。国内计划的主要受害者是被提议中止的 MIT 阿尔卡特 C 型托卡马克项目，同时国内计划的其他大多数项目也被削减了。

预算文件指出，美国 DOE 2008 年对美国向 ITER 投资总成本的最新估算值为 14 亿~22 亿美元，但同时表示，"成本可能会超过（上述范围）"。预算文件称，成本估算将在 2012 年春天的审查中更新。然而，截至 2012 年 9 月，DOE 尚未公布美国对 ITER 项目的新总成本估算或未来资助概况。

对于美国 DOE NNSA 的 ICF 点火和高产额计划，预算为 4.6 亿美元，比 2012 财年的预算（4.748 亿美元）减少了 3%。

以牺牲美国国内聚变计划为代价增加美国对 ITER 项目支出的提议，令美国聚变界感到震惊。ITER 原本是 7 个 ITER 缔约方政府之间的一项高级别协定。2003 年 1 月 30 日，乔治·布什总统发表声明，"我很高兴宣布，美国将加入 ITER，这是一个宏大的国际研究项目，旨在开发聚变能源。ITER 的成果将在 21 世纪中叶推动生产清洁、可再生和商业可用的聚变能源研究"。同一天，美国能源部长斯宾塞·亚伯拉罕在 PPPL 对聚变研究人员发表讲话时说，"我想明确的是，我们加入 ITER 的决定绝不意味着我们在国内进行的核聚变项目的作用会降低。我们必须保持和加强我们在普林斯顿大学和其他的实验室中强大的国内研究项目。美国需要在开展 ITER 研究的同时进行关键的科学研究，以加强我们在聚变技术方面的竞争地位"。

美国聚变界对削减国内聚变计划的提议反应强烈。在2012年2月27日致美国能源部长朱棣文和奥巴马总统的科学顾问约翰·霍尔德伦的一封信中，聚变界的7名资深成员[大卫·安德森（David Anderson）、雷蒙德·丰克、斯坦·米洛拉（Stan Milora）、米克洛斯·波科拉布、斯图尔特·普雷格、内德·索特霍夫、托尼·泰勒]表示，"作为当前美国核聚变研究工作的领导者和管理者，我们很遗憾地指出，2013财年的预算将使美国计划降级为世界核聚变研究中的二流角色"。信中还写到，"经历多年的最低水平预算和基础层级资助的糟糕情况后，国内聚变计划再也无法承受拟议的削减，这将对我们的基础能力以及我们对国际聚变计划和ITER的科学贡献产生严重的负面影响"。信中还说，"如果实施该预算，那么预算中的4 900万美元削减将导致数以百计的聚变科学家、工程师、研究生和保障人员被解雇……"。

信中写道，"总统预算要求在大致维持总体聚变投入（3.98亿美元，而2012财年为4.01亿美元）的同时，将国内聚变项目削减4 900万美元，同时将美国对ITER建设的支出增加4 500万美元（与2012财年的1.05亿美元相比，增加到1.5亿美元）。而对国内计划的削减将影响国内几乎所有相关工作：托卡马克、高能量密度物理、理论和计算、普通等离子体物理、等离子体技术和先进设计（系统研究）"。

阿德里安·乔（Adrian Cho）在2012年2月24日出版的《科学》杂志上发表了一篇题为《对ITER更大的支持侵害了国内聚变计划》的文章，总结了聚变界的反应。"我很震惊！"文章引用MIT波尔科拉布（Porkolab）的话说，"我无法想象将会发生什么"。（预算建议关闭MIT的阿尔卡特C型托卡马克，这是美国三大聚变研究托卡马克装置之一）文章引用美国DOE FESAC主席马丁·格林沃尔德的话说，"只有在确保国内项目的前提下，为ITER投资才是合理的。否则，你只是在制造一件供他人使用的设备"。文章还援引普林斯顿大学斯图尔特·普雷格的话说，"如果所有的削减都落实，我们将不得不从435人中解雇100人"。

在2012年2月28—29日的会议上，美国DOE FESAC还对DOE 2013财年提出的大幅削减国内聚变预算的计划发表了评论。会上，FESAC成员对DOE没有与FESAC或聚变界讨论经费削减议题表达不满。

FESAC主席马丁·格林沃尔德在给DOE科学办公室主任威廉·布林克曼的信中写到，"很明显，聚变界对当前的预算趋势以及对我们国内项目的潜在影响感到不安"。格林沃尔德说，"我认为让您及时了解委员会的观点非常重要"。他说，FESAC以17∶0的投票结果（2人回避，1人缺席），告诉布林克曼"委员会反对这样的观点——即这些削减对国内项目几乎毫发无损，并郑重警告，在没有真正的研究与讨论前，DOE不应声称潜在的影响仅限于当前水平甚至更低水平"。FESAC表示，"损害是真实的，未来的趋势将更加危险。如果ITER项目在管理层内部仍处于不确定状态，那么现在不应做出无法撤销的关停决定[①]"。他质疑"在缺乏项目总体计划的情况下，根据未确定的ITER（资金）方案对项目做出持久性改变是否明智"。

FESAC敦促DOE寻求聚变界认可，称"当我们面对艰难决策时，聚变界的凝聚力至关重要"。他们说，"我们不希望聚变界发出与DOE/科学办公室/OFES不同的声音"。FESAC敦促布林克曼博士请求FESAC协助开展"短期危机公关，在ITER建设期间支持国内研究"。他们表示，"我们无法以4亿美元的预算维持一个可行的聚变科学计划"，并指出"一旦某个（研究）领域关闭，你需要几十年的时间来恢复它"。他们要求布林克曼授权FESAC，协助DOE制定一个聚变计划。他们表示，"该计划应持续到2021年，并包括未来十年的选项和计划"。他们说，这项研究应该包括"规划ITER时代燃烧等离子体的主导地位"和"规划面向聚变能的聚变核科学计划"。

在2012年2月28-29日的FESAC会议上，我在会议的"公开讨论"阶段发表了一份声明，部分内容如下：

---

① 译者注：这里指的是关停阿尔卡特C型托卡马克装置，该装置是美国重要的磁约束聚变研究平台。

"首先，我要说的是，我支持 MIT 厄尔·马尔马博士刚刚提出的建议，即在总统 2013 财年预算提交国会前，应在美国聚变学术界内审查此类削减提案，然后再做出最终决定。这件事应由 FESAC 来完成，否则应通过其他方式，就 FESAC 之前明确的优先事项寻求与聚变界达成共识"。

"大部分讨论都集中在终止 MIT 阿尔卡特 C 型托卡马克项目的方案上。该终止方案引起了广泛关注，因为该项目在托卡马克的物理理解上已经并正在做出重要贡献，而且对培养下一代聚变科学家也很重要。阿尔卡特 C 型托卡马克的终止意味着 MIT 的聚变计划将受到'双重打击'，因为 DOE 去年已终止了 MIT 的另一个重要实验装置——悬浮偶极实验装置（LDX）[①]。如果没有这两个装置，MIT 将无法继续为做聚变实验研究的学生提供实验经验"。

"削减提案带来的问题远比终止 MIT 项目的后果和影响更加广泛和严重。其他领域的削减，如高能量密度实验室等离子体、理论和系统研究，不仅会导致整个美国聚变计划失去宝贵的人才和专业知识，还意味着这些人才和装置本应在未来几年产出的研究成果也将化为泡影。"

"但 DOE 认为，为了将美国对 ITER 的资助从 2012 财年的 1.05 亿美元增加到 2013 财年的 1.5 亿美元，削减国内聚变计划是必要的。正如几位 FESAC 成员昨天指出的，DOE 没有告诉我们 2013 财年到底需要多少资金，未来几年需要多少资金支持 ITER 在 2019 年 11 月产生首个等离子体目标，以及这些资金将来自哪里。我们昨天得知，日本计划在 2013 年支出 2.5 亿美元，以兑现其对 ITER 的投资。美国在 ITER 投资中所占的份额同样是 1/9[②]，从逻辑上讲，美国需要大致匹配这个金额才能满足 ITER 的要求。因此，即使 2013 财年投入 1.5 亿美元，美国可能仍然没有满足 ITER 在 2013 财年的实际需求"。

表 10.3 显示了美国 DOE 2006 年初在 2007 财年预算申请中向国会提出的美国

[①] 译者注：悬浮偶极实验装置是一个前沿的聚变研究装置，它将一个超导圆环悬浮于球形反应室内部，后者将产生轴对称磁场（类似于地球或土星的磁层），用于约束等离子体。

[②] 译者注：原著数据有误，美国投资份额为 9%~10%。

ITER 项目所需的资金概况，以及截至 2012 年实际提供的金额。截至 2012 年夏，美国 DOE 并未按照 2019 年 11 月项目完成的计划表提供更新后的资助情况。

表 10.3　美国 ITER 项目支出概况

美国 ITER 项目资金	计划金额（2007 年）/ 百万美元	实际金额（2012 年）/ 百万美元
2006 财年	19.3	25.0
2007 财年	60.0	60.0
2008 财年	160.0	10.7
2009 财年	214.5	124.0
2010 财年	210.0	135.0
2011 财年	181.3	80.0
2012 财年	130.0	105.0
2013 财年	116.9	150.0
2014 财年	30.0	？*
2015 财年	项目完成，共计 11.22 亿美元	？
2016 财年		？
2017 财年		？
2018 财年		？
2019 财年		？
		项目完成，超过 20 亿美元

注：？表示尚不确定

我说，"因此，如果美国在 2013 财年为 ITER 投入 1.5 亿美元，那么截止到该财年结束已总共投入 6.9 亿美元。如果 ITER 在 2019 年 11 月运行，那么所需的建设资金必须在 2018 财年结束前基本用完。据报道，由于美国对 ITER 总额资助的最新估算值（非正式）已升至 26 亿美元，总统需请求国会在 2014—2018 年 5 个财年再拨款近 20 亿美元，或平均每年近 4 亿美元。显然，这已经无法通过继续削减美国国内聚变计划来实现了，必须另谋出路。"

我指出，"2003 年 1 月 30 日，美国决定重新加入 ITER 项目。这一决定是由美国政府最高层做出的，总统乔治·W. 布什在一份声明中说，'我欣然宣布，美国将加入 ITER，这是一个宏大的国际研究项目，旨在利用聚变能'"。我说，"为了确保 ITER 项目的成功完成，同时不破坏美国的国内项目，我们需要重新获得美国政府对国内项目的高度支持，而这种支持在 2013 财年预算提案中似乎已经丧失。ITER 项目应再次获得总统级别的认可，但不能通过削减美国国内的聚变研究来筹集资金"。

我总结道，"美国国内聚变计划没有足够的资金来支持美国对 ITER 建设的承诺"。

10.11　美国核学会聚变能分会对 2013 财年预算提案的评论

2012 年 4 月 10 日，就总统 2013 财年的聚变预算，ANS 聚变能分会准备了一份声明，并将其发送给了众议院和参议院拨款委员会的主要成员，同时也抄送给了行政部门的高级官员。声明中提到（节选）：

"美国政府提出的 2013 财年预算申请将危及美国国内聚变计划以及美国对 ITER 国际项目的科学贡献。如若实施，将对美国聚变研究计划造成重大打击，并进一步削弱其领导地位。在多年以最低水平的预算和基础层级的糟糕资助后，美国聚变计划在承受资金削减的同时，将无法避免遭受重大的负面影响。

几年前，美国聚变研究人员被告知，为了支持 ITER 建设，大家要'勒紧裤腰带过日子'。DOE 没有提及具体削减额度，有人猜测未来几年预算可能会减少 1% 甚至 5%。然而，2013 财年预算建议将聚变研究资金削减 16%（4 500 万美元），而且 DOE 官员已发出警告，未来几年还需要削减高达 1 亿美元的预算。如果政府的 2013 财年预算得以实施，DOE 将关闭一个专门的聚变实验装置——MIT 的阿尔卡特装置，而那里的学生和员工将会被遣散。未来更大幅度的削减将遣散全国各机构中更多利用 ITER 成果的科研人员和学生，并大大减少接受聚变教育和培训的美国工程师和科学家的数量。

我们敦促政府依照《2005 年能源政策法案》（公共法案 109-58，第 971–972 节）中的规定，一如既往地全力支持国内的聚变研究计划，并改变当前立场，恢复国内聚变计划预算的资金，同时单独全额资助美国承诺的 ITER 年度份额。

探索商业上可行的聚变能源道路是我们这个时代面临的重大科学挑战之一。随着用于探索等离子体燃烧科学的 ITER 的建设，世界聚变计划即将进入最后的研究阶段。包括中国、欧盟、日本、俄罗斯和韩国在内的其他国家也在快速前进，他们大力投资国内的聚变项目和培养下一代聚变研究人员。他们也全力支持 ITER。美国一直是聚变领域的领导者，并且应该继续如此。美国在聚变能源领域的领导地位将最符合美国的利益和科学本身的发展需求。"

10.12 聚变能源科学咨询委员会启动另一项优先研究

美国磁聚变界显然对 DOE 2013 财年预算中削减国内聚变计划明显不满，他们提出要求：即子项目中任何可能的削减都应与磁聚变界沟通。因此，美国 DOE FESAC 被要求对"MFE 科学项目的优先事项"进行重新评估。这项研究由 DOE 科学办公室主任威廉·F. 布林克曼提出，旨在应对奥巴马总统 2013 财年预算中对美国国内（非 ITER）聚变研究削减 4 800 万美元的提议。然而，布林克曼在 2012 年 4 月 13 日给 FESAC 的任务书中指出，"请注意，普通等离子体科学和 HEDLP 项目以及美国对 ITER 的投资不在此次任务范围内"。因此，DOE 对 FESAC 的委托远未达到 FESAC 请求评估 2013 财年及后期聚变计划优先资助事项的全部要求。

FESAC 成立了一个由其委员鲍勃·罗斯纳（Bob Rosner，芝加哥大学）领导的子委员会。子委员会被要求在以下三种预算情形下"对 2013 财年聚变能源科学计划中非 ITER 磁聚变部分，进行优先级排序：① 2013 年总统预算下的研究水平；② 将这部分计划的预算恢复到 2012 年的水平；③ 一个着重强调聚变材料科学的项目"。

子委员会在几次公开会议上听取了报告，也收到了来自聚变界的"白皮书"。这些资料，连同任务书和子委会成员名单，发布在 http:// fire.pppl.gov 网站上。

布林克曼没有给出 FESAC 完成这项研究的预定日期，但 FESAC 希望在 2012 年秋初完成这项研究并给出建议。

10.13 国会的行动

2012 年 4 月，美国众议院和参议院（各自）的拨款委员会审议了奥巴马总统提交的 2013 财年 DOE 预算，并对美国聚变计划给出了截然不同的意见。

参议院支持了总统提议的聚变预算，包括大幅削减国内聚变研究，并将削减的资金用于增加美国对 ITER 建设的支出，使整体聚变预算仅略低于 2012 财年预算。相反，众议院断然拒绝了对国内聚变预算的削减提议，此外，还为 ITER 提供了比总统请求更多的资金。参议院法案为 OFES 提供了 3.98 亿美元，而众议院法案提供了近 4.75 亿美元。

以下是众议院和参议院对 OFES（隶属 DOE 科学办公室）和惯性聚变点火及高产额攻关（在 DOE NNSA 的武器预算内）的审议报告中的内容：

对于 OFES，众议院表示：

"聚变能源科学计划支持旨在利用核聚变生产能源的基础研究和实验。拨款委员会建议为聚变能源科学拨款 4.746 17 亿美元，比 2012 财年增加 7 244 万美元，比预算申请增加 7 629.3 万美元。

国内聚变计划是美国科学领导地位的重要组成部分，也是包括 ITER 在内的任何成功聚变项目的必要组成部分。建议为国内聚变计划拨款 2.96617 亿美元，比 2012 财年低 56 万美元，比预算申请高 4 829.3 万美元。（DOE 的）预算申请书提议关闭阿尔卡特 C 型装置，仅为（装置）退役和现有研究生提供足够的资金。实际上，情况正好相反，DOE 应继续维持阿尔卡特 C 型装置的运行，并为科学办公室所属国内聚变企业的持续研究、运营和升级提供资金。

建议美国向 ITER 提供 1.78 亿美元，比 2012 财年增加 7 300 万美元，比申请额增加 2 800 万美元。ITER 是一项重要的国际合作，代表着聚变能源科学向前迈出的一大步，但其资金需求将会对未来十年的预算带来巨大挑战。拨款委员会感谢科学办公室正在努力应对这些挑战，但注意到预算申请中并未提出任何可行的或周密的解决方案。委员会建议继续资助国内聚变计划，资金大约保持在 2012 财年的水平，并增加 ITER 的资金，达到 2013 财年计划的资金水平。然而，展望未来，ITER 日益增长的资金需求将继续构成挑战，委员会认为，聚变能源科学的长期政策规划应以对科学需求和机遇的公正分析为指导，并着眼于美国的竞争力和领导力。因此，委员会重申了 2012 财年拨款会议报告中提出的聚变能源科学十年计划的重要性，重申按时完成计划的重要性以及在国内外聚变装置、项目和计划中确定优先事项的重要性。"

关于美国 NNSA 的 ICF 计划，众议院表示：

"拨款委员会建议拨款 4.8 亿美元，比 2012 财年多 372.6 万美元，比预算申请高出 2 000 万美元。在这笔资金中，6 250 万美元将用于罗切斯特大学 OMEGA 激光装置，比预算申请高出 225 万美元。

随着首次点火攻关在 2012 财年接近尾声，NNSA 很有可能无法在这些实验中实现点火。虽然实现点火还未得到科学上的验证，但如果 NIF 的唯一作用是作为一个昂贵的高能量密度物理实验常规平台，那么其巨大的花费是不值得的。委员会继续支持开展点火工作，并敦促 NNSA 在下一阶段科学研究开始时，为未来的实验活动制定一项高性价比的战略。考虑到主要诊断数据已获得，实验节奏也发生了变化，在2013财年，（我们）建议在NIF开展较低水平但仍然富有活力的实验活动。

此外，拨款委员会支持采用完全符合成本核算标准的一种公平和标准化的间接费用率。前几年，NNSA允许LLNL对NIF的运行采用降低的间接费用率，这虽然人为地降低了ICF活动中开展实验活动所需的资金总量，但却违反了成本核算标准。

这种做法也掩盖了上述活动的全部成本，并将这些成本转移到实验室的其他项目上。虽然费率变动对最终方案的影响尚不清楚，但随着间接费用率回归到更合适的水平，NNSA预算中应预留空间来部分缓解这些影响。但很明显，NNSA在制订其预算申请时没有合理考虑这些影响，委员会建议在预算申请的基础上增加2 000万美元，以减轻2013财年任何意外所带来的不利影响。委员会将继续与NNSA合作，以了解NIF过渡到合理间接费用率的影响，并按需调整资源，使该装置能够有效执行其任务。"

对于OFES，参议院说：

"拨款委员会建议为聚变能源科学拨款3.983 24亿美元。在这些资金中，委员会建议按需拨款1.5亿美元用于支持美国对ITER的资助。

与核物理计划类似，委员会对聚变能源计划缺乏战略方向感到担忧。委员会了解到，预算申请为ITER拨款增加了4 500万美元，但即使增加了拨款，美国的投资仍比项目计划少5 000万美元。

委员会还了解到，美国投资的增加是以牺牲国内聚变计划为代价的。委员会担心，对国内聚变能源计划的进一步削减可能会损害美国在聚变方面的进步，以及美国利用ITER项目进行科学研究的能力。科学办公室相信，可以利用国际项目和装置来建立和维持美国在聚变能源科学方面的专业知识。然而，2012年2月FESAC的一份报告警告称，亚洲和欧洲的国际装置还需数年才能投入运行，而且不应为了国际合作而牺牲这些可从ITER中获益的国内研究项目。

委员会指示科学办公室，在建议进一步削减国内项目之前，评估该削减对国内聚变能源科学人才以及美国利用 ITER 推进聚变能源能力的影响。委员会还指示科学办公室评估参与 ITER 项目的替代方案，包括减少对该项目的投资，以及在必要时退出该项目以维持国内能力。此外，委员会指示科学办公室在提交 2014 财年预算时，提交一份项目数据表，详细说明 ITER 项目完成前的所有成本。

委员会了解到，DOE 视 ITER 为重大装备项目，而非单项建设项目来提供资金。然而，委员会认为，一个数十亿美元的项目，尤其是具有如此规模和复杂性的项目，应该被视为一个建设项目，并遵循 DOE 第 413.3B 号条例的指导原则。"

关于 NNSA 的 ICF 计划，参议院表示：

"委员会建议按要求提供 4.6 亿美元。委员会了解 NIF 的重要性，并支持 NNSA 在国家点火攻关结束时继续维持装置的长期运行。委员会鼓励 NNSA 与 LLNL 密切合作，帮助实现装置向实验室标准成本核算全面过渡。该委员会指示 NNSA，在通知众议院和参议院拨款委员会的情况下，使用 LLNL 高达 1.4 亿美元的内部额外资金——该资金是由于 NIF 从自建资产池间接费率和低管理费脱离时导致实验室"混合费率"整体降低而产生的——来提高实验室在技术基础和设施资金方面的准备水平，从而专门用于支持 NIF。委员会建议 NNSA 将 NIF 的运营预算转移到"技术基础和设施就绪状态"预算类别，这将满足装置向常规运行过渡的要求并与其他装置的供资方式保持一致。委员会还建议 NNSA 考虑每天 24 小时，每周 7 天的装置运行替代方案。

此外，在 ICF 资金内，至少 6 200 万美元和 5 500 万美元将分别用于罗切斯特大学 OMEGA 装置和圣地亚国家实验室 Z 装置的 ICF 研究。委员会还建议按需至少拨款 500 万美元给海军研究实验室，用于继续运行其激光装置，并重点关注激光等离子体相互作用、靶流体力学、材料和先进点火概念。

委员会仍然关注 NIF 是否有能力在 2012 财年结束前实现点火（建设该装置的主要目的），届时国家点火攻关（NIC）将结束，该装置将过渡到例行点火运行并探索广泛的科学应用。委员会指示 NNSA 尽快成立一个独立咨询委员会，以帮助制定 ICF 和高能量密物理研究的战略方向，并确定如何最佳利用现有装置来推进这一科学领域的发展。如果 NIF 在 2012 财年结束前未能使用低温分层的氘氚靶（产生中子产额且能量增益大于 1）实现点火，委员会将指示 NNSA 在 2012 年 11 月 30 日前提交一份报告，该报告包括：① 解释实现点火的科学和技术障碍；② NNSA 将采取哪些步骤，按修订后的时间表来实现点火；③ 对库存管理计划的影响。

为了在资金有限的时期满足'惯性约束聚变和科学攻关'复杂且不断增加的任务要求，委员会敦促国防部继续开展活动，以确保多样化的外包供应基础，并能够经济高效地开发和制造 ICF 装置所需的全谱系实验靶，从而支持库存管理计划。"

众议院拨款法案随后在众议院全体会议上获得通过。然而，在成为法律之前，参议院也必须投票批准一项相应主题的法案；接着，参众两院需要通过协商委员会解决两项法案中的分歧，并最终通过完全相同的版本，才能提交总统签署。截至 9 月中旬，参议院尚未对该法案进行投票，而且似乎不太可能在 2012 年 11 月选举之前将拨款法案提交总统（财年从每年的 10 月 1 日开始）。

10.14 国际热核实验反应堆理事会的华盛顿会议

2012 年 6 月 20—21 日，ITER 理事会在华盛顿举行会议。该理事会承认"ITER 项目取得了一些积极进展，特别在 ITER 建设和许可方面"。理事会强调，"在成本范围内遵守项目时间表仍然是一个关键问题，报告中提及的延误需要迅速解决；理事会还指出，ITER 组织和 7 个国内机构正在共同努力解决这些问题"。该理事会"对真空容器等主要部件的制造延误表示担忧"。理事会成员重申了确保项目进度并控制成本的必要性。

10.15 不确定性

随着 2012 年夏即将结束,多个方面都充满了不确定性。总统选举活动正在进行中,奥巴马总统能否在 11 月成功连任仍是未知数。国会尚未通过 2013 财年预算,NIF 还没有点燃聚变靶丸,美国国家科学院 IFE 评估小组尚未发布其最终报告,FESAC 尚未完成磁聚变优先资助项目的评估,DOE 仍未公布美国未来一年对 ITER 资金投入的估算,世界经济的前景仍面临不确定性。美国国会就如何在大幅削减联邦开支的同时,促进经济增长并继续增加国防开支的问题陷入僵局。

译:程功　校:邓博

第 11 章

应 用

> 预测未来的最好方式就是创造它。

11.1 电力能源

聚变计划的主要（或许也是最困难的）目标是生产基本负荷电力。与裂变电站一样，聚变电站难以适应电功率的快速改变。这一特征叠加规模经济效应，往往使集中式大型聚变反应堆比分布式发电更具经济竞争优势。而分布式发电市场在未来很可能会被太阳能、风能以及可能出现的燃气轮机技术等替代。那么，将来聚变发电主要面临煤炭、核能，可能还有天然气发电站的竞争。

电动汽车在交通系统中规模较小，但却呈现不断增长的态势。如果用电动汽车取代所有汽油动力车，那么这个国家的发电量将不得不增加一倍左右。这将从根本上改变对核裂变能和聚变能的需求。

直到 20 世纪 80 年代中期，美国电力公司都要受地方和州政府公共事业委员会的高度监管，这些委员会负责批准电费费率和可纳入费率基础的成本。委员会通常会鼓励并批准一笔专用于研发的费用。因此，大多数大型电力公司都设立有研究部门，这些部门的人员与附近的聚变研究实验室建立了密切的关系。在某些情况下，像旧金山湾区的太平洋电力和天然气公司这些个体单位也会资助一些小型独立的聚变研究工作。此外，电力公司还通过 EPRI 来资助独立的聚变研究工作。然而这一切却在 20 世纪 80 年代中期后发生了改变，当时政府撤销了对电力公司的管制并要求它们通过竞争来赢得市场。结果导致电力公司管理人员开始进行成本削减，以便可向潜在客户提供更低的费率。而个体单位的研究部门则成了这一政策变化的主要受害者。美国 EPRI 董事会还做出决定，EPRI 应专注于开展如何在短期内降低其成员公司电力成本的研究，而不是开展旨在开发新的长期能源（如聚变能）的研究。EPRI 终止了其小型（每年约 400 万美元）核聚变研究工作。

11.2 制 氢

现在，人们经常听到在商业能源中用氢做直接燃料，或者更可能的是将氢气与燃料电池结合用于运输行业的未来前景。目前，氢是通过化学过程从碳氢化合物（主要是天然气）中获取的，这将会产生环境问题：即如何处理残留化合物。制氢技术已经在石化工业中得到广泛应用。

氢也可以通过电解水获得，但要低于从碳氢化合物中获取的效率。从电解这个名字可知，这个过程需要投入大量电能。如果能为氢开发一个巨大的商业市场，聚变能将成为其他能源的合理竞争对手，从而更好提供电解水所需的电能。与中央电站的电力需求相比，因氢具有可储存性，聚变电站所需的占空比可以放宽。这将使运营商能够在早期具有较低占空比的聚变电站中获得经验。与天然气相比，聚变能（和裂变能）相对大规模制氢的优势是它不产生碳排放。与使用太阳能或风能相比，其优势在于在大型电厂中能够生产更多的氢气。

陈（Chen）[107] 对氢生产及其在运输中与燃料电池相关的潜在应用进行了详细讨论。FESAC 的一项研究[108] 则聚焦于氢生产及下文讨论的聚变的许多其他非电力应用上。

11.3 聚变－裂变混合反应堆

聚变-裂变混合反应堆的概念：用一层次临界裂变材料或一层不可裂变的

^{238}U 或 ^{232}Th 环绕在聚变中心等离子体区域。根据设计，可设想几种应用。低性能聚变堆芯可以驱动次临界（因此"更安全"）裂变包层发电，同时低性能聚变堆芯产生的中子可用来生产当代轻水裂变反应堆所需的燃料，这种当代轻水裂变反应堆将在本文下节进行阐述。另外还可通过优化设计将裂变反应堆废料转化为短寿命或无放射性的元素。由杰弗里·弗里德伯格主持、DOE 资助的一项审查[109]得出如下结论："聚变-裂变混合堆的确为解决与传统核电相关的可持续性问题提供了希望"。但他们也说道，"另一方面，当参与研究者被问及这些混合解决方案是否可能比预期的纯裂变解决方案（即快燃烧堆和快增殖堆）更具吸引力时，人们普遍认为无法根据已知的技术信息对这个问题进行定量答复"。

最近，《威利核能百科全书》[110]发表了一篇关于聚变-裂变混合反应堆的综述。过去几年，LLNL 一直在进行一项名为 LIFE 的基于激光惯性约束聚变混合反应堆的研究。[111]华莱士·曼海默（Wallace Manheimer）也是聚变-裂变混合堆的积极倡导者。[112]

11.4 核裂变反应堆燃料

一些研究[113, 114]表明，可以用单个聚变反应堆中的中子从非裂变材料中生产足够的裂变材料（如铀或钚），从而可为大于等于 5 个轻水裂变反应堆提供燃料。从聚变的角度来看，这种应用的优势在于聚变反应堆的占空比要求没有电力发电站的高。目前，裂变材料的供应充足、成本合理，能够满足当今裂变电站的燃料需求。这种情况如果发生了根本性的改变（如裂变反应堆数量的大幅增加或铀成本的大幅增加），才有可能出现核聚变能的应用市场。此外，裂变反应堆设计的发展，使得短期内需要聚变能应用不太可能。

11.5 核废料转化

今天的核裂变电站会产生大量放射性废料。这种废料由多种有害物质组成，包括短寿命和长寿命的裂变产物以及未裂变燃料。在有些国家，这些废料经过再处理，可转化为未裂变的燃料并进行重复使用，从而减少需要长期储存或处置的裂变产物的数量。在美国，这些废料没有进行再处理，而是被储存在现有发电站，而提供深层地下存储装置的计划也被搁置。如何处理裂变电站废料是更广泛应用核裂变能的主要障碍，尤其在美国。

使用聚变或加速器产生的中子将长寿命裂变产物转化为短寿命或稳定同位素是开展核废料转化研究的数项技术之一。[115-117] 与生产裂变反应堆燃料的情况类似，从聚变角度来看，聚变反应堆的一个优点是没有电力生产所需的占空比要求。另一个优点是等离子体产生聚变能的性能要求降低了，仅与当前聚变实验中的性能相当。

11.6 其他废料的处理

1969 年年初，美国 AEC 的物理学家威廉·C. 高夫和伯纳德·J. 伊斯特隆德发表了系列报告[118]，其中第一篇讲到："聚变燃烧：终结燃料循环"。该报告描述了等离子体，尤其是聚变等离子体如何将目前堆积在废料堆中的材料分解成可重复使用的材料，甚至可能还原成它们自身的元素形式。

聚变燃烧的想法是使用超高温等离子体气化、解离和电离固体废料，从而回收元素和化合物以供再次使用。他们指出，许多可能被纳入工作系统的辅助技术，如电磁分离器和离心机，已经在其他应用中使用了。

商业上已经在使用等离子体燃烧处理废料了；聚变燃烧则必须等待聚变源的出现。

11.7 海水淡化

美国许多地区淡水资源短缺,世界其他地区更是如此。随着世界人口的持续增长,这个问题将变得更加尖锐。幸运的是,海洋中大量的咸水,可以通过蒸发和冷凝(蒸馏)以及其他方法轻松地(尽管成本高昂)进行淡化。用这些方式生产大量淡水确实需要大量的热能,这些热能可使用与大型中央发电站所采用的相同技术(煤炭、裂变、聚变等)来产生,并且技术上是可行的,但大多数情况下,如果有足够的天然淡水资源,海水淡化这种方式也是不经济的。例如,核航空母舰利用其核电系统产生的热能来淡化海水,而在阿拉伯联合酋长国和其他地方,使用化石燃料作为热源的大型海水淡化厂正在运行。未来,可以预期的是将海水淡化为淡水资源的经济性将变得越来越有吸引力,甚至在某些情况下是绝对必要的。

对聚变电站而言,海水淡化这一市场的可能性将再一次由于"占空比"带来优势。发电对"占空比"要求较高,因为电力供应必须是连续的。而水则可大量储存,以应对计划内或计划外海水淡化厂的停电状态。

设计和运行的基于核裂变和基于化石燃料的海水淡化厂的研究和实际经验,很大程度上也适用于聚变电站。已经有大量研究[119,120]专门分析了聚变技术在海水淡化中的应用。从聚变角度来看,聚变能的优势在于它不会产生温室气体(与化石燃料相比),而且当规模扩大时,聚变能可能具有更好的经济性(与裂变能相比)。

11.8 衍生品

尽管用于电力生产或其他应用的聚变能仍还未实现,但与聚变能研发相关的许多科学技术已经产生了巨大的商业影响。已应用的商业市场包括:半导体集成电路的等离子蚀刻;用于工具、模具和工业金属硬化的离子注入;聚合物薄膜的印刷;防腐层和其他类型涂层的沉积;高性能陶瓷的生产;有害废料的处理;材料表面清洁；激光和脉冲 X 射线应用；等离子平板显示器；各种应用材料的改进；电力工业的大电流开关；医学和生物应用；各种相关技术的改进，包括同位素分离、微波源、低温、超导和光学；光源、数字雷达等新技术；对许多基础科学领域的贡献，如空间物理学和超级计算。保守估计，目前这些应用每年有超过 2 000 亿美元的全球市场。[121-124]

译：张惠鸽　　校：孙奥

第 12 章

工程挑战

只有当爱迪生意识到他的灯泡必须在实验室外工作并成为整个电力系统的一部分时，他才明白如何制造一个正常工作的灯泡。

贯穿美国核聚变发展历史的焦点始终是实现被称为"科学可行性"这个目标，即产生和约束超过劳森判据的高温等离子体。TFTR 和 JET 等设施已接近该目标，尽管这些成就很必要，但还不足以证明可以进行实际商业电力生产，或进行在 11 章中讨论的其他可能的商业应用。因此，必须将聚变等离子体的生产与工程系统相结合，从而可靠且经济高效地将聚变能转化为可用形式。

实现这些需要很多技术支撑，并且需要认真对这些技术开展研发工作。尽管人们已充分理解了这些要求，但相比于工程技术的发展，目前仍需在聚变等离子体基础物理的研究上投入更多精力。

12.1 材 料

聚变等离子体产生于材料腔室的真空中。该腔室内壁通常被称为"第一壁"，腔室内靠近第一壁的其他部件通常被称为"面向等离子体组件（PFC）"，第一壁和 PFC 会受到来自聚变等离子体的稳定中子流、等离子体粒子和其他类型辐射的影响，受影响的程度取决于第一壁和 PFC 所使用的材料的特性，这是实用型聚变电站的第一个工程挑战。因为一些物质将从这些材料的表面被侵蚀掉，如果这些物质混入聚变等离子体，会对其进行冷却，从而终止聚变反应。此外，材料还将受到来自聚变等离子体的带电粒子和高能中子的损坏，毫无疑问这就要求必须在核电站的整个寿命周期内能对第一壁和PFC进行定期更换，这将产生维护问题并对发电成本产生不利影响。

在腔室第一壁外是一个被称为"包层"的区域。包层区域的功能是减慢聚变中子的速度，获取其能量，并将该能量转化为热量来驱动蒸汽发生器发电。包层的另一个功能是捕获聚变中子使其与锂反应，产生可做燃料使用的氚。这是一项艰巨的工作，需要仔细选择和排布包层中的材料。对于超导磁聚变反应堆，在包层和磁体之间还需要一个"屏蔽"区，以防止多余热量抵达磁体。

第一壁、PFC、包层和屏蔽层所选择的这些材料会吸收中子（中子活化）并产生各种类型和数量的放射性元素。有些材料被认为更具"吸引力"，尽管在当前所考虑的材料中，还没有像裂变反应堆中产生的材料那样危险、具有长寿命放射性或麻烦性。然而，当这些材料达到使用寿命时，必须把它们作为放射性废料进行处理。世界各地的聚变项目已经开展了大量研究来确定候选的"低活化材料"，尽管在鉴定其是否可用于建筑方面所做的努力还相对较少，这一方面是因为缺乏合适的试验装置，另一方面是由于与聚变等离子体科学相比，聚变核技术研发的优先级较低。这些并不会为当前的实验装置带来问题，但却会为聚变发电站带来麻烦。相比裂变电站，尽管核聚变电站退役时需要处理的材料，半衰期更短且危害性更小，但大型托卡马克电站产生的这些废料的体积却和裂变电站相当，甚至更大，这取决于核聚变电站建设中所选择的材料。

随着聚变反应堆堆芯持续不断进行聚变反应，必须不断排出旧等离子体并补充新等离子体。托卡马克中旧等离子体的排出是通过磁性"偏滤器"完成的。偏滤器被认为是一种PFC，并且偏滤器的材料特性（如果有的话）比第一壁和其他PFC的要求更高。

人们认为当今广泛使用的建筑材料并不适合聚变电站。一些勉强可接受的钢材需要在产生近似14 MeV中子能量的设施中进行测试和鉴定，这些中子的能量、通量和积分通量要与聚变发电站中的情况类似。已经提出了几种这样的装置类型，但没有一个成功建成的。已在较小的设施和裂变反应堆中开展了一些测试，可为这类装置建设提供指导，从而可能避免或减轻某些固体材料问题。例如，在磁约束和惯性约束聚变中正在评估的一项技术是使用流动的液态金属来保护固体壁。

关于聚变材料问题的详细讨论超出了本书范围，关注这一问题可参考文献 [125-128]。

12.2 氚

正如第 1 章所述，最容易实现的聚变反应是氢的两种重同位素：氘和氚。氘很容易从水中获得，且基本上是无限量供应的。然而，氚在自然界中的量却是有限的。而且氚不稳定，会发生放射性衰变，其半衰期为 12.3 年。幸运的是，很容易通过俘获中子从锂中产生氚，而陆地和海洋中锂的含量都很丰富。[107]

目前，有少量的氚库存，是为核武器而生产出来的，也是重水核裂变反应堆的产物（像在加拿大和其他地方民用核电站产生的氚）。当然，氚的供应量会不断减少，但应能充分满足 JET 和 ITER 等聚变实验装置的需求，然而它们的量却无法满足持续运行的聚变电站的需求。为此，必须要在聚变电站的包层中产生氚，并提纯、注入到聚变等离子体的氘氚燃料混合物中。氚增殖技术已经过小规模分析和测试。然而，这却对包层区域材料的选择和排布提出了额外要求，并增加了发电站的复杂性和成本。除了产生氚、从包层中提取氚并注入氚之外，氚（以及氘和氦）还存在通过偏滤器或其他方式持续离开反应区域的废气混合物中。这种废气混合物中的氚非常宝贵，因此必须将其与其他废气分离，并再循环回聚变等离子体中。这样的技术也已进行了小规模分析验证，但完整的氚生产、提取和回收系统的工程挑战仍旧存在。安德森的论文 [129] 和文献 [107] 对这样的复杂性进行了描述。

氚具有轻微放射性（它发出的低能电子甚至不能穿透皮肤的角质层），出于安全考虑以及其作为燃料的价值性，必须防止氚从系统中泄漏。氚能够扩散到大多数材料中，因此有些氚会被束缚在核电站退役后需要处理的材料中。为聚变电站设计氚处理系统将是系统设计的一个主要部分，它会增加电站成本。聚变发电站氚相

关部件的工程设计也将具有挑战性，但这些是都可控的。[130-133]

12.3 复杂性

毫无疑问，聚变电站将比今天的发电站具有更复杂的工程系统。复杂性将增加电站的投入和运营成本。因此，如果在聚变能源开发中引入更多的工程技术，需要高度重视整个系统的简化。

许多现代技术，如飞机，都是极其复杂的系统。某种程度上讲，复杂性是不可避免的。如果系统仍然可靠，并且复杂度的成本可以通过应用的有益性得以证实的话，那么复杂性或许是可接受的。然而，在设计和开发过程中总还是需要追求简化的。

与复杂性相关的问题确实（或应该）影响了管理层在研究和开发阶段选择什么样的聚变构型进行重点投入。磁约束结构有很多变化。一些基于物理性能的更具前景的结构，似乎需要更复杂的工程特性，而一些不太复杂的几何构型似乎没有吸引力或不太符合物理认识。在较小程度上，如果惯性聚变计划开始建造重频脉冲聚变装置，这些概念之间的复杂性变化也会影响对候选驱动器的选择。

12.4 维 护

聚变中子会活化聚变电站的结构材料从而产生放射性元素，并且使用放射性氚做燃料，其中一些氚会被结构材料所吸收，因此必须使用远程操作设备来维护大部分聚变器件。与当前的发电站相比，这个要求将增加建设和运营的复杂性，可能还需要更长的电站停机维护时间。这些都会增加电力成本，并影响聚变电站与其他能源或电力的竞争。

目前，英国的 JET 托卡马克实验装置正在进行远程维护，该技术还将在 ITER 中取得实质性的进展和验证。其他行业正在使用较小规模的远程处理技术，因此的确需要一个行业来研发核聚变电站所需的技术。因为惯性聚变电站中的"驱动器"与聚变室是分离的，它所需的远程处理技术可能比磁聚变电站要简单。

12.5 成　本

与化石和核裂变电站的燃料成本相比，聚变电站的氘和氚燃料成本预计将非常低。然而，这一优势将在很大程度上（如果不是完全）被建造核聚变电站的预期高投入成本（相对于这些竞争技术）以及可能更昂贵的维护成本所抵消。因此，目前的研究预测，聚变发电的实际成本可能与现有技术相当。事实是否如此，则取决于许多无法准确预测的未来市场因素。这些因素包括可能的碳税、处罚或对化石燃料使用的限制，安全、扩散问题或对核裂变使用的其他限制，以及太阳能或风能的可靠性或大规模应用中的适用性。

容量系数（有时又叫作可用性）对任何系统的电力成本（COE）都会产生很大影响。它是将投入成本转化为电力成本的关键数据。聚变电力系统将是资金密集型系统。此类发电站可能会作为基本负荷电站运行，此时，会先考虑以最大容量系数来运行。大多数核聚变电站的研究通常将容量系数的值设定为70%～80%。鉴于核聚变技术发展还处于早期阶段，这些数值至今还无法实现，因此它们实际上只是代表了一个目标。相比之下，美国现有的裂变电站通常可达到约90%的平均容量系数。

实现高容量系数需要系统具备两个基本特征：高的组件可靠性和可接受的维护或停机时间。对于给定的组件，其允许的平均故障时间和平均修复时间之间存在强烈的反比关系。换言之，更换组件的难度越大，组件的可靠性就必须越高。需要采用全面的系统工程方法，为复杂聚变电站中的所有组件定义平均故障时间和平均修复时间的可接受值。

要实现高水平的组件可靠性，则需要对聚变组件进行大量测试和鉴定，这远远超出了迄今为止所做的工作。例如，从未建造过任何聚变反应室，当然，也没有测试建立故障模式和可靠性数据库所需的条件。由于核聚变电站中有大量的组件和系统，因此需投入大量的时间和资金。

进行这些测试所需的时间将对开发商业聚变系统的整体时间表产生重大影响。尽管许多有用的测试可以在模拟设施中进行，但有时还必须在实际聚变环境中进行测试。达到开展聚变测试的条件需要在长时间周期内大量投资，因此将对实现聚变电力系统的路线图产生深远影响。

获取聚变系统组件必需的更换时间同样是一项极具挑战性的任务。其中，有些组件需要远程操作系统进行维护。虽然其他领域（如裂变反应堆和空间系统）的技术和经验可以借鉴并应用到聚变领域，但目前，在实际聚变系统的远程维护方面，经验非常有限。ITER 将是此类信息的一个非常重要的来源。开发聚变电站的维护系统将是一项重要工作，然而目前美国在这方面的研究很少。

基于上述原因，容量系数在影响聚变电站电力预计成本的所有因素中，具有最大不确定性。这适用于所有聚变概念，包括 IFE 和 MFE。

由于尚未建成核聚变电站，因此很难评估未来聚变电站的投入成本。人们必须意识到，当前对未来聚变电站的投入成本和电力成本的预测存在很大不确定性。然而，已开展的估算表明聚变可能是具有竞争力的（见图 12.1）。

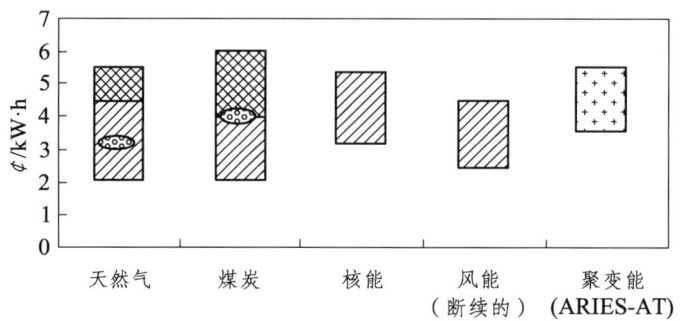

图 12.1　2020 年美国不同电能供应的成本估算范围（单位：美分 / 千瓦时）

注：椭圆来自美国能源信息署，交叉线范围是对化石供应征收 100$/t 的碳排放税。[107]

最终，电力成本或聚变能源的其他商业应用成本将决定聚变能是否以及何时进入商业市场。不同国家的市场力量当前、未来都不尽相同。美国市场可能是最难竞争的市场，因为它更多地取决于私企的利润目标，而不是政府政策。

译：张惠鸽　　校：孙奥

第 13 章

能　源

不存在与能源有关的外交或军事问题。你只需要建立一支快速部署的部队。这可能比在内部开发能源要贵一点，但它更有趣。

13.1　主要能源消耗

能源消耗可用多种单位计量，最常用的单位是"BTU"或英制热量单位。1 BTU 是将 1 lb 水的温度升高 1 °F 所需的能量。例如，家庭中，一个火炉产生的能量可能为每小时 25 000 BTU。一个家用火炉满负荷运行 24 小时后将产生约 600 000 BTU 能量，或者用另一个常用单位表示，约 0.01 t 油当量。1 gal 普通汽油的含能量约为 114 000 BTU。因此，一辆每消耗 1 gal 普通汽油行驶 20 mil，每年行驶约 10 000 mil 的汽车将消耗约 5.7×10^8 BTU 或约 1.425 t 石油当量。

据估计，2011 年世界能源消耗量约为 1.2×10^{10} t 石油当量。其中，美国约占 18%，欧洲和欧亚大陆（不包括中国）约占 24%，环西太平洋地区（除中国外的亚洲大陆不包括在内）地区约占 39%（其中中国约占 21%）。[134] 在 120 亿吨石油当量中，全球能源消费，约 40 亿吨（33%）为石油、37 亿吨（30%）为煤炭、29 亿吨（24%）为天然气、8 亿吨（7%）为水电、6 亿吨（5%）为核能。可再生能源（太阳能和风能）可忽略不计（不到 2%）。表 13.1 提供了各种能量单位之间的能源转换系数。

表 13.1　能量转换系数

将 1 lb 水升高 1°F 所需的能量为 1 BTU
1 000 000 BTU = 0.025 t 油当量
1 gal 通用汽油 = 114 000 BTU
1 kW·h = 3 412 BTU

13.2　石　油

由于石油在交通运输中的广泛使用，它的生产、分配和消费为主要关注点。据估计 2011 年全球每天消耗 8 500 万桶石油（每年 310 亿桶），其中美国消耗约占 21%，欧洲和欧亚大陆（不包括中国）合计消耗与美国相当，占 21%，环西太平洋地区（除中国外的亚洲大陆不包括在内）地区消耗约占 32%。[134] 尽管中东是最大的石油生产国，但它每年消耗量只占总消耗量的 9% 左右。2011 年探明的石油总储量估计约为 16 000 亿桶，是约 50 年的供应量[①]，预计未来将探明更多储量。赫希指出"区分石油资源和石油储量至关重要；它们非常不同。发现新的大油田很重要，但它们不会带来数字可能隐含的巨大影响。"[135] 目前，对已探明储量的微估，再加上不断增长的人口、新兴经济体、地缘政治担忧以及对化石燃料燃烧引起的全球变暖和气候变化的担忧，导致寻找石油替代品的压力越来越大。

13.3　电

电气化的发展和增长是 20 世纪人类生活水平提高的最大贡献力之一。电力生产和配给不仅在照明方面，还在发明和使用各种各样的设备方面带来了变革，这些

---

① 译者注：本处作者应该撰写有误，根据前面每年310亿桶，应该50年为16 000亿桶。

设备减轻了人类的巨大负担并提高了生产力。世界上，用人均用电量来衡量"发达国家"和"发展中国家"。"发达国家"的人均用电量从西欧的约 1.6 kW 到美国的 3.2 kW 不等。而在中国、埃及和印度，人均用电量约为 0.2 kW。[136]

一个典型的美国家庭每年可能使用约 10 000 kW·h 的电力，大约为 3.4×10^7 BTU 或 1 t 石油当量。世界净发电量约为每年 2×10^{13} kW·h（约 1.7×10^9 t 石油当量）。在世界发电总量中，约 66% 是由化石燃料燃烧产生的，主要是煤炭（约 40%）和天然气（约 25%）；水和核裂变各产生约 16% 的能量；大约 2% 的能源来自地热、太阳能、风能、木材和废料。

13.4 煤 炭

目前，世界能源消耗中煤炭约占 30%。2011 年，全球煤炭消费量为 3.724×10^9 t 石油当量，其中美国消耗了 5.02×10^8 t 石油当量，占总消耗量的 13%。据估计，全球有 8.61×10^{11} t 石油当量的煤炭"探明储量"，其中美国约占 28%。其他拥有较大煤炭储量的国家为俄罗斯（18%）、中国（13%）、澳大利亚（9%）和印度（7%）。因此，按目前的消耗速度，已探明的煤炭储量大约可以使用 230 年。

13.5 天然气

通常也可用天然气代替煤炭发电。天然气更容易运输，而且燃气轮机的建造速度更快，装置尺寸也比燃煤电站小。有些车辆也是用天然气替代汽油的。天然气提供了大约 24% 的世界能源消耗。2011 年天然气消费量为 3.2×10^{12} m³，其中美国消费量为 6.9×10^{11} m³，占 23%。据估计，已探明的天然气储量为 2.08×10^{14} m³ [134]，其中美国约占 4%。中东的探明储量最大（约 38%），俄罗斯联邦是唯一拥有较大探明储量的国家（21%）。按目前的消耗速度，已探明储量的天然气可以使用大约 55 年。与石油一样，预计还会有更多的天然气被发现，尽管发现成本会更高。

13.6 水

水力（落水产生的能量）几乎可以完全用于发电。人们普遍认为，世界上大部分潜在的水电已被开发。水电约占世界主要能源消耗的6%。2011年，水力发电提供的能源约为 8×10^8 t 石油当量。

13.7 核 能

核裂变能是像铀这类重元素分裂时从原子核释放出的能量，它几乎可专门用于发电，尽管它也可用于推进海军舰艇。核反应堆提供了约5%的世界主要能源消耗。

铀的储量并不为人所知，而且铀矿的品质参差不齐。储量与核电站使用量之间也很难关联，因为可以使用不同等级铀的核电站技术种类繁多。现在的核电站需对铀矿进行浓缩，使其中更容易裂变的同位素 ^{235}U 含量能达到百分之几。据估计，目前可提供核电站50年的燃料供应。已经设计并部分研发了其他类型的核电站，它们可以更有效地利用裂变元素，并可将可用的燃料供应延长几个世纪。

当裂变发生时，产生的许多"裂变产物"具有放射性，因此也具有生物危害性，需要作为核废料长期（数千年）储存。迄今为止，美国未能就如何处置长寿命核废料达成一致。其他国家通过"再处理"乏燃料、在核电站中重复使用部分乏燃料、丢弃非放射性材料以及储存较低体积的长寿命废料来缓解这一问题。

13.8 再生能源

这里的可再生能源包括木材、植被、地热、风能、太阳能和废料。它们提供的能源总量不到世界主要能源消耗量的2%。风能和太阳能加起来提供了不到世界主要能源消费量的0.5%。原理上这些形式的能量储备是无限的，然而利用这些能源来满足世界能源需求的大部分，仍然是存疑的。

每年到达地球表面的太阳能为 88 000 TW，大约是当前主要能源总耗量的 9 000 倍。因此，仅利用其较少部分就可能会对能源供应产生重大影响。然而，太阳能非常分散，并不总能收集到。

13.9 气候变化

煤炭、石油和天然气目前提供了约 87% 的世界主要能源消耗。然而，它们的使用会将碳化合物和其他化学物质释放到大气中。这会导致空气质量降低，并可能引发"全球气候变化"，对我们的生活造成可能的灾难性影响。环境限制越来越严格，使用这些燃料可能要受到经济处罚。

全世界每年向大气排放约 6×10^9 t CO_2，美国约占 23%。大幅减少排放的最快捷方法是建造核电站并同时引进电动汽车。要用核能完全取代目前占世界主要能源 87% 的煤炭、石油和天然气，则需要将核能产量增加 17 倍。目前，世界上大约有 450 座核电站在运行（美国有 104 座）。因此，增加 17 倍意味着将需要建造 7 000 多座新的核电站。

13.10 供 需

目前，能源供应满足需求，尽管需求对供应链带来的压力，导致主要燃料的价格不断上涨。燃料资源在全球分配不均，这导致了经济和军事的紧张局势。能源消耗在世界各地的分布也不均衡，导致世界许多地区的生活水平差异巨大以及世界许多地方的普遍贫困。能源的需求正在迅速增长，尤其是在中国和印度等发展中国家。这种增长部分源于满足当前人们提高生活水平的愿望，部分源于相对于发达国家更快的人口增长速度。目前，全世界约 70 亿人口中约 20 亿人还没用上电。世界银行估计，未来 30 年将需要超过 4 万亿美元资金来满足发展中国家的电力需求。

虽然美国人口只占世界人口的5%，但它的能源消耗却占世界能源消耗的20%左右。美国公民的人均用电量约为世界其他地区平均水平的9倍，总能耗约为典型发展中国家的15倍。美国每年在能源方面的支出约为4 500亿美元。

技术进步推迟了不可避免的能源危机的到来，不可避免的能源危机是指供应无法满足需求或无法以负担得起的价格来满足需求。

译：张惠鸽　校：李丽灵

第 14 章

展望 2012

别说做不到,既然承诺去做,就必须做到。

本章将介绍几十年来在聚变研究和开发中发挥关键作用的几位科学家的个人观点。

14.1 美国对聚变能是认真的吗?

查尔斯·C.贝克

几十年来,美国一直参与实现聚变能源的研究活动。但在追求聚变能源的潜在前景方面,美国还不够认真。

聚变能的一个重要方面,即在等离子体物理学 [包括磁(约束)研究和惯性(约束)研究] 的发展和成熟方面取得了卓越进展,这是美国和全世界共同努力实现的。等离子体和聚变研究一直坚持国际合作,合作贯穿于整个研究的历史进程中。

工程知识和新技术的发展是等离子体物理学取得进展的一个重要因素,工程知识和新技术不仅支持正在进行的,在某种程度上甚至还支持下一步即将开展的工作,特别对 MFE 和 IFE 研究而言更是如此。但聚变能所需的核科学、材料科学和系统科学仍进展不足。某种程度上讲,是因为资金缺乏,也是因为项目优先级错位。

早期,人们几乎把所有的努力都集中在等离子体物理学上了,并认为这理所当然。但最近几年,尤其是过去 20 年,人们普遍认为 MFE 项目是具有潜在无限期未来能源应用的科学计划。MFE 项目由 DOE 科学办公室的 OFES 管理，而 IFE 项目则被纳入美国 DOE 的核武器计划中。两种情况中负责 MFE 和 IFE 的办公室都没有将聚变作为能源发展纳入它们的首要任务。

是时候将聚变研究和开发作为一个能源项目来进行管理了，这需要美国政府建立一个独立办公室，将 MFE 和 IFE 的发展作为能源来进行共同管理。当然，这个项目将继续开展对国家具有普遍价值的前沿科学研究。

除了那些并不适合该任务的办公室在试图开发聚变能源方面存在障碍外，美国仍没有完善的聚变能发展战略。而这样的战略需要有明确的能源使命，且该使命具有详细的路线图规划。该使命的首要任务是，2040 年前在美国建立一个聚变演示电站。次要任务是保障美国工业能为聚变能源系统组件的设计和供应提供保障。

美国缺乏明确的战略，并不是因为规划研究缺乏。相反，多年来聚变界开展了大量研究，书架上摆满了许多这方面的优秀报告。聚变界反复仔细地研究技术问题并提出了多种拓展以及新的研究课题。美国缺乏强有力的战略并不是因为他们不了解需要做什么，由咨询和特设小组收集的此类研究并不能构成可行的战略。

除了需要全面的战略和详细路线图外，美国还需要有执行该战略的方法。实现该目标的最佳途径是建立一个国家聚变能源系统中心。这个中心将协调建造核聚变示范电站所需的研发工作、客观地评估示范电站的成本并进行发展途径分析。所有这些工作都将使用系统工程方法来完成。

如上所述，最好的方法是制定一个通过国家中心来实施的战略路线图，在该中心，MFE 和 IFE 将被视为一体。过去一些基于学界的研究已把 MFE 和 IFE 融合起来并取得了令人鼓舞的成果。未来美国需要的是一个单一聚变能源项目，而不是由不同办公室管理的两个独立能源项目。

开发聚变能是一项国际活动，需集全世界聚变研究的最佳能力。美国战略的一个基本认知就是认识到美国是无法自行发展核聚变能的。因此有必要实事求是地去确定美国应该在哪些领域发挥领导作用，在哪些领域做出贡献但不发挥领导作用，以及在哪些领域美国将几乎无所作为。

开发核聚变能的障碍之一，可能也是最大的障碍，是实现示范电站之前，那些大型且非常昂贵的研发举措。对 MFE 和 IFE 这种流构想，尤其如此。对于托卡马克的概念构想，正在通过一个国际项目——ITER 来解决。聚变能的一个基本战略还必须包括概念研发，它可以产生更廉价的开发举措，或许可能会出现更小的聚变能源系统。

查尔斯·C. 贝克是阿贡国家实验室聚变能源项目的前负责人，是 ORNL、GA 和加州大学圣地亚哥分校美国聚变技术项目负责人，也是美国 ITER 主队的前负责人。

N. 安妮·戴维斯

1974 年 2 月，我加入了核聚变项目。刚好赶上 FPCC 审查第一代托卡马克燃烧氘氚的两个提案。在两周内，我们获准将 TFTR 纳入向国会提交的预算申请中。两个月内，我们还决定为两个近期设施，即 GA 的多布雷特 - Ⅲ 和 PPPL 的极向偏滤器实验寻求资金。对核聚变支持者来说，这是令人兴奋的时刻。两年内，预算增加了一个数量级，托卡马克的物理结果令人鼓舞，并已着手开发聚变能所需的技术。用于研发材料、超导磁体、中性束和射频加热系统、氚处理和增殖剂加注器的这些设施也已经到位。磁聚变替代方法的研究也在向前推进。

但来自政府、国会和三个建设项目的挑战很快到来：政府对 TFTR 的需求提出了质疑，国会拒绝按照提议继续增加资金，而每个项目又都面临着技术和管理问题。办公室接受了每个挑战，并在聚变学术界的帮助下，有效地处理了这些挑战。但项目的声誉却受损了，我们难以控制成本增长并要为增加的成本支付费用。项目的怀疑者和反对者会将其视为管理失败，未来多年这将成为限制项目资金资助的原因。

20 世纪 80 年代初，能源研究办公室（现为科学办公室）主任为聚变计划成立了一个联邦特许咨询委员会，该委员会将举行公开会议，并为主任而不是聚变办公室负责人提供建议。最初委员会被称为 MFAC，现在被称为 FESAC，主要由聚变学术界的成员组成，还包括一些外部成员。多年来，委员会审查了聚变计划并就其各个方面提出了建议，包括优先事项及研究需求。也正是这个委员会，最终建议关闭了磁镜项目，尽管政府也已经采取了这一行动。20 世纪 90 年代中期，在进行了两次大规模预算削减后，该委员会建议对聚变科学进行重组和聚焦，为继续开展其他研究而关闭了进展良好的 TFTR 项目。同样，在美国退出 ITER 并独立开展工作几年后，该委员会再次建议美国重新加入 ITER，以开展首个产生燃烧聚变等离子体的实验。

除了这个专门的咨询委员会，还有无数的聚变审查委员会，包括 SEAB（由部长特许成立的一个单独的 FPAC）、国会技术评估办公室、PCAST、国家科学院、能源研究项目优先事项小组。这类委员会主要由项目外的人员组成。聚变计划可以说是联邦政府审查最多的项目，每次审查都会发现这门科学质量很高，聚变前景值得这些花费，而且聚变计划也值得额外资助。

然而，在 2013 财年的总统预算中，为履行 ITER 项目中美国部分（甚至不是全部）的义务，国内项目再次遭受重创。未来几年的资金支持看起来更加黯淡。因此，虽然核聚变提供了一种比化石更清洁、比裂变更安全的能源，与可再生能源相比，核聚变系统可以部署在任何地方并持续工作，而且燃料供应几乎是无限的，但美国发展核聚变能源的前景愿望似乎渺茫。当查理·贝克问"美国对核聚变是认真的吗？"恐怕答案是否定的，我们不认真。

也许未来某时，我们将从一个或多个目前 ITER 合作伙伴那里购买我们的聚变电站，不管美国参与与否，这些合作伙伴似乎已下定决心开发聚变能。这不是我所期望的，但总比完全没有聚变能要好。

N. 安妮·戴维斯以物理学家的身份加入 AEC 的磁聚变办公室，最终担任美国 DOE 聚变能源科学项目副主任，然后升为主任。她是 APS 会员，曾两次获得总统级功勋奖。

威廉·R. 埃利斯

我已经考虑过要在这个简短的展望中说些什么，我想说的是：帮助读者让其了解我们政府的一些高层决策在科学和技术领域（包括聚变）是多么短视，以及其中一些决策对工业和相关研究人员产生了哪些负面影响。在聚变领域，以美国磁镜项目为例。美国建造的最后一台大型磁镜装置是 MFTF-B（大型串联磁镜装置）。我在 DOE 全程参与了该项目，从开始的概念设计到建设的全过程。我不想评论这台装置的投资是否明智。但我认为，既然承诺并资助修建了，就应该运行并用于研究。最终，我们将从中获得有关磁镜系统和等离子体物理学的有价值的新信息。我们不清楚究竟会获取什么成果，但我们错过了唯一一个不大可能再次出现的机会，即推进等离子体和聚变科学在该领域的发展。MFTF-B 建成后被封存的原因有很多——通常认为预算是其罪魁祸首，最终结果是一样的——一个主要装置在建成未工作之前就被关闭了，或者说它甚至还没有运行就关闭了。这种情况在聚变领域似乎已成通病，如果仔细想想，国家其他重要的科技计划亦如此。这里我只举两例：SSC 和 NASA 太空计划。SSC 本应使美国在未来几十年内成为高能粒子物理研究的世界领导者。然而，众所周知的是，它却变成了一项昂贵的土方工程：挖出一个大洞，然后再将其填满。自美国政府取消 SSC 以来，欧盟在全球高能物理实验设施领域处于领先地位，而且似乎很可能会继续保持这一地位。作为参与者，当然美国在其中发挥了作用，我相信我们的科学家也做出了重大贡献。但对工业参与而言，受益于这一转变的是欧盟的高科技产业，而不是美国的。美国 NASA 太空研究项目同样陷入资金困难时期。人们只需阅读报纸，就可以了解其他国家正在做什么来填补我们留下的空白。那些国家目前正在发展自己的太空研究装置和项目。美国的工业基础将再次承受因比过去更少的参与而带来的负面影响。

美国工业界在聚变能源计划中的参与度下降应该引起所有人的高度关注，而不应该像现在这样。1980 年的《磁聚变能源工程法》表明该法案旨在"促进国内产业广泛参与国家 MFE 计划"。但是，正如爱德华·金特纳在他作为 DOE MFE

项目办公室主任的辞职信中所写的，当时他断定该法案将不会实施——"增加工业界参与（聚变）的计划已经被无限期推迟，高科技衍生产品的工业和经济收益肯定会失去，而快速发展的聚变技术带来的意外收获也必将失去。"

很显然，世界必然而且最终会在未来某时发展聚变能。不然还有哪些替代方案？如果聚变能最终会实现商业化，那么未来工业界必须能提供聚变能技术的知识和能力。此外，工业界要与客户（即电力公司）建立联系。总而言之，我的观点是在长期支持具有国家重要性的高科技项目方面，联邦政府已经证明自己不是一个可靠的伙伴，这与我们许多人的预期刚好相反，事实上，也与政府告诉我们的预期相反（国防可能除外）。也许是时候记录下我们何时开始失去主导地位，而不仅仅是在核聚变中，在其他高科技领域亦如此。也许，需要某种国家高层报告明确说明并证实这一点，才能让政府重新思考它在这些领域的资助责任，以及科技资金短缺将给我们的国家实验室、大学、高科技产业和未来带来怎样巨大的负面影响。

威廉·R. 埃利斯曾是美国政府磁镜和波纹环项目的负责人，美国海军研究实验室副主任、埃巴斯科服务公司和雷神公司副总裁，以及ITER工业委员会和ITER工业联盟主席。

14.2 聚变科学和聚变进展

理查德·D. 哈泽泰

实现聚变发电首要认识是聚变发电规模宏大。尚无人可以找到一个放在桌面上的原型聚变反应堆来反驳这一概念，更不用说找到一条短期就可实现经济回报的道路了，这些情况从一开始就给聚变能项目带来了沉重的负担。但核聚变研究也蕴含了丰富的科学内涵、辉煌的科学发现史，并与其他学科多重关联。事实上，主要由核聚变计划支持的研究已经衍生了大量新的科学领域，其重要性也越来越明显，等离子体天体物理学和高能密度物理学就是两个明显的例子。本文的论点是，广泛的科学研究是核聚变探索的重要组成部分，聚变项目日益迫切的目标正与不断缩减的预算相冲突，这一点尤为重要（据全面公开的信息表明，这篇论文反映了作者作为大学教师所具有的等离子体理论背景）。

科学研究的广泛性与项目实施的专注性之间的矛盾，在聚变研究领域也不可避免，诸如"科学研究与能源应用的对立""创新探索与主流技术（如托卡马克）的对立"等，这些议题已经引发了科学界的广泛辩论。无论这些辩论呈现得有多么重复沉闷，但问题都是真实存在的。特别是，广度问题严重影响了聚变科学与其他科学技术学科之间的交流情况，如太阳和磁层物理、高功率激光研发和流体湍流（理论和实验）。

相邻科学学科之间的联系所产生的潜在效应是巨大的，并在广大科学界得到了普遍认可。例如，凝聚态物理，包括超导和二维霍尔效应，与基本粒子物理间有着极其丰富的相互影响。聚变的案例包括湍流理论在解释速度剪切和托卡马克输运之间关系上发挥着价值，或者哈密顿理论在解释通量表面完整性和磁扩散方面具有重要性。一个孤立、片面的研究项目是缺乏活力的。

聚变科学及其相近科学之间的交流也会产生间接效应。特别是，当聚变计划的目标和科学质量没有得到整个科技界的广泛认可时，其资助尤其容易受挫。

聚变项目广度上经常被提及的优势是人力开发，这是美国聚变研究中越来越重要的问题。吸引有才华、有献身精神的人参与聚变探索是学术界的一项特殊责任，学术课程也很明确：学生和年轻科学家被项目吸引，该项目在保持发电这一目标的同时，还可以支持关键领域的研究。这种多样性以及更现实的原因对知识分子产生了明显吸引力。现在进入大学的学生都知道，在他们开始考虑退休时，要么聚变能源将并入电网，要么放弃任何大规模的聚变能源研究。任何一种情况发生，对核聚变的研究支持都会比当前大幅减少，而研究核聚变背后科学的真实动力也将丧失。但如果学生的培训和研究经验足够宽泛，这些损失即使有害，也是可控的。

总之，从一开始，聚变研究的活力就应取决于多样化、多方面的研究议题。

随着聚变计划开始接近其能源生产这一目标，这种多样性似乎比以往任何时候都重要。

理查德·D. 哈泽泰是得克萨斯大学奥斯汀分校的物理教授，是美国 DOE FESAC 主席，也是美国物理学会等离子体物理分部主席。

14.3　聚变失败

罗伯特·L. 赫希

托卡马克聚变几乎无法成为可行的商业电力系统。为什么呢？

50 多年前，研究人员意识到聚变等离子体物理非常复杂，并且花了数十年时间才形成一个价值巨大的物理知识库。在各种早期磁聚变概念表现不佳后，托卡马克概念成为一个亮点，得到世界聚变界越来越多的关注，并将其作为一个有希望的实用聚变能源选择。如果能够成功把托卡马克物理学发展起来，理论上必要的工程技术发展将随之而来。事实证明，托卡马克聚变的工程问题最终变成了商业上的阻碍。

当今世界聚变研究的基石是法国正在建设的极其昂贵的 ITER 托卡马克项目。所有政府资助的磁聚变的"蛋"都放在了大众认知的那个"篮子"中。人们普遍认为，ITER 的成功运行将直接催生类似配置的商业聚变电力系统。然而，几乎可以肯定，这种想法是不正确的，原因包括以下几点：

（1）类似 ITER 的聚变发电站将极其庞大和复杂、需要大量精密材料，而这些材料本身非常昂贵，而低成本却是发电站的主要要求。

（2）氘氚聚变本质上会产生中子，从而在结构材料中产生放射性。而这些放射性将需要复杂的远程操作、昂贵的维护和大量放射性废料的处置。氘氚聚变并不像人们常说的那样"干净"。

（3）与人们普遍认知相反，ITER 托卡马克聚变反应堆不会"本质上安全"，因为托卡马克对等离子体的控制需要非常大的高场强超导磁体，这些磁体容纳大量储存能，如果一个或多个磁体突然失控，这些能量可能会爆炸性释放。虽然这是一个低概率事件，但它仍可能发生。

考虑一下这三个因素在实际中意味着什么。类似 ITER 的大型托卡马克聚变反应堆意味着巨大的成本。聚变界应该一直在寻找一种固有的、可能成本较低的小型概念反应堆。正如目前所理解的托卡马克物理学所表明的那样，扩大到超大功率输出可能会使经济性趋向合理，但这意味着数千兆瓦的发电站，这是电力公司不喜欢的，尤其是在涉及新的复杂技术时。

托卡马克中氘氚本身会产生放射性这一事实意味着美国核管理委员会（NRC）将需要负责为此类设施发放许可证。根据裂变反应堆经验，NRC 会要求建设一些广泛且昂贵的安全设施。其中，最明显的将是一个防爆建筑，以容纳与正常运行的超导磁体相关联的意外大能量释放。届时，一座商业化的 ITER 托卡马克建筑可能与裂变反应堆所需的设施类似。因为托卡马克非常大，这样的建筑将极大地增加装置总体成本。

这种物理/工程技术失衡是如何发生的？一种观点是研究人员和管理层认为聚变研究和发电站工程可以以串行方式进行，这将允许首先关注物理学，然后再设计一个商业上可行的电力系统。事实上，这不是正确的设想。在我的商业能源研发经历中，我已反复认识到一个有吸引力的想法要想成功，工程和市场情况必须在项目开发的早期就要进行整合和平衡了。如果几十年前在磁聚变研究中建立了这样的平衡，几乎可以肯定，托卡马克研究会换轨道或被抛弃。

对国际热核聚变实验堆（ITER）托卡马克的商业发电方法进行严谨、独立、公正的商业评估，是必然的且必会将发生的。其结果毫无疑问会非常负面，并会出现财政支持的崩溃，或许还会出现对磁聚变可行性的谴责，全世界的磁聚变界可能会遇到非常糟糕的经历。

惯性"微氢弹"聚变概念尚无定论。在撰写本文时，参与这些概念的人员仍在努力实现盈亏平衡，不久的将来将有望实现。此后，当研究人员开始认真启动商业聚变能目标时，他们可从磁聚变项目的经验中获益。

我仍然希望商业核聚变能有朝一日能实现。回想一下早期对保密聚变计划"舍伍德"代号的一种解释：它"肯定会"出类拔萃。

罗伯特·L.赫希在20世纪70年代曾任美国聚变计划主任和美国ERDA助理局长。后来成为埃克森美孚、阿尔科和EPRI的高管，也是《迫在眉睫的世界能源混乱》（2009年一批顶级优质书之一）一书的主要作者。

14.4 如果放慢脚步，迈向终极聚变能源的道路更漫长

B.格兰特·洛根

聚变能源的倡导者通常都是乐观主义者，我们必须保持乐观才能长久地追求聚变能源梦想。最近，这种乐观受到了严重挑战，尤其是在美国，美国核聚变研究的实际资金还不到上一次能源危机发生后20世纪80年代初的一半。聚变研究人员的平均年龄在增加，许多研究人员即将退休。美国的磁聚变设施也在老化，预计2026年之前ITER不会进行磁聚变能源点火。2009年，美国NIF开始开展惯性聚变点火实验，虽然实现了前所未有的面密度（ρR）和离子温度约束参数，但实现点火的时间可能比最初计划的要长。聚变能的倡导者和批评者都知道，实现实用且价格合理的聚变能源要面临许多科学和技术挑战，需要增加聚变研发的年度成本一倍以上，才能在20～40年内通过聚变演示净电能。即使聚变能研发的投资不如其他能源，尤其是近期的能源研发，我们也希望聚变能的研发成本可以由世界上最富有的国家承担。

但也许最令聚变乐观主义者感到沮丧的是来自许多聚变批评者的挑战，他们断言：①可再生能源技术的进步，包括太阳能、风能、生物燃料和能源效率，可能就足够了，因此无须将核聚变能作为一种长期选择来发展；②无论如何，核聚变发展需要太长时间，不足以快速减少温室气体排放，从而避免不可接受的全球

气候变暖影响；③ 即使在绿色能源增长太慢而无法拯救地球的情况下，核裂变能源和天然气也可以快速增加，并且可以把它们设计得足够安全，而裂变反应堆和/或燃气轮机将比聚变核电站便宜得多。美国能源部长朱（Chu）和前副部长库宁指出，未来的能源，无论其环境和安全优势如何，都无法逃避未来的商业竞争（通常会引用先进太阳能和风能设计作为例子，他们具有较低的单位电力预计成本）。

无论如何，聚变能还有很长的路要走，我们最好关注核聚变能在这个竞争激烈的未来能源市场中的终端潜力（即先进概念），至少以激增适量的资助费用，来实现具有吸引力的、长期投资的能源选择。可理解的是，许多核聚变倡导者没有耐心去说服怀疑者让其相信，如果能够提供紧急计划级别的资金，基于目前我们可以开展的设计，第一代示范发电站建成后，核聚变能可能会使电力成本具有竞争力。为了证明一个更可信、更长远聚变能源战略的合理性，用文字记下一个"极其诚实"的预测，将有助于回看我们的子孙后代在加入世界人口向100亿迈进的进程中，所面临的潜在能源和水资源挑战。许多研究表明，在我们子孙后代最有可能面临的全球变暖星球上，能源和水将是休戚相关的。增加淡水供应，而不仅仅是保护（淡水），已经成为越来越多国家日益增长的需求，因此将需要更多的能源将淡水输送到更远的地方，并最终在所有可用的河流和湖泊都已枯竭的地区淡化海水。

与上面① 的论点相反，请放心，我们可以并且将在未来找到比我们今天所知的更好的聚变能设计。可改善的不仅仅是可再生能源，如果我们全力以赴，我们可以在聚变领域实现重大创新，包括利用聚变能生产合成燃料/氢气，以及开发直接转化形式。这些进步将需要更多的研发时间，但届时，聚变能源有可能是独一无二的，更有竞争力的。我们可以摒弃上面② 的论点，即使不能及时发展聚变能来阻止全球变暖，但从另一方面来看——聚变能拥有无限的燃料供应，这对应对全球变暖在所有国家造成的巨大且日益严重的影响却是必要的。至于论点③，可以肯定的是，核裂变和天然气必然且将会不断增长，以填补未来几十年内全球变暖造成的能源缺口，但所需的新能源规模，如仅全球海洋淡化就需要高达

5 TW 的电功率，这将迫使新反应堆启用燃料成本甚至天然气的需求急剧上升，从而限制裂变和天然气发电的增长速度。当这种增长率在未来达到燃料供应极限时，我们的目标应该是让聚变能（燃料成本最低）准备好入场，以满足必须生活在更热星球上的 100 亿人快速增长的电力需求。

B. 格兰特·洛根曾任 LBNL HIF 项目主任和美国事实上的 HIF 国家实验室主任。

14.5　惯性聚变能展望：2012

罗伯特·L. 麦克罗伊

未来几年，在 NIF[137, 138] 上进行的 ICF 点火演示将代表 ICF 研究的重要进展，也是迈向 IFE 漫长道路上的重要进展。实现商业发电需要重要的科学、技术和工程技术进展。与 NIC[140] 当前的间接驱动基准设计[139] 相比，其他一些 ICF 概念（在不同的开发阶段）可能被证明对 IFE 更佳。正如国家研究委员会对 ICF 能源系统前景的中期报告所述，"目前选择一种特定的驱动方法作为 IFE 示范电站的首选方案还为时过早"。[141] 基础科学必须足够成熟才能满足 IFE 核电站的增益和可靠性要求。

虽然美国即将演示 ICF 点火，即使这些结果符合 IFE 电站要求，但这种电站所需的技术要么尚未得到证明，要么对于目前的商业能源生产来说过于昂贵。高重频驱动器尚未在商业电站所需的规模上得到证明，其成本效益也未得到验证。还有许多反应堆系统问题需要理解并进行优化。目前，IFE 靶从设计到大规模生产还未得到验证。还需要开发新方法，例如，由激光能量学实验室（LLE）领导的一项合作正在开发一种"芯片实验室"技术，用来制造、填充和包覆泡沫靶球从而实现直接驱动靶的大规模生产。[142]

直接驱动 ICF 是 IFE 电站的主要候选。[143] 直接驱动具有显著优势，包括简单的靶设计、可以比间接驱动耦合更多能量到压缩靶的中心。罗切斯特大学激光能量实验室（LLE）是直接驱动 ICF 研究的领先者，过去 10 年在理解基础物理方面取得了稳步进展。这包括 25 kJ Omega 激光系统上演示的约 300 mg/cm² 面密度的低温氘氚内爆。[144, 145] 假定设计的激光能量为 E_L，则面密度变化约为 $(E_L)^{1/3}$。[146] 因此，将 Omega 的结果定标到点火，相关的面密度约为 1.6 g/cm²，对应的激光能量为 1.5 MJ。LLE 计划未来十年在 NIF 上进行直接驱动点火实验，实验采用极驱动概念实现球对称直接驱动内爆，而 NIF 设计的为间接驱动（圆柱对称而非球对称）。[147] 二维流体动力学模拟预测在预期的靶和激光不均匀性条件下，直接驱动内爆可以实现 32 倍的增益。[148]

未来几年 NIF 演示点火后，IFE 的道路才真正开始。直接驱动 ICF 是 IFE 发电站的主要选择。这条路既漫长又昂贵！

罗伯特·L. 麦克罗伊是罗切斯特大学副校长、副教务长以及罗切斯特大学 LLE 主任。他还是该大学的物理学教授和机械工程教授。

14.6 是时候让聚变学术界关注未来了

戴尔·M. 米德

从 20 世纪 70 年代初到 90 年代中期，美国聚变计划积极追求实现聚变能源这一使命，并对聚变等离子体的基础科学理解以及将实验室等离子体参数的边界扩展到聚变等离子体状态方面取得了巨大进展。这一进展得益于 20 世纪 70 年代中期的一项国家承诺，即支持聚变能源研究，最重要的是，学术界以"是的，我们可以"的态度聚焦聚变能这一目标，并寻找该过程中所遇到问题的解决方案。自 20 世纪 90 年代中期预算崩溃以来，美国核聚变界已经失去了对核聚变能目标的关注，陷入了一种"不，你不能"的状态，这种状态专注于问题，而不是去寻求解决方案。结果，聚变进展停滞不前，美国已从聚变研究的世界领先地位下降为 ITER 的支持伙伴，而商业聚变能源目标更是年复一年地推迟。

自20世纪80年代末，美国已准备好在技术上迈出重要的一步，即我们现在知道的提议中的CIT将实现点火（增益$Q=35$），但聚变学术界却屈服于DOE说"不，你不能"的反对声，因此失去了在2000年前产生约300 MW聚变功率燃烧等离子体的机会。产生燃烧等离子体的使命现在由ITER承担，ITER计划在2027年产生具有500 MW聚变功率的燃烧等离子体。虽然许多人认为这不是最佳的办法，但我们必须持续保持已建立的国际发展势头，来建造电站规模的聚变装置。

人们普遍认为，世界核聚变计划需要比ITER更广泛的合作。事实上，欧洲和日本已正式认同了这种更广泛的方案：包括一个10亿美元规模的超导非燃烧等离子体实验、JT-60SA、一个演示设计中心，以及设计中子材料辐照设施。ITER的一些参与国已经做出重大承诺，通过建造重要的非燃烧等离子体设施来增强其国内聚变计划，比如韩国建造与TPX装置几乎相同的KSTAR超导托卡马克，而TPX装置是美国在20世纪90年代中期因资源不足而无法继续建造的装置。目前，中国正在运行EAST，一个超导托卡马克装置，其规模与美国最大的聚变研究设施DⅢ-D相当。欧洲继续扩大其在聚变领域的世界领先地位，主要是对JET进行重大升级。在德国建造了一台10亿美元规模的优化仿星器W7-X，并继续运行中型托卡马克装置。

几项技术审查已经确定了必须要解决的聚变核科学问题，这样才能继续推进聚变能的演示，包括长脉冲燃烧等离子体的保持、聚变等离子体粒子及热能的有效释放、聚变燃料循环的闭环、适合聚变环境的材料的研发，以及核聚变系统的操作经验。而ITER和前面所述的非燃烧装置不能解决这些问题，因此需要一个聚变核科学项目来解决这些问题。这样的计划和我们在过去50年中追求达到聚变等离子体条件一样具有挑战性。现在是开始解决核科学问题的时候了，美国有机会在这一领域发挥领导作用。

美国聚变界应该提出一个以目标为导向的计划来解决关键的聚变核科学问题，从而来提高聚变能实现的可信度。执行这一计划需聚变界重新聚焦于短期内实现聚变能这一目标。

戴尔·M. 米德是 PPPL TFTR 的负责人，PPPL 的副主任，也是成立 FIRE 的支持者。

14.7 惯性聚变能：超级激光和超级内爆

约翰·H. 纳科尔斯

1960 年春，我开展了一次聚变微爆炸计算，这是一种 50 MJ 的高增益微爆炸，采用数兆焦耳的脉冲辐射能加热一个小黑腔中的微小球靶，小球内爆引发聚变微爆炸。几个月后，当梅曼宣布成功发明第一台激光器时，我们开始分析将等离子体加热到高温、激光驱动内爆、MJ 超级激光器、激光聚变和武器物理应用的可行性。1961 年，我计算了使用时间整形脉冲来产生超级内爆，从而引发实际聚变电站应用所需的低成本微爆炸。

自 1963 年以来，LLNL 得到了 DOE 核武器项目的资助，开发了一系列更大、更先进的超级激光器，包括 20 世纪 70 年代的 20 束 10 kJ Shiva 激光器和 80 年代的 10 束 30 kJ（蓝光）Nova 激光器。1972 年，解密了我们的激光直接辐照的超级内爆计算结果；后来又解密了间接驱动（黑腔）超级内爆靶。20 世纪 90 年代，当地下核试验结束时，美国启动了武库管理计划，包括设计和建造 192 束 1.8 MJ 的 NIF。NIF 于 2009 年投入使用。

国家点火攻关（NIC）——截至 2012 年 8 月，这个非常成功的 NIF 超级激光器将 2 MJ、500 TW 的时间整形蓝激光（3ω）脉冲聚焦到厘米级黑腔靶中，为毫米级的超级内爆提供能量，以点燃可产生 20MJ 的聚变微爆炸。专家们记录了来自 NIF 的数十种先进诊断仪器阵列的大量实验数据，并使用功能强大的超级计算机和代码（比 20 世纪 60 年代强数十亿倍）分析这些数据，从而来改进超级内爆。

目前，已经取得了显著进展。氘氚内爆的中心热斑已达到理想的点火温度，并且在所需点火压力的数倍范围内。周围氘氚壳层密度达到液体密度的几千倍——在所需密度的两倍以内。为实现点火，热斑密度-半径乘积必须增加两倍以吸收氘氚聚变产生的α粒子能量并实现热核自持燃烧。

我们也遇到了具有挑战性的困难。流体动力不稳定性增长与混合比计算值要大，而内爆效率显著降低。需要对靶进行改进。黑天鹅事件并不能被排除在外。还需要更多的 NIF 实验来证明，直接驱动的超级内爆可以实现更高的内爆效率，同时还能避免激光和等离子体不稳定性的过度增长。

具有更高内爆效率但对内爆要求降低的靶设计或许是可行的，如夯实非烧蚀设计或用磁化、预热氘氚的设计。可以发明实用的快点火靶（利用拍瓦点火激光器）从而可以使用最小的激光能量、放宽超级内爆的性能要求，并增强热核传播以实现非常高的增益。

聚变发电：主要面临经济和技术挑战——系统性研究得出的结论是实用的惯性聚变电站是可行的。在实现了点火和高增益，并演示了高效、高重频二极管泵浦固体激光器（或其他驱动器）的多条光束线后，需要大量的 IFE 资金来构建脉冲模式、高热容量 IFE 系统，包括驱动器、靶工厂以及利用液态金属壁防止中子、X 射线和爆炸碎片损伤的反应靶室。重复频率可以从几小时到几分钟到几秒钟逐渐提高，从而形成一个实验性的聚变反应堆。聚变中子也可用于燃烧核废料。

在美国经济复苏期间，政府对聚变能源研发的资助可能会受限。一个全球聚变发电系统将耗资数万亿美元。展示出显著经济优势的创新可能会吸引大量私企资金并大大加速这种创新的部署。

在聚变驱动器、靶和反应靶室成本最小化后，大幅降低电站主要成本、提高热电效率，可能需要发明实用的直接转换发电系统和氘聚变靶。

约翰·H. 纳科尔斯是 ICF 领域的先驱，也是 LLNL 的名誉主任。

14.8 磁约束聚变能研究：参与 60 年后的思考

理查德·F. 波斯特

1951年，赫伯特·约克在 LBNL 针对保密的受控核聚变研究开展了三场讲座，而这些保密受控核聚变研究当时是由洛斯·阿拉莫斯的詹姆斯·塔克和普林斯顿大学的莱曼·斯皮策领导的。目的是激发人们对即将成立的利弗莫尔实验室的兴趣，约克的讲座无疑是成功的。不久，我加入了新的实验室（LLNL）并领导一个小团队开展磁约束聚变的"磁镜"研究。自那以后，磁镜研究便一直成为我倾注热情的所在。下文中，我将以该项目的历史视角来解释我对磁聚变研究现状的感受。

在 AEC 主席刘易斯·L. 施特劳斯（Lewis L. Strauss）的大力支持下，美国磁聚变研究前二三十年的主要亮点是广泛性，无论是在开拓性实验还是在重大理论突破上都如此。我喜欢把那个时期想象成一个人爬向陡峭山坡时，建立路标和警告标志的时期。在我看来，在磁镜研究早期也有两个重要的线索标记，一个是实验性的，一个是理论性的。实验性的标记是"桌面"轴对称磁镜，它具有圆柱"爆竹"形的磁力线几何结构，在轴向上由磁力线穿过，磁力线在两端（磁镜）收缩，然后膨胀。该实验中，对注入的等离子体进行磁压缩，从而形成直径 2～3 cm、长约 30 cm 的雪茄形热电子等离子体。对逃逸电子的测量结果显示，可稳定约束这种等离子体数毫秒，这与"经典"磁镜两端损耗一致。更重要的是，约束期内它在约束磁场中的扩散速度慢得几乎无法测量。事实上，它至少比当时在斯皮策仿星器中测量的交叉场电子损失率慢 10 万倍，与玻姆（Bohm）预测的湍流主导的损失率一致。至于理论性的标记，我们的磁镜结果实际上与泰勒和诺斯罗普（Northrop）的理论研究一致，他们在理论研究中表明对于轴对称镜像场，等离子体中被捕获的离子和电子应该被约束在靠近轴对称漂移表面的位置，而不涉及与磁力线平行的电流。这种情况必须与环形（甜甜圈）几何托卡马克和仿星器中的情况形成对比，该情况下漂移表面不封闭，而为了实现约束状态，电流必须沿着环绕的磁场线流动，而这又会引入更高的等离子体不稳定性。

虽然当时我们不明白是什么让桌面等离子体不受泰勒、罗森布鲁斯和朗米尔预测的 MHD 引起的交叉场漂移的影响而保持稳定的，但现在我们相信我们有了一种合理的理论解释 [该理论由德米特里·柳托夫（Dmitri Ryutov）推导]，同时在新西伯利亚进行的轴对称气动阱磁镜实验中开展的实验，也证实了柳托夫的理论。

直到 20 世纪 80 年代末，磁镜理论和实验都取得了稳步推进，包括迪莫夫（Dimov）在新西伯利亚，福勒和洛根在利弗莫尔提出的串磁联镜这些开创性概念，随后在美国、新西伯利亚和日本迅速建立了多个串联磁镜装置。

然后出现了不幸的变化。美国决定将几乎所有的磁约束（无论是实验的还是理论的）研究都集中在当时领先的托卡马克上。这就像，在赛马跑完第一圈后，裁判们看到了领先那匹马，然后取消了其他马的资格。当然，托卡马克值得关注。然而，它不应以牺牲重大科学事业的一个关键特征（即计划的广度）为代价，无论是癌症研究还是聚变研究——都是为了解决对这个国家和世界来说至关重要的问题。问题是：磁聚变计划是否偏离了通往实用聚变能的最可靠途径？ 如果是这样，它能否重回正轨？

当然可以！我认为态度必须改变，从"托卡马克 ITER 及其后续示范电站是通向实用磁约束聚变能源的唯一可靠途径"到"实现实用磁约束聚变电站的最可靠途径是利用过去 60 年建立的经验，制定一个基础广泛的、基于研发的项目，该项目支持并欢迎有前景方法的研究"。如果我们要吸引那些认为现在基于托卡马克的磁约束聚变已"几成定局"，而他们对此几乎无能为力的聪明年轻科学家和工程师，就必须改变态度。如果能做出这些改变，我们不仅会恢复聚变研究的那种兴奋感（这种兴奋感是我们前辈们在开始聚变探索时所能感受到的），而且我认为这也将担保聚变研究的成功。最后，让我向那些对预算持怀疑态度的人说：人类心理本来如此，一旦态度转变为积极、向上的，它几乎可以在任何级别的财政支持下发挥其魔力。我见证了这一切。

理查德·F. 波斯特是美国磁聚变计划的先驱，在 60 年的杰出职业生涯中，他一直是 LLNL 磁镜聚变项目的领导者和发言人。

14.9　40 年磁聚变研究的回顾与展望

弗雷德·L. 里贝

LANL 的许多人第一次接触到康拉德·朗米尔的等离子体理论是在聚变研究（我们在 20 世纪 50 年代称之为 CTR）中，康拉德·朗米尔曾与马歇尔·罗森布鲁斯和爱德华·泰勒一起研究过热核炸弹。在洛斯·阿拉莫斯开展 CTR 的詹姆斯·塔克回忆起苏联和英国的机密 Z 箍缩研究，当中子发射被证明来自等离子体不稳定性时，这真是太扫兴了。

塔克称第一个环形 Z 箍缩为"或许器"。他带领一组实验人员开展了各种脉冲高密度实验。实验人员包括 K·博伊尔（K. Boyer）、R. 洛贝格（R. Lovberg）、J. 马歇尔（J. Marshall）、D. 纳格尔（D. Nagle）、J. 菲利普斯（J. Phillips）、W. 奎因（W. Quinn）和 G. 索耶（G. Sawye）等人。我研究的是 θ 箍缩，这是一个令人满意的可持续研究项目。1958 年，我们带着"斯库拉 -θ"箍缩（由詹姆斯·塔克命名）和约翰·马歇尔等离子枪参加了日内瓦会议，在会上我们遇到了包括列夫·阿特西莫维奇在内的苏联同行。

斯库拉装置是一个很好的热等离子体发生器，海军研究实验室的法罗斯 -θ 箍缩装置也是如此。我们两个小组对各自产生的罕见的百万度等离子体进行了辐射物理研究。在洛斯·阿拉莫斯，热离子"斯库拉"发展为（尺寸）更长的变体。库勒姆（Culham）激光散射小组确认莫斯科托卡马克 T-3 能够维持热等离子体，于是开始冲锋托卡马克研究。而洛斯·阿拉莫斯和利弗莫尔仍然保留着他们的斯库拉 -θ 箍缩、环形 ZT 箍缩和磁镜装置研究。最后"斯库拉"建成为环形"斯库拉克"高 β 仿星器，磁镜发展为 MFTF-B。由于美国的聚变研究仅关注托卡马克和惯性约束（ICF），这两个项目被终止了。

国际 ITER 托卡马克装置现在成为世界磁聚变界致力于电力反应堆研究的重点。在 20 世纪 50—80 年代间的脉冲高密度实验中，只有源自 θ 箍缩的场反转构型仍在研发中。

放弃高密度磁聚变方案的一个主要原因是，人们认为其脉冲等离子体形成方式难以适应聚变反应堆环境。场反转构型研究正在积极开展中，而它的脉冲环境仍然存在。激光驱动（ICF）研究也面临类似的环境，ICF 等离子体形成的占空比是一个特殊的问题。

ITER 正在向大型、低 β、低功率密度反应堆的发展方向推进。遗憾的是，还没有找到将 20 世纪 50—80 年代的高 β 磁聚变研究推进到反应堆状态的方法。高 β 磁聚变研究的 β 值比托卡马克大一个数量级，功率密度比托卡马克高两个数量级，这将使聚变堆芯更小。这些反应堆实施方案（包括具体工程和材料问题）需要进一步研究，其中许多研究可供托卡马克共享。概念反应堆研究已经完成。

如果托卡马克不能满足目前的期望，那么拥有一个多样化的磁聚变计划就很重要。进入核聚变领域的年轻研究人员需要获取基本的认知，这些可以通过替代实验（尤其大学进行的实验）得以提供。

弗雷德·L. 里贝曾任 LANL 聚变项目负责人、华盛顿大学教授、美国 DOE MFAC 主席。

约翰·谢菲尔德

1956 年，后来担任英国核聚变项目主任的巴斯·皮斯发表了如下评论："我们的愿景是建造一座可能位于海岸上的发电站，然后用一根管道从海里取水，氦从烟囱中排出，电能流入电网。我们不知道在发电站里放什么（笑声）……"

朋友们，从那时起至今，我们已经取得了长足的进步，在 IFE 和 MFE 装置方面取得了巨大进步并有望获取重大进展，但我们不应忘记 4 个要点：

（1）要注意如何将聚变能与其他能源联系起来。

（2）对氘氚聚变反应堆，研发耐辐射材料的挑战可能比产生净能量更为艰巨。

（3）最终的聚变燃料是氘。

（4）复杂的聚变反应堆很难实现高实用性。

在能源方面，目前世界上有许多选择，存在的主要问题是能源的分配和减少污染的需求。发达国家和新兴国家消耗大部分易于运输且廉价的化石燃料，这种状况给发展中国家带来了巨大的问题：数据显示人口增长与人均能源消耗成反比。相对昂贵的聚变能源其价值在于，或许它能引导发达国家和新兴国家减少对化石燃料的依赖，从而使发展中国家能获得更多化石燃料。从长远来看，唯一的大规模能源将是形式多样的太阳能和聚变能——以便随时有可用的聚变能源被获取。

近几十年来，磁聚变反应堆研究中一个显著趋势是其中子屏蔽层载荷在持续下降。我怀疑这在一定程度上是因为抗辐射材料的研发进展比预期缓慢，而设计师们在设计包层使用寿命方面需更加谨慎。

当我们说聚变燃料无限时，我们指的是氘。最终的反应堆应该是氘反应堆。缓解中子材料问题的一种可能性是，尽可能多地去除燃烧前产生的氚。这似乎是托卡马克、仿星器以及脉冲燃烧系统（如紧凑环和 IFE 装置）的发展方向。当然，后两种情况下，厚厚的液态锂壁可能会解决中子问题。

最后，我认为获取高运行率（即 > 0.80）将是聚变反应堆面临的最大挑战。系统的运行率取决于其部件的故障率以及维修或更换它们的时间，但几乎没有任何关于聚变反应堆系统的这些数据。

总之，我们不应该过于拘泥于聚变能必须比其他所有能源更便宜上，因为聚变能在改善全球能源资源的重要性上已超越了这一点。我们应该更多地关注材料问题和使用氘替代氚的问题，我们应该努力开发更易于维护的组件。

约翰·谢菲尔德是 ORNL 聚变 DOE 主任，诺克斯维尔市田纳西大学能源与环境联合研究所执行主任，美国 DOE FESAC 主席。

肯尼斯·托马比奇

热核聚变能的使用有望为未来世界做出巨大贡献,因此无论如何都应努力在 21 世纪中叶之前实现其商业用途。

与裂变反应堆相比,聚变反应堆的一大优势是它不会产生需要处理的、棘手的放射性物质(如裂变反应堆中产生的裂变产物)。聚变反应堆要处理的主要放射性物质是氚燃料以及因吸收堆芯产生的中子而产生的放射性物质。通过选择合适的聚变装置材料,可实现对后者的控制。

接下来的讨论中,我们将采用泽焦(ZJ)这个能量单位,即 10^{21} J。目前,世界能源消耗量约为每年 0.5 ZJ,而目前已知的煤炭、石油和天然气可采资源量分别为 22.4 ZJ、6.7 ZJ 和 6.4 ZJ。报道称,西方世界的锂资源量为 830 万吨,可产生 175 ZJ 能量,这意味着聚变将能为世界提供数百年能源。如果再加上中国和其他国家的锂资源,生产的能源将会更多。此外,正在进行的研究发现可从锂浓度为 0.17 ppm 的海水中提取锂。这意味着海水中的锂总量约为 2 400 亿吨,通过氘氚聚变从这些锂中产生的能量将达到 5.1×10^6 ZJ,相当于未来数百万年内世界能源的需求量。

氚燃料的半衰期(12.3 年)相对较短,这限制了其可用性,甚至可能会限制氘氚聚变反应堆在商业化早期快速而广泛的部署。为缓解这些困难,无论是磁约束还是惯性约束,都应该努力开发具有尽可能高氚增殖率的聚变反应堆。

然而幸运的是,我们在研究中发现,似乎可以设计一个氘氚聚变反应堆,使其在完全不需要任何外部氚燃料供应的情况下启动并运行,即在自身装置中产生必要的氚燃料。该装置首先在堆芯中使用纯氘等离子体启动。然后,通过氘氘反应在堆芯等离子体中产生少量氚,通过氘氘反应产物 2.45 MeV 中子在包层中产生氚,这些氚将被提取并循环回堆芯。需要多次重复这样的操作程序,以使堆芯等离子体中的氚浓度逐渐增加,最终达到氘氚等离子体的设计条件。这样的运转程序可能需要大约几个月的特殊操作,其间反应堆需要依赖外部电网提供必要的电力支持。

肯尼斯·托马比奇是国际聚变研究工作的长期领导者、ITER 项目的第一任主任，也是日本电力工业中央研究院的研究顾问。

阿尔文·W. 特里韦尔皮斯

人类积累形成知识体系遵循自然规律。即使伽利略可以得到无限多资金，他也不可能发明和开发出一种基于某些低质量原子聚变的能量释放装置。甚至连莱昂纳多·达·芬奇（Leonardo da Vinci）也可能在这项发明上遇到麻烦。从某种意义上说，事实确实如此。无限量的资金不可能在明天生产出商业上可行的聚变电力传输系统。另一方面，现有知识体系告诉我们，太阳这个"聚变反应堆"为地球提供了稳定的长期能源，我们都希望这个可控的聚变反应堆能够持续良久。

核武器的发明表明，通过受控热核聚变释放大量能量是可能的。在核武器和太阳之间是否存在一种实验室规模的受控热核聚变反应中间机制呢？我相信这个问题的答案是肯定的。我的观点就到此为止！

即便如此，开发一种能够以实用规模生产电力，并且满足可靠性、安全性和环境可接受性要求的受控热核聚变反应装置的目标仍有待观望。

磁聚变具有持续悠久的实验及理论研究史。这使其朝着释放出比创造这些条件所需能量更多的聚变能这一目标取得了进展。我不知道有何种分析能证明磁聚变能是不可能的，但即使 MFE 有可能，不久的将来它也可能无法与其他能源进行商业竞争。

一段时间以来，关于用哪种方法和技术实现 MFE 是正确的，一直存在争议。1983 年，凡尔赛七国集团峰会设立了技术增长和就业活动。保罗·法塞拉和我是该活动下聚变小组的联合主席。我们一致认为应该制订一项长期计划来确定磁聚变发挥作用所需的一系列实际举措，而不用考虑哪个国家完成了哪项任务。这可能有点幼稚，但该活动也确实确定了一系列切实可行的举措。当时，人们一致认为现有人才比资金更重要。也就是说，让每个国家复制实验装置似乎不是一个好主意，而采用合作方式将使所有国家受益并能充分利用现有人才，同时还可降低成本。鉴于需要解决问题的性质，这种合作方式不会给任何参与国带来不公平竞争或商业优势。

最终，苏联被吸纳为小组成员，并达成了一项协议，建设 ITER。这一计划最初是在各方财政稳定时期提出的，届时各方能为这项工作资助总额约为 40 亿美元的资金。

遗憾的是，该工作并未持续下去，其中一些合作伙伴出现了财务或政治问题，导致它们未能充分参与。此外，还出现了一些分歧，导致目前法国正在建造成本更高的 ITER。

目前，我并没有得到关于 ITER 当前现状的足够详细信息，但在演示持续聚变这一可能目标上，该项目已推迟，现在关注的焦点之一是装置的工程水平，目的是要建造一个可产生更大能量的装置。依我之见，目标应该仍然聚焦在证明磁聚变的可行性上。在这方面，该研究的资金投入水平应在确保解决关键问题的同时使总成本最低。与以最低总成本获得的成本 - 时间曲线相比，在不解决关键问题的情况下提供资金会投入更大的成本。不幸的是，我们似乎已经错过了考虑这种可能性的阶段。

关于 ICF，自从大约两年前我受邀担任国家点火攻关技术审查委员会（NIC-TRC）主席以来，我便更接近这项研究了。ICF 计划最初是作为一种可能会创造某些条件的手段建立的，这种条件就是通过激光产生 X 射线驱动小（约 1 mm）靶丸内爆来引发受控热核聚变释放能量。该方法之所以能被广泛采用，是因为它可能会产生有助于理解核武器物理特性的信息，而这些信息是我们库存管理计划（SSP）的一部分。

自 2009 年 5 月投入使用以来，NIF 在实现 ICF 具有挑战性的目标方面已经取得实质进展。我不知道为什么这种方法不起作用，但 ICF 的确是一项艰巨的任务。NIC 计划目前正在推进，其目标是在 2012 财年达成某些成就。除点火目标外，ICF 也是可用于产生电能的候选方法。

与磁聚变一样，如果要在商业上可行，使用ICF方法发电也需要释放出比点火所需能量多的聚变能。两种聚变方法，都应该在一定程度上开展研究，以在确认某种特定的发电方法或涉及从聚变中子产生可裂变原子的其他过程之前，来演示什么是可行的。

有人认为我们对基础科学和技术的了解还不够深入，所以我们应该关注这些，直到我们对所有基本过程有了更好的理解之后再说。

假设有人注意到我们可以用火产生蒸汽，一些人坚持认为我们应该在制造蒸汽机车之前了解火焰的物理原理，而这可能会阻止蒸汽机的发展。直到最近几十年，我们才开始使用激光作为诊断工具了解火焰的物理原理。我们只需要了解基南（Keenan）和基夫斯（Keeves）"水蒸气图表"中的知识，以及掌握如何制造一个不会爆炸的锅炉，就可以使蒸汽机变成一个主要产业。

对于聚变，我们一直在考虑去理解某些理论模型来探究等离子体的物理性质。这当然是一个有意义的目标。即便如此，我仍怀疑，当一个可行的聚变反应堆建成时，人们是否会对可以用准线性微扰理论或磁流体力学解释的过程有详细的了解。相反，很可能一些涉及大振幅湍流的不透明过程将在反应堆的核心发生，我们可能永远不知道它为什么能那样工作。也就是说，这可能就像使用火一样。

阿尔文·W. 特里韦尔皮斯在其职业生涯中担任多重角色，这些都直接或间接影响着聚变研究的进程，包括与尼古拉斯·克拉尔合著的研究生等离子体物理教科书。他曾担任过AEC DCTR研究副主任、DOE能源研究办公室（现为科学办公室）主任、ORNL主任。退休后，他还担任了多个国家实验室的顾问。

译：张惠鸽　校：李丽灵

第 15 章

终极能源？

> 坚持或放弃，你的心态将决定结果。
> 梦之所及，行则将至。
> 理想信念胜过世间千军万马。

15.1 政　见

目前，政府资助了大多数核聚变研究。在美国，由于联邦研究经费的短缺和不支持建设新聚变装置的相关政策，聚变研究受到了严重制约。例如，美国TFTR 在 20 世纪 90 年代中期取得成功后，国会便削减了核聚变资金，而不是授权建造更先进的核装置。当时，国会已经开始了一场"全面削减联邦开支预算"的狂潮，它周期性地主导着华盛顿的思维。在本书付印之际（2012 年 9 月），我们正处于另一场"削减联邦赤字"引发的愤怒中。

美国 DOE 必须在许多竞争项目之间平衡优先级。这些项目包括武器、能源技术、能源效率和基础科学等这些截然不同的领域。随着新政府上任，项目之间的优先级也会发生变化，这些优先事项往往更多地基于政治原因，而不是基于内在逻辑或国家需要。OMB 如何在政府机构之间设定优先事项亦如是。作为白宫的助手，为履行现任总统的竞选承诺，OMB 更需要改变各事项优先级。

政府花费大量时间和费用向咨询委员会征求意见。这些委员会通常做得很好，也很客观。但他们的建议很少被采纳，因为这些建议经常与政治意图背道而驰，或者被简单认为花钱太多。

政治改变美国联邦能源政策，在过去几十年中，这经常阻碍聚变学术界取得更多的科学成就。如图 15.1 所示，美国的核聚变研究预算永远保持在不会产生核聚变演示发电站的水平上。然而，随着美国聚变研究相关预算停滞不前，世界核聚变研究却如雨后春笋般涌现。20 世纪 80 年代，欧洲和日本的核聚变相关研究项目大约翻了一番。近年来，韩国和中国的核聚变项目正在蓬勃发展，他们的政府已承诺发展聚变能源。[36, 149]

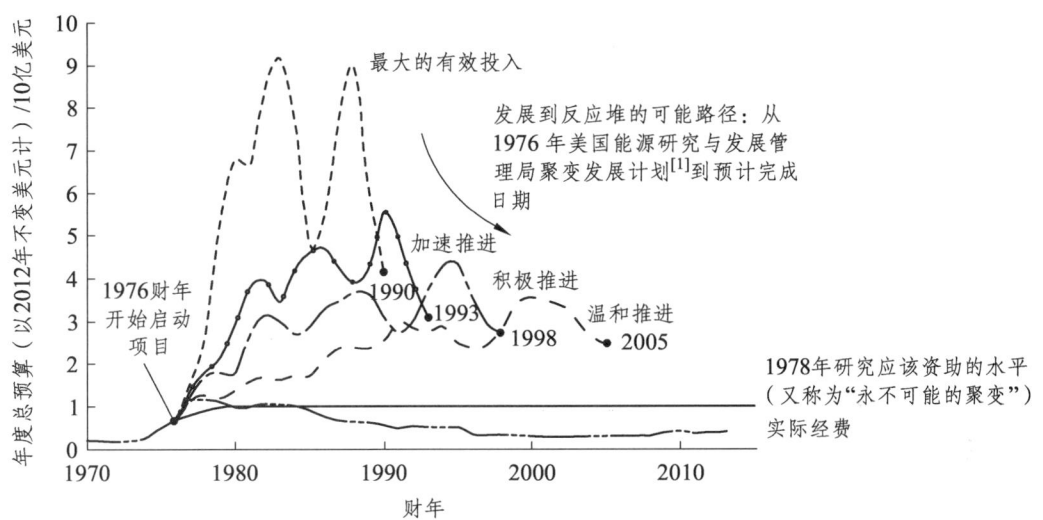

图 15.1　美国聚变预算历史与 1976 年提出的五项计划之间的比较

注：1. 自 1980 年来，无论是在资金还是装置建设上，美国未对发展核聚变电站提供资助。

2. 此图引自：DEAN S O. Fusion power by magnetic confinement program plan[J]. J. Fus. Energy, 1998(4): 263-287.

图 15.1 回顾了民用（磁）聚变能源项目历史。惯性聚变项目来自 DOE 武器预算类资助，基本不受预算波动影响。武器预算管理人员经常拒绝那些为开发民用 IFE 应用所需技术而申请的资金。然而在 20 世纪 90 年代末到 21 世纪末，国会确实支持了一个以民用能源为导向的 HAPL 计划，DOE 的武器计划也确实执行了这一计划。不过，该项目已被终止。目前，美国 DOE 已向国家科学与工程院征求建议，如 NIF 激光器能够点燃聚变靶丸时，应启动何种 IFE 研发计划。在

华盛顿目前削减预算的大环境下，届时是否能获得所需资金来实施一项开发 IFE 的项目，仍待观望。

15.2 进 展

过去大约 60 年间，在磁聚变和惯性聚变实验室实验中，以受控方式产生聚变能的研究都取得了稳步推进，这与长期稳定的项目资助息息相关。聚变研究进展如图 15.2 所示。主要的方法是使用磁铁组成托卡马克磁瓶，使用激光压缩含有聚变燃料的靶丸。

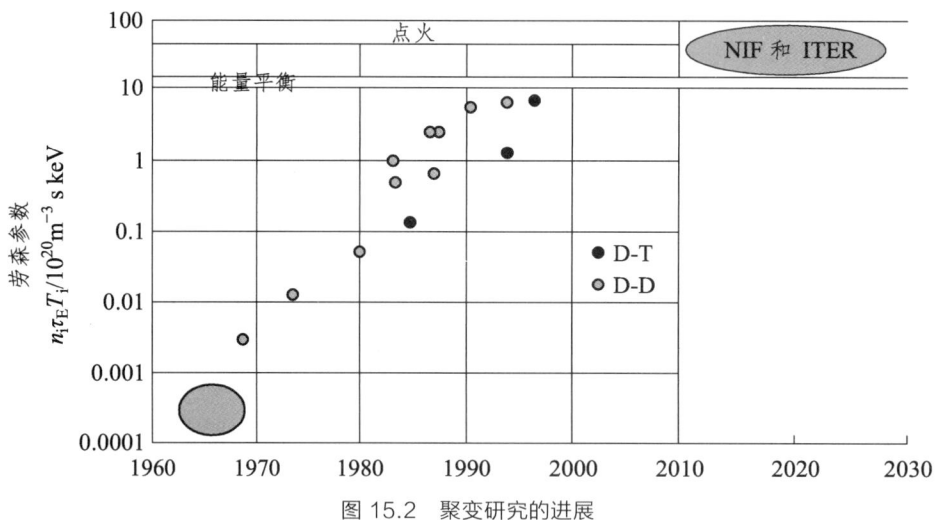

图 15.2 聚变研究的进展

注：用氘氘（D–D）和氘氚（D–T）燃料混合物的图表展示了在磁聚变和惯性聚变实验室实验中实现聚变发电所需获取的劳森"三乘积"参数方面的进展。2009 年 NIF 开始运行，希望达到或者超过能量盈亏平衡；ITER 曾希望在 2000 年前运行，现在预计将在 2020 年左右开始运行①，而使用氘氚（D–T）燃料的运行预计要到 2027 年左右。

---

① 译者注：截止至 2024 年底，ITER 仍处于建造中。

20世纪90年代中期,美国的TFTR和英国的JET在几秒内产生了超过10 MW的聚变功率。另一个大型托卡马克装置,日本的JT-60,在氘氘(D-D)聚变中产生了类似的等离子体状态。通往托卡马克聚变发电道路上的下一个重大突破预计将出现在ITER项目上,目前ITER正在法国建造。图15.3展示了ITER的结构设计。ITER是由欧盟、中国、印度、日本、韩国、俄罗斯和美国合作建设。ITER的国际化特点减缓了其早期规划中的决策进程,而现在其建设更加复杂化了。

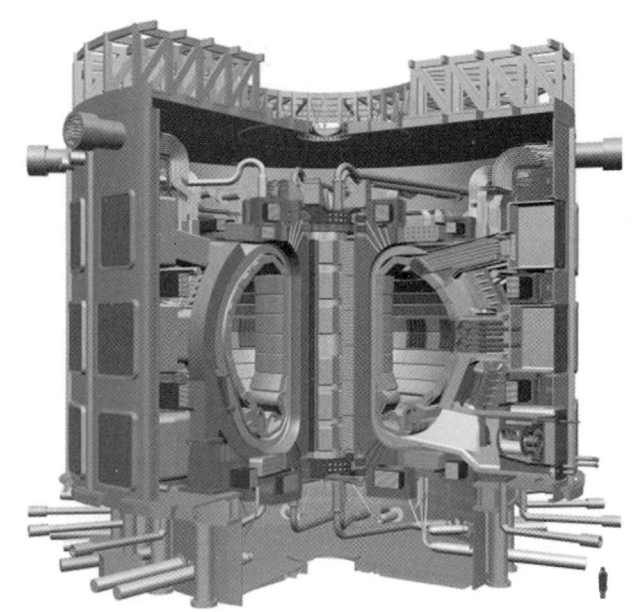

图15.3　ITER示意图

注:作为对比,右下角有六英尺高的人(ITER官网:http://www.iter.org)。

惯性聚变是聚变的另一种重要方法。一些国家正使用激光(或其他强脉冲源)压缩和加热含有聚变燃料的小靶丸,其中处于领先地位的是美国、日本和欧盟。这些工作始于20世纪60年代初并已取得了稳步进展。预计将在位于加利福尼亚州LLNL的NIF上进行靶丸"点火"演示,如图15.4所示。拥有192束激光的NIF激光器是有史以来最大的高功率激光器。法国也正在建造一座类似的装置。

图 15.4　NIF192 束激光束的局部照片

（LLNL，https://lasers.LLNL.gov/multmedia/photo_gallery/）

即使 NIF 和 ITER 装置已大幅推进了聚变研究，但在商业核聚变发电能够运行之前，仍需要开展大量的工程和技术研发。例如，ITER 设计在 500 MW 功率水平上运行，但一次只能运行 15 min。目前正在开发能扩展到稳态的技术，一些人希望 ITER 的后续装置可以成为商业电站的原型。NIF 期望释放的聚变能是单次激光发射能量的 5～10 倍。对于发电站而言，需要一台能够每秒点燃几次靶丸的激光器（或其他"驱动器"），每次点燃靶丸释放的聚变能至少是输入能量的 100 倍。实现这一目标以及解决商业聚变所需的其他工程/技术和设施，已在规划中，但尚未得到资助。

15.3 希 望

聚变是一种核过程，它每消耗一磅物质释放的能量是燃烧化石燃料等典型化学燃烧过程所释放能量的近千万倍，是核裂变释放能量的 8 倍。然而核聚变并不容易实现。在太阳和其他恒星中，引力产生了发生聚变反应所需的高温、高密度，但在地球上，我们必须更加努力才能实现这一点。

聚变能有时被称为"终极能源"。这是因为聚变，即氢同位素原子核聚合形成氦（一种无害且有价值的"废料"产品），而氘（氢同位素）可以从水中廉价获得，因此只要地球上有生命，所有国家都可以随时获取到聚变能。

20 世纪 50 年代初，地球上第一次以氢弹的形式大规模释放了聚变能。自那时起，全世界科学家一直在寻找以可控方式产生聚变能的方法，以用于发电和其他可能应用，如海水淡化。

我认为聚变能终将成为一种实用性能源，这基于我的信念：即聚变能最终会被用来满足社会的能源需求，而且我认为聚变能在技术上是可行的。尽管其他能源（如核裂变和"可再生能源"）或许也能满足这些需求，但并不能保证。由于对裂变情况下裂变放射性废料处理和核武器扩散的担忧，对化石燃烧时碳排放引起的气候变化的担忧，以及对太阳能、风能和其他可再生能源提供预测的巨大能源需求的经济性（和/或实用性）的不确定，因此公众对裂变能和化石能源的接受程度也是不确定的。

尽管聚变能本身也有问题（见第 12 章），但与其他能源相比，它有许多潜在优势。燃料储备对所有国家来说都是固有资源，对聚变能来说，燃料基本上是取之不尽、用之不竭的。与继续依赖化石燃料相比，聚变能对环境的影响也较小。核裂变能是一种经过验证的电力能源，但聚变能被认为具有更高的安全性、核扩散和放射性废物少等特性，与太阳能、风能和其他非水力可再生能源相比，聚变能更符合工业社会不断扩大的大规模能源需求。

关于聚变能何时准备好商业化了，估算差异很大（从 15 年到 50 年不等），因为这取决于推动者的积极程度以及可用于研发的资金多寡。1962 年，当我开始自己的聚变研究生涯时，我曾相信到现在应该能看到聚变并网发电了。然而，现在我认为它更有可能出现在 2040—2050 年的时间范围内，而且更有可能首先出现在欧洲或亚洲，而不是美国。

幸运的是，届时世界能源不太可能耗尽。随着时间推移，与能源成本和气候变化相关的议题可能会变得越来越重要。未来某时，聚变能将进入能源体系，届时我们将能够真正评估其作为"终极能源"的正确性。

译：张惠鸽　校：尚万里

后记

> 后继者将完成我们已经开拓的事业。

本书呈现的聚变故事主要来自我个人角度和经验。而更多的故事将涉及全世界数千名敬业科学家和工程师所做的贡献以及他们的观点。其他书籍、无数期刊文章和科学/工程会议论文集记录了他们的贡献。本书仅描述了少数人的贡献和作用。目前，许多人仍然还在工作，一些业已退休，还有一些已不幸离世。

1979 年，我在政府任职 17 年后离职并成立了 FPA，当时我希望美国政府能够从以科学为主的计划过渡到包括工业开发在内的计划。随着 1980 年《磁聚变能源工程法》[34] 的颁布，许多行业和电力公司通过加入 FPA 来支持聚变事业，见表 4.3 和表 5.3。遗憾的是，如图 15.1 所示的预算显示美国政府自始至终都没有采取足够措施来应对这些。然而，美国聚变研究界却坚定地支持并关注着聚变能源，他们对 FPA 的坚定支持就证明了这一点。FPA 现有机构成员和董事会名单见表 9.1 和 A.1。

FPA 通过颁发领导力奖、杰出职业奖、聚变工程卓越奖和特别奖，来表彰众多聚变研究"领导者"以及那些做出特殊贡献的人。领导力奖设立于 1980 年，旨在"表彰在加速聚变能源发展方面具有杰出领导力的个人"。杰出职业奖设立于 1987 年，旨在"表彰为聚变发展做出杰出终身职业贡献的个人"。"聚变工程卓越奖"设立于 1987 年，以纪念 MIT 教授大卫·J. 罗斯（David J. Rose），并"表彰那些在职业生涯早期，既有技术成就，又有潜力成为聚变领域极具影响力领导者的个人"。（我们）还定期向"为核聚变研究做出重要贡献"的人士颁发"特别奖"。

表 A.2 至表 A.5 列出了这些奖项的获得者。

尽管过去 60 年，人们在聚变科学认知和实验验证方面取得了稳步进展，但这些进展并不能保证商业上的成功。未来，必须更加关注研发第 11 章中讨论的满足特定应用市场的具有商业竞争力标准的聚变装置。而这将受到政府法规的影响，并且在不同的国家情况也会有所差异。

本书于 2012 年 9 月初出版。如需了解此后发生的最新信息，请访问聚变能协会网站 http://fusionpower.org 并点击聚变计划，也可查看 FIRE 网站的发帖。http://fire.pppl.gov.

表 A.1　FPA 2012 年董事会和管理层

姓名	单位	职务	姓名	单位	职务
法鲁克·纳杰马巴迪	加州大学圣地亚哥分校	主席	斯坦利·米洛拉	橡树岭国家实验室	
格兰特·洛根	劳伦斯·伯克利国家实验室	副主席	爱德华·摩西	劳伦斯·利弗莫尔国家实验室	
穆罕默德·阿卜杜	加州大学洛杉矶分校		杰拉尔德·纳夫拉蒂尔	哥伦比亚大学	
大卫·巴比诺	萨凡纳河国家实验室		史蒂芬·P. 奥本斯迁	美国海军研究实验室	
E. 迈克·坎贝尔	罗格斯技术公司		妮可·佩塔	谢弗公司	
唐纳德·L. 科雷尔	劳伦斯·利弗莫尔国家实验室		米克洛斯·波科拉布	麻省理工学院	
N. 安妮·戴维斯	美国能源部（已退休）		斯图尔特·普雷格	普林斯顿大学等离子体物理实验	
杰拉尔德·库尔辛斯基	威斯康星大学		约翰·谢菲尔德	田纳西大学（已退休）	
M. 基思·马特森	圣地亚国家实验室		托尼·S. 泰勒	通用原子公司	
罗伯特·L. 麦克罗伊	罗切斯特大学		弗朗索瓦·韦尔布鲁克	得克萨斯大学奥斯汀分校	

续表

姓名	单位	职务	姓名	单位	职务
戴尔·M.米德	普林斯顿大学等离子体物理实验室（已退休）		托马斯·韦弗	波音公司	
格伦·伍登	洛斯·阿拉莫斯国家实验室				
管理层					
斯蒂芬·O.迪恩		董事	露丝·安·沃特金斯		副董事，行政和财务主管
马克·S.蒂拉克		副董事，联络主管			

表A.2　FPA领导力奖获奖者

1980	1983	1986
所罗门·J.布施鲍姆	约翰·埃米特	罗纳德·C.戴维森
罗伯特·L.赫希	肯尼斯·福勒	1987
迈克·麦科马克	1984	马歇尔·N.罗森布鲁斯
保罗·桑格斯	大川泰弘	1988
1981	杰罗德·尤纳斯	约翰·克拉克
爱德华·E.金特纳	1985	1989
1982	叶甫盖尼·维利霍夫	保罗-亨利·雷贝特
哈罗德·P.福思	千代卫·山中伸弥	1990
约翰·H.纳科尔斯		鲍里斯·B.卡多姆塞夫

续表

1991	1998	法鲁克·纳杰马巴迪
布鲁诺·科皮	赫尔曼·格兰德	2005
埃里克·斯托姆	约翰·P.霍尔德伦	罗纳德·斯坦堡
1992	1999	2006
罗伯特·康恩	B.格兰特·洛根	杰拉尔德·纳夫拉蒂尔
杰拉尔德·库尔辛斯基	戴尔·米德	内德·索特霍夫
1993	2000	2007
唐纳德·库克	罗伯特·埃马尔	理查德·霍利鲁克
约翰·谢菲尔德	约翰·林德	2008
1994	2001	爱德华·摩西
查理·贝克	罗伯特·J.戈德斯顿	托尼·泰勒
史蒂文·库宁	罗纳德·R.帕克	2009
1995	2002	李京素
E.迈克·坎贝尔	理查德·哈泽泰	2010
大卫·奥斯凯	杰弗里·弗莱德伯格	里卡多·贝蒂
1996	约翰·塞希安	Y-K.马丁·彭
穆罕默德·阿卜杜	2003	2011
罗伯特·麦克罗伊	斯图尔特·普雷格	M·基思·马特森
1997	2004	2012
大卫·E.鲍德温	雷蒙德·丰克	史蒂芬·P.奥本斯迁

注：该奖设立于1980年，颁发给那些在加速聚变发展中显示卓越领导能力的人。

表 A.3 FPA 杰出职业奖获奖者

1987	罗伯特·斯普罗尔	1997
梅尔文·B.戈特利布	H.盖福德·斯蒂文	马歇尔·N.罗森布鲁斯
唐纳德·克斯特	1992	1998
理查德·F.波斯特	罗伊·比克顿	鲍里斯·B.卡多姆塞夫
莱曼·斯皮策	阿玛萨·S.毕晓普	D.布鲁斯·蒙哥马利
1988	V.A.格卢基赫	大川泰弘
K.胡西米	森茂	保罗·卢瑟福
多纳托·帕隆博	1993	1999
R.塞巴斯蒂安·皮斯	罗伯特·J.格罗斯	托马斯·H.斯蒂克斯
1989	默里·W.罗森塔尔	J.布莱恩·泰勒
弗雷德里克·H.科恩斯根	1994	吉川正治
唐纳德·J.格罗夫	查尔斯·A.弗拉纳根	2000
弗雷德·L.里贝	沃尔夫·G.昆克尔	艾伦·吉布森
1990	1995	汤姆·西蒙宁
尼古拉·G.巴索夫	T.肯尼斯·福勒	肯尼斯·托马比奇
特达西·斯基古奇	哈罗德·P.福思	阿尔文·W.特里韦尔皮斯
1991	1996	2001
哈罗德·K.福尔森	约瑟夫·G.加文	罗杰·O.班格特
约翰·W.兰迪斯	约翰·H.纳科尔斯	爱德华·A.弗里曼

续表

2002	2005	2009
詹姆斯·D.卡伦	查尔斯·贝克	韦斯顿·M.斯塔西
冈特·格里格	戴尔·米德	2010
中井沙道	2006	米克洛斯·波科拉布
2003	N.安妮·戴维斯	德米特里·柳托夫
罗伯特·埃马尔	弗拉基米尔·托洛克	2011
约翰·谢菲尔德	2007	罗纳德·R.帕克
2004	大卫·E.鲍德温	2012
布鲁诺·科皮	2008	B.格兰特·洛根
	毛岛修	

注：该奖设立于1987年，颁发给那些对聚变发展作出杰出终身职业贡献的人员。

表A.4　FPA聚变工程卓越奖获奖者

S.J.皮特（S.J.Piet）	F.纳杰马巴迪	A.尼克鲁
M.A.乌尔里克森	G.G.德尼索夫	C.比博
D.埃斯特	P.J.吉尔杰夫斯基	N.莫利
Y-K.马丁·彭	P.巴拉巴希	Y.加藤
W.雷森	S.佩恩	B.沃思
J.桑塔里厄斯	M.蒂利亚克	J.P.夏普
O.菲拉托夫	P.F.彼得森	D.加尼尔
S.辛克尔	M.D.威廉姆斯	J.拉特科夫斯基
J.D.加拉姆博斯	G.费德里西	P.帕特尔

续表

S. W. 哈尼	M. 莫埃尔	邓恩
C. E. 凯塞尔	L. L. 斯奈德	赫尔曼
K. A. 麦卡锡	R. 克达马	

注：该奖是由 MIT 教授大卫·J. 罗斯（David J. Rose）在1987年设立的，颁发给那些在职业生涯早期已经展示出科技成就和潜能，并有望未来在聚变领域成为极具影响力领导者的个人。

表 A.5 　FPA 特别奖

J. 罗伯特·贝斯特	迪恩·加洛	保罗·里文布
爱德华·A. 弗里曼	凯瑟琳·M. 索普	保罗·托马斯
亨利·J. 冈伯格	玛丽莲·劳埃德	纳恩·威尔斯
伯纳德·J. 伊斯特隆德	马歇尔·斯卢伊特	约翰·德洛普
谢尔曼·奈马克	罗斯科·巴特利特	迈克·罗伯茨
格伦·索伦森	罗德尼·弗雷林霍森	大川泰弘
阿尔文·W. 特里韦尔皮斯	蒂姆·罗默	约翰·H. 纳科尔斯
保罗·J. 里尔顿	拉什·霍尔特	理查德·F. 波斯特
詹姆斯·M. 威廉姆斯	罗纳德·帕卡德	杰夫·霍伊
杰罗德·尤纳斯	黛安·卡罗尔	达琳·马克维奇
唐纳德·P. 泽芳	唐纳德·科雷尔	克里斯托弗·J. 基恩
露丝·安·沃特金斯	卡罗尔·丹尼尔森	约翰·W. 威利
乔治·S. 克莱门斯	斯蒂芬·O. 迪恩	埃罗尔·奥克泰
约翰·基林	马克·海恩斯	

注：该奖设立于1980年，定期颁发给对聚变能发展事业做出特殊贡献的个人。

译：张惠鸽　校：尚万里

致谢

我对多年来有幸与之共事的聚变科学家和工程师表示钦佩、感谢和感恩,本书提到了他们中许多人。我特别感谢那些在第14章中慷慨分享自己观点的人。

我还特别感谢露丝·安·沃特金斯女士,她是我多年前在美国AEC的秘书。1979年,她帮助我一起组建了FPA,并作为FPA负责行政和财务的副总裁,帮我将聚变愿景延续至今。

译:张惠鸽　校:尚万里

推荐阅读和信息来源

[1] BISHOP A S. Project sherwood[M]. Boston：Addison Wesley Publishing Company, 1958.

[2] BREIZMAN B N, VAN DAM J W. G. I. Budker – reflections & remembrances[M]. New York：AIP Press, 1994.

[3] BROMBERG J L. Fusion—science, politics, and the invention of a new energy source[M]. Cambridge：MIT, 1982.

[4] CHEN F F. An indispensable truth—how fusion power can save the planet[M]. Heidelberg：Springer, 2011.

[5] DOE office of fusion energy sciences website: http://science.energy.gov/fes.

[6] Fusion power associates website: http://fusionpower.org which also includes links to other fusion sites worldwide.

[7] FIRE website: http://fire.pppl.gov.

[8] GLASSTONE S, LOVBERG R H. Controlled thermonuclear reactions[M]. Princeton：D. Van Nostrand Company, 1960.

[9] HEPPENHEIMER T A. The man-made sun[M]. New York：Little Brown and Company, 1984.

[10] HERMAN R. Fusion—the search for endless energy[M]. Cambridge：Cambridge University Press, 1990.

[11] HIRSCH R L, BEZDEK R H, WENDLING R M. The impending world energy mess：what it is and what it means to you![M]. Apogee Prime Press, 2010.

[12] KAKU M, TRAINER J. Nuclear power: both sides[M]. New York：W. W. Norton & Company, 1982.

[13] KRIVIT S B. Wiley series on energy, nuclear energy encyclopedia[M]. New York：Wiley, 2011.

[14] MCCRACKEN G, STOTT P. Fusion—the energy of the universe[M]. New York：Elsevier Academic, 2005.

[15] STACEY W M. The quest for a fusion energy reactor—an insider's account of the Intor workshop[M]. Oxford：Oxford University Press, 2010.

[16] VELARDE G, SANTAMARIA N C. Inertial confinement nuclear fusion—a historical approach by its pioneers[M]. UK：Foxwell & Davies, 2007.

参考文献

[1] BISHOP A S. Project sherwood[M]. Boston: Addison Wesley Publishing Company, 1958.

[2] GLASSTONE S, LOVBERG R H. Controlled thermonuclear reactions—an introduction to theory and experiment[M]. Princeton: D Van Nostrand Company, 1960.

[3] MCCRACKEN G, STOTT P. Fusion—the energy of the universe[M]. New York: Academic, 2005.

[4] BROMBERG J L. Fusion—science, politics, and the invention of a new energy source[M]. Cambridge: MIT, 1982.

[5] VLADIMIR VOITSENYA. Obituary of oleg lavrentiev[R]. Fusion Power Associates Fusion Program Note FPN11-15, 2011.

[6] LAWSON J D. Some criteria for a power-producing thermonuclear reactor[J]. Proc. Phys. Soc, 1957 (6) : B70.

[7] POST R F. Controlled fusion research—an application of the physics of high temperature plasmas[J]. Rev. Mod. Phys. 1956 (28) : 338–362.

[8] RYUTOV D D, BERK H L, COHEN B I, et al. Magneto-hydrodynamically stable axisymmetric mirrors[J]. Physics of Plasmas , 2011, 9 (18) .

[9] SIMONEN T C. High Beta Experiments in the GDT Axisymmetric Magnetic Mirror[J]. Fusion Sci. Technol, 2010 (57) : 305.

[10] VELARDE G, SANTAMARIA N C. Inertial confinement nuclear fusion—a historical approach by its pioneers[M]. UK: Foxwell & Davies, 2007.

[11] FREIDBERG J P. Plasma physics and fusion energy[M]. Cambridge: Cambridge University Press, 2007.

[12] BELLAN P M. Spheromaks[M]. London: Imperial College Press, 2000.

[13] ROSTOKER N, BINDERBAUER M W, MONKHURST H J. Colliding beam fusion reactor[J]. Science, 1997 (278) : 1419–1422.

[14] BINDERBAUER M W, et al. Dynamic formulation of a hot field reversed configuration with improved confinement by supersonic merging of two colliding high-beta compact toroids[J]. Phys. Rev. Lett, 2010 (7) : 105.

[15] COLEMAN E S, COHEN S A, MAHONEY M S. Greek fire: Nicholas Christofilos and the Astron Project in America's early fusion program[J]. J. Fusion Energ, 2011 (30) , 238-256.

[16] BISHOP A S, DEAN S O, POST R F. AEC policy and action paper on controlled thermonuclear research[J]. J. Fusion Energ, 2011 (30) : 207-237.

[17] FORREST M. Lasers across the cherry orchards[M]. Abingdon：Culham Science Centre, 2011.

[18] GOUGH W C, EASTLUND B J. The fusion torch[J]. Bull. Am. Phys. Soc, 1968 (11) : 1564.

[19] DEAN S O, MCLEAN E A, STAMPER J A, et al. Demonstration of collisionless interactions between interstreaming ions in a laser-produced plasma experiment[J]. Phys. Rev. Lett, 1971 (27) : 487.

[20] DEAN S O, MCLEAN E A, STAMPER J A, et al. Reasons for the collisionless nature of interactions in a laser-produced plasma experiment[J]. Phys. Rev. Lett, 1972 (29) : 569.

[21] STAMPER J A, PAPADOPOULOS K, SUDAN R N, et al. Spontaneous magnetic

fields in laser-produced plasma[J]. Phys. Rev. Lett, 1971 (26) : 1012.

[22] DEAN S O. Confinement of laser-produced plasma in resonant cavities by RF electromagnetic field[R]. NRL Report No. 7136, 1970(9).

[23] DEAN S O. Laser-generated fusion plasmas[R]. Report of NRL Progress, 1971 (12).

[24] DEAN S O. Fusion power by magnetic confinement: program plan[J]. Fusion Energ, 1998 (17) : 263.

[25] KRALL N A, TRIVELPIECE A W. Principles of plasma physics[M]. New York: McGraw-Hill Book Company, 1973.

[26] DEAN S O, CALLEN J D, FURTH H P, et al. Status and objectives of tokamak systems for fusion research[J]. J. Fusion Energ, 1998 (17) : 289.

[27] NUCKOLLS J, WOOD L, THIESSEN A, et al. Laser compression of matter to super high densities: CTR applications[J]. Nature, 1972 (139) : 239.

[28] DEAN S O, BUSSARD R, FRAAS A, et al. An assessment of the role of magnetic mirror devices in fusion power development [R]. ERDA 76-64, 1976.

[29] KENNETH FOWLER T. The fusion quest[M]. Baltimore: The Johns Hopkins University Press, 1997.

[30] STACEY W M. The quest for a fusion energy reactor[M]. Oxford: Oxford University Press, 2010.

[31] U. S. makes major advance in nuclear fusion[N]. Washington Post, 1978-8-13.

[32] HEPPENHEIMER T A. The man-made sun[M]. New York: Little Brown and Company, 1984.

[33] FREEMAN M, JONES W. Fusion in Korea: energy for the next generation[J]. Exec. Intell. Rev, 2009 (36) : 10.

[34] Magnetic Fusion Energy Engineering Act of 1980[J]. J. Fusion Energ, 1981 (1) :

149-153.

[35] DEAN S O. Prospects for fusion power[M]. Oxford: Pergamon Press, 1981.

[36] WAN Y. Fusion research in China[C]. Fusion Power Associates 31st Annual Meeting and Symposium, 2012(12).

[37] KINTNER E E. Casting fusion adrift[J]. MIT Technol. Rev, 1982 (5).

[38] Vondrasek R J. Utility Requirements for fusion[R]. EPRI Topical Report AP-2254, 1982 (2).

[39] An assessment of the U. S. Mirror fusion program: report of the 1980 mirror senior review panel[R]. DOE/ER-0057, 1980 (2).

[40] Reports of the magnetic fusion advisory committee[J]. J. Fusion Energ, 1988 (7) : 227.

[41] DEAN S O. Fusion 1983: a symposium on the readiness and reasons for an accelerated national development program—summary report[J]. J. Fusion Energ, 1983 (3) : 151.

[42] GREENWALD M, et al. Energy confinement of high-density pellet-fueled plasmas in the Alcator-C Tokamak[J]. Phys. Rev. Lett, 1984 (7) : 23.

[43] GOLDSTON R J. Plasma Phys[J]. Control. Fusion, 1984 (26) : 87.

[44] Perkins F W, Post D E, Uckanet N A, et al. ITER physics basis[J]. Nuclear Fusion, 1999 (39) : 2137.

[45] Magnetic fusion energy R&D: a report of the energy research advisory board to the United States Department of Energy[Z]. 1984 (2).

[46] Fusion power associates executive newsletter[Z]. 1984 (8).

[47] Where do we go from here? interview with Trivelpiece A.W[Z]. Fusion Power Associates Executive Newsletter, 1984 (9).

[48] Fusion power associates executive newsletter[Z]. 1985 (8).

[49] Technical planning activity final report[Z]. Argonne national laboratory ANL/FPP-87-1, 1987 (1).

[50] DEAN S O. Commercial objectives, technology transfer and systems analysis for fusion power development[J]. J. Fusion Energ, 1988 (17) : 25.

[51] Fusion Power associates executive newsletter[Z]. 1985 (12).

[52] Fusion power associates executive newsletter[Z]. 1986 (2).

[53] Fusion power associates executive newsletter[Z]. 1986 (3).

[54] Fusion power associates executive newsletter[Z]. 1985 (8).

[55] Fusion power associates executive newsletter[Z]. 1985 (9).

[56] Fusion power associates executive newsletter[Z]. 1986 (6).

[57] Fusion power associates executive newsletter[Z]. 1988 (5).

[58] Fusion power associates executive newsletter[Z]. 1989 (1).

[59] DEAN S O. Status of candidate drivers for a laboratory microfusion facility (LMF)[J]. Fusion Technology (American Nuclear Society), 1989 (3).

[60] Inertial confinement fusion program plan summary for fiscal years 1990–1994[R]. DOE Report DOE/DP/IFD/PP090189, 1989.

[61] Fusion power associates executive newsletter[Z]. 1989 (12).

[62] Fusion power associates executive newsletter[Z]. 1990 (2).

[63] HORA R P, LOCKE BOGART S. Amortizing fund financing for applied research, development and demonstration of advanced electric energy production and distribution systems[J]. J. Fusion Energ, 1992 (11) : 225.

[64] Manifold productions, fire from the Sun[CD]. PBS film available on DVD from http://www.manifoldproductions.com/FireSunFilm.html.

[65] Fusion Policy Advisory Committee (FPAC) final report[J]. J. Fusion Energ, 1991 (10) : 127.

[66] Fusion power associates executive newsletter[Z]. 1990 (10).

[67] Fusion power associates executive newsletter[Z]. 1992 (7).

[68] DEAN S O, BAKER C C, COHN D R, et al. An accelerated fusion power development plan[J]. J. Fusion Energ, 1991(10) : 197.

[69] GALAMBOS J, BAKER C, PENG Y-K M, et al. Systems studies of copper-and superconducting-coil pilot plants[J]. Fusion Technol, 1992 (21) : 1759.

[70] DEAN S O, BAKER C C, COHN D R, et al. Pilot plant: an affordable step toward fusion power[J]. J. Fusion Energ, 1992 (11) : 99.

[71] DEAN S O, BAKER C C, GALAMBOS J, et al. Pilot plant: a shortened path to fusion power[C]. Vienna: Proceedings of Fourteenth International Conference on Plasma Physics and Controlled Nuclear Fusion Research, Paper IAEA-CN56/G-1-5.

[72] Dean S O. Reports of the DOE Fusion Energy Advisory Committee (FEAC)[J]. J. Fusion Energ, 1992(11):103-120.

[73] Fusion power associates executive newsletter[Z]. 1991 (9).

[74] Fusion power associates executive newsletter[Z]. 1991 (12).

[75] PAUL GILMAN. Quoted in Los Alamos National Laboratory Newsbulletin[Z]. 1991 (2).

[76] HIRSCH R L, CULLER F, HINGORANI N G, et al. Report of the 1992 EPRI fusion review panel[J]. J. Fusion Energ, 1992 (11) : 209.

[77] KASLOW J, et al. Criteria for practical fusion power systems[J]. J. Fusion Energ, 1994 (13) : 181.

[78] Fusion power associates executive newsletter[Z]. 1995 (1).

[79] HOLDREN J P, et al. An assessment of environmental, safety, and economic aspects of fusion[R]. LLNL Report UCRL-53766, 1989.

[80] CONN R W, et al. A restructured fusion energy sciences program[J]. J. Fusion

Energ, 1996 (15) : 183.

[81] HOLDREN J P, et al. Report to the President on federal energy research and development for the twenty-first century[R]. (1997-11) http://fire.pppl.gov/pcast_1997.pdf.

[82] HOLDREN J P, et al. The U.S. program of fusion energy research and development: report of the fusion review panel of the President's council of advisors on science and technology[J]. J. Fusion Energ, 1995 (14) : 213.

[83] DEAN S O, et al. Pathways to fusion power[J]. J. Fusion Energ, 1998 (17) : 1.

[84] DEAN S O, et al. Cost-effective steps to fusion power[J]. J. Fusion Energ, 1998 (17) : 177.

[85] MESERVE R A, et al. Realizing the promise of fusion energy: final report of the task force on fusion energy[J]. J. Fusion Energ, 1999 (18) : 85.

[86] DEAN S O. Fusion science and technology for the new millennium[J]. J. Fusion Energ, 1999 (18) : 1.

[87] Statement on fusion and energy policy[Z]. (2001-2-5) . http://fusionpower.org.

[88] An assessment of the Department of Energy's Office of fusion energy sciences program[Z]. National Academies Press, 2001 (1) .

[89] DEAN S O. Fifty years of U.S. fusion research—an overview of programs[J]. Nuclear News , 2002(7) .

[90] GOLDSTON R J, et al. A plan for the development of fusion energy[J]. J. Fusion Energ, 2002 (21) : 61.

[91] LINFORD R, et al. A review of the U.S. department of energy's inertial fusion energy program[J]. J. Fusion Energ, 2003 (22) : 93.

[92] 2007 IFE workshop proceedings[OL]. http://ifeworkshop.llnl.gov/proceedings.html.

[93] MEADE D. 50 years of fusion research[J]. Nuclear Fusion, 2010, 50 (1).

[94] DEAN S O. The rationale for an accelerated fusion energy program[J]. J. Fusion Energ, 2008 (27) : 149.

[95] DAVIDSON R C, KULCINSKI G, et al. An assessment of the prospects for inertial fusion energy: interim report of the NAS committee on the prospects for inertial confinement fusion energy systems[OL]. http://fire.pppl.gov/NAS_ICF_interim_review_2012.pdf.

[96] DUNNE M, et al. Timely delivery of laser inertial fusion energy (LIFE) [J]. Fusion Sci. Technol, 2011 (60) : 19.

[97] DEAN S O, et al. Report of FEAC panel 3: concept improvement[J]. J. Fusion Energ, 1992 (11) : 163.

[98] NAJMABADI F, et al. Report of the subpanel to FESAC concerning alternate concepts[J]. J. Fusion Energ, 1999 (18) : 161.

[99] HSU S C, et al. Spherically imploding plasma liners as a standoff driver for magneto-inertial fusion[R]. IEEE Trans. Plasma Sci, 2012 (3) : 40.

[100] HSU S. Plasma jet driven magneto-inertial Fusion[C]. Fusion power associates 32nd annual meeting and symposium, 2011(12).

[101] WURDEN G. Magneto-inertial Fusion[C]. Fusion power associates 32nd annual meeting and symposium, 2011(12).

[102] CHANG P Y, et al. Fusion yield enhancement in magnetized laser driven implosions[J]. Phys. Rev. Lett, 2011(107): 035006.

[103] SLUTZ S A, VESEY R A. High gain magnetized inertial fusion[J]. Phys. Rev. Lett, 2012(1): 108.

[104] Liner fusion workshop[OL]. (2012-2-5, 8) . http://sandia.gov/pulsedpower/Workshop.html.

[105] LINDEMUTH I R, SIEMON R E. The fundamental parameter space of controlled

thermonuclear fusion[J]. Am. J. Phys, 2009(77): 407-416.

[106] International workshop on magnetic fusion energy roadmapping[OL]. (2011). http://advprojects.pppl.gov/roadmapping.

[107] CHEN F F. An indispensable truth—how fusion power can save the planet[M]. Heidelberg: Springer, 2011.

[108] MCCARTHY K, et al. Non-electric applications of fusion[J]. J. Fusion Energ, 2002 (21): 121.

[109] FREIDBERG J P, KADAK A C. Fusion-fission hybrids revisited[J]. Nat. Phys, 2009 (5): 370.

[110] Martinez-Val J M, Piera M, Abánades A, et al. Hybrid nuclear reactors[M]//Krivit S B, Lehr J H, Kingery T B. Nuclear Energy Encyclopedia. New York: Wiley, 2011:435-455.

[111] MOSES E I, et al. A sustainable nuclear fuel cycle based on Laser Inertial Fusion Energy (LIFE) [J]. Fusion Sci (Technol), 2009 (56): 566.

[112] MANHEIMER W. The fusion hybrid as a key to sustainable development[J]. Fusion Energ, 2004 (23): 223.

[113] BETHE H A. The fusion hybrid[J]. Nuclear New. 1978 (21): 41.

[114] BETHE H A. The fusion hybrid[J]. Nuclear News, Phys. Today, 1979 (32): 44.

[115] JAMESON R A. Accelerator-driven transmutation of nuclear waste and electric power production[J]. J. Fusion Energ, 1993 (12): 379.

[116] MARTIN PENG Y-K, CHENG E T. Magnetic fusion driven transmutation of waste (FTW) [J]. J. Fusion Energ, 1993 (12): 381.

[117] SALVATORES M. Physics features comparison of TRU burners; fusion/fission hybrids. Accelerator-driven systems and low conversion ration fast reactors[J]. Ann. Nucl. Energ, 2009 (36): 1653.

[118] GOUGH W C, EASTLUND B J. The fusion torch: closing the cycle from use to reuse[R]. US AEC Report WASH-1132, 1969(5).

[119] BORISOV A A, et al. Fusion power plant for water desalination and reuse[J]. Fusion Eng. Design, 2001 (58–59) : 1109.

[120] GRANT LOGAN B. Can we afford ocean desalination to double the fresh water supply for the coming 13 billion people to live on a hot planet? (unpublished) .

[121] DEAN S O, POLTORATSKAIA N. Applications of fusion and plasma device technologies[J]. Plasma Devices Operat, 1995 (4) .

[122] DEAN S O. Applications of plasma and fusion research[J]. J. Fusion Energ, 1995 (14) : 251.

[123] DEAN S O. Plasmas: the fourth state of matter[J]. The World and I Magazine, 1996 (6) .

[124] DEAN S O. The plasma touch[J]. The World and I Magazine, 1996 (6) .

[125] FESAC report on review of the fusion materials research program[OL]. (1998-7) . http://science.energy.gov/fes/fesac/reports/.

[126] FESAC report on materials science and technology research opportunities now and in the ITER era[OL]. (2012-2) . http://science.energy.gov/fes/fesac/reports.

[127] ABDOU M. Fusion nuclear science and technology (fnst) challenges and facilities on the pathway to fusion energy[C]. Presented at fusion Power associates 31st annual meeting and Symposium (2011-12-14, 15) . http://fire.pppl.gov/fpa_annual_meet.html.

[128] ZINKLE S. Materials science under extreme conditions: comments on materials challenges on the pathway to magnetic fusion energy[C]. Presented at fusion power associates 31st annual meeting and symposium (2011-12-14, 15) . http://fire.pppl.gov/fpa_annual_meet.html.

[129] ANDERSON J L. Tritium systems: issues and answers[J]. J. Fusion Energ, 1985 (4) : 155.

[130] PETTI D, et al. ARIES-AT safety design and analysis[J]. Fusion Eng. Design, 2006 (80) : 111.

[131] CADWALLADER L, EL-GUEBALY L. Safety and environmental features[M]// Krivit S B, Lehr J H, Kingery T B. Nuclear Energy Encyclopedia. New York: Wiley, 2011:413-420.

[132] HANCOX R, BUTTERWORTH G J. The management of fusion waste[R]. AEA Culham Laboratory Report AEA FUS61, 16th Symposium on the Technology of Fusion Energ, 1990 (9) : 3–7.

[133] HOLDREN J P, et al. Report of the senior committee on environmental, safety and economic aspects of magnetic fusion energy[R]. LLNL UCRL-53766, 1989.

[134] BP statistical review of world energy[OL]. (2012-6) . http://www.bp.com.

[135] HIRSCH R L, BEZDEK R D, WENDLING R M. The impending world energy mess[M]. Ontario: Apogee Prime, 2010.

[136] U. S. energy information administration[OL]. http://www.eia.gov.

[137] MURRAY J A. A walk through the national ignition facility[R]. ICF Quarterly Report, UCRL-LR-105821-97-3, 1997: 95–98.

[138] MOSES E I, BOYD R N, REMINGTON B A, et al. The national ignition facility: ushering in a new age for high energy density science[J]. Phys. Plasmas, 2009 (16) : 041006.

[139] HAAN S W, et al. Point design targets, specifications, and requirements for the 2010 ignition campaign on the national ignition facility[J]. Phys. Plasmas, 2011 (18) : 051001.

[140] National ignition campaign execution plan[Z]. UCRL-AR-213718, NIF-0111975-AA, Rev. 0, 2005 (7).

[141] National research council (U.S.), Interim report—status of the study: an assessment of the prospects for inertial fusion energy[M]. Washington DC: National Academies Press, 2012.

[142] WANG W, JONES T B, HARDING D R. On-chip double emulsion droplet assembly using electrowetting-on-dielectric and dielectrophoresis[J]. Fusion Sci. Technol, 2011 (59): 240.

[143] MCCRORY R L, et al. Progress in direct-drive inertial confinement fusion research[J]. Phys. Plasmas, 2008 (15): 055503.

[144] GONCHAROV V N, et al. Demonstration of the highest deuterium-tritium areal density using multiple-picket cryogenic designs on OMEGA[J]. Phys. Rev. Lett, 2010 (104): 165001.

[145] SANGSTER T C, et al. Shock-tuned cryogenic-deuterium-tritium implosion performance on Omega[J]. Phys. Plasmas, 2010 (17): 056312.

[146] ZHOU C D, BETTI R. Hydrodynamic relations for direct-drive fast-ignition and conventional inertial confinement fusion implosions[J]. Phys. Plasmas, 2007 (14): 072703.

[147] Direct drive on the national ignition facility[J]. Phys. Plasmas, 2004 (11): 2763–2770.

[148] COLLINS T J B, et al. A polar-drive-ignition design for the national ignition facility[J]. Phys. Plasmas, 2012 (19): 056308.

[149] LEE G S. The Korean fusion program. Presented at fusion power associates 30th annual meeting and symposium[OL]. (2009-12-2). http://fire.pppl.gov/fpa09_KSTAR_gslee.pdf.

人名汇总

A

穆罕默德·阿卜杜（Abdou, M.）

斯宾塞·亚伯拉罕（Abraham, S.）

安塞尔·亚当斯（Adams, A.）

约翰·阿赫恩（Ahearne, J.）

塞缪尔·艾利森（Allison, S.）

列夫·阿特西莫维奇（Artsimovich, L.）

弗朗西斯·阿斯顿（Aston, F.）

安德鲁·阿西（Athy, A.）

B

查理·贝克（Baker, C.）

大卫·鲍德温（Baldwin, D.）

理查德·巴尔齐瑟（Balzhiser, R.）

罗杰·O. 班格特（Bangerter, R. O）.

尼古拉·根纳季耶维奇·巴索夫（Basov, N. G.）

爱德华·鲍泽（Bauser, E.）

杰克·W. 比尔（Beal, J. W.）

威拉德·哈里森·班尼特（Bennett, W. H.）

赫伯特·伯克（Berk, H.）

艾伦·伯曼（Berman, A.）

李·贝里（Berry, L.）

汉斯·贝特（Bethe, H.）

朱迪·比格特（Biggert, J.）

阿玛萨·毕晓普（Bishop, A.）

吉姆·毕晓普（Bishop, J.）

摩西·布莱克曼（Blackman, M.）

罗纳德·布兰肯（Blanken, R.）

史蒂芬·博德纳（Bodner, S.）

舍伍德·博勒特（Boehlert, S.）

S. 洛克·博加特（Bogart, S. L）

玛丽莲·布卡德（Bouquard, M.）

威廉·鲍文（Bowen, W.）

刘易斯·布兰斯科姆（Branscomb, L.）

理查德·布里格斯（Briggs, R.）

威廉·F. 布林克曼（Brinkman, W. F.）

威廉·布罗德（Broad, W.）

琼·L. 布朗伯格（Bromberg, J. L.）

基思·布鲁克纳（Brueckner, K.）

杰夫·布鲁姆菲尔（Brumfiel, G.）

所罗门·J. 布施鲍姆（Buchsbaum, S. J.）

西布利·伯内特（Burnett, S.）

乔治·H. W. 布什（Bush, G. H. W.）

罗伯特·R. 布萨德（Bussard, R. W.）

C

詹姆斯·卡伦（Callen, J.）

迈克·坎贝尔（Campbell, M.）

卡特（Carter, J.）

弗朗西斯·F. 陈（Chen, F. F.）

迪克·切尼（Cheney, D.）

阿德里安·乔（Cho, A.）

朱棣文（Chu, S.）

钟昆莫（Chung, K.）

温斯顿·丘吉尔（Churchill, W.）

约翰·克拉克（Clarke, J.）

弗雷德里克·科恩斯根（Coensgen, F.）

弗兰克·E. 科菲曼（Coffman, F. E.）

丹尼尔·科恩（Cohn, D.）

斯特林·科尔盖特（Colgate, S.）

罗伯特·康恩（Conn, B.）

詹姆斯·康纳（Conner, J.）

唐纳德·L. 库克（Cook, D. L.）

布鲁诺·科皮（Coppi, B.）

斯坦·库森（Cousins, S.）

大卫·克兰德尔（Crandall, D）

爱德华·克鲁兹（Creutz, E.）

弗洛伊德·卡勒（Culler, F.）

D

爱德华·大卫（David, E.）

凯伊·戴维森（Davidson, K.）

罗纳德·戴维森（Davidson, R.）

N. 安妮·戴维斯（Davies, N. A.）

约翰·道森（Dawson, J.）

F. 德霍夫曼（De Hoffman, F.）

R. 德弗里斯（De Vries, R.）

史蒂芬·O. 迪恩（Dean, S. O.）

詹姆斯·F. 德克尔（Decker, J. F.）

约翰·多伊奇（Deutch, J.）

埃弗里特·德克森（Dirksen, E.）

沃尔特·迪士尼（Disney, W.）

皮特·V. 多梅尼奇（Domenici, P. V.）

吉姆·德雷克（Drake, J.）

米尔德里德·德雷斯豪斯（Dresselhaus, M.）

霍华德·德鲁（Drew, H.）

彼得·德鲁克（Drucker, P.）

威廉·德拉蒙德（Drummond, W.）

查尔斯·邓肯（Duncan, C.）

E

伯纳德·伊斯特隆德（Eastlund, B.）

阿瑟·爱丁顿（Eddington, A.）

詹姆斯·爱德华兹（Edwards, J.）

阿尔伯特·爱因斯坦（Einstein, A.）

威廉·R. 埃利斯（Ellis, W. R.）

约翰·埃米特（Emmett, J.）

斯波福德·G. 恩格利斯（English, S. G.）

大卫·埃弗森（Everson, D.）

F

费罗·T. 法恩斯沃斯（Farnsworth, P. T.）

保罗·法塞拉（Fasella, P.）

吉安弗兰科·费德里西（Federici, G.）

艾拉·弗莱托（Flatow, I.）

雷蒙德·丰克（Fonck, R.）

杰拉尔德·福特（Ford, G.）

亨利·福特（Ford, H.）

迈克尔·福勒斯特（Forrest, M.）

哈罗德·K. 福尔森（Forsen, H. K.）

约翰·S. 福斯特（Foster, J. S.）

肯尼斯·福勒（Fowler, K.）

玛莎·弗里曼（Freeman, M.）

杰弗里·弗莱德伯格（Freidberg, J.）

爱德华·弗里曼（Frieman, E.）

唐纳德·福卡（Fuqua, D.）

哈罗德·福思（Furth, H.）

G

约瑟夫·加文（Gavin, J.）

汤普森·V. 乔治（George, T. V.）

杰克·吉本斯（Gibbons, J.）

卡希尔·纪伯伦（Gibran, K.）

艾伦·吉布森（Gibson, A.）

查尔斯·F. 吉尔伯特（Gilbert, C. F.）

约翰·吉尔兰（Gilleland, J.）

爱德华·吉勒（Giller, E.）

保罗·吉尔曼（Gilman, P.）

纽特·金里奇（Gingrich, N.）

亚历山大·格拉斯（Glass, A.）

鲁莫·戈登（Godden, R.）

罗伯特·戈德斯顿（Goldston, R.）

米哈伊尔·戈尔巴乔夫（Gorbachev, M.）

梅尔文·B. 戈特利布（Gottlieb, M. B.）

威廉·C. 高夫（Gough, W. C.）

罗伊·古尔德（Gould, R.）

J. 纳尔逊·格雷斯（Grace, J. N.）

哈罗德·格拉德（Grad, H.）

马丁·格林沃尔德（Greenwald, M.）

格恩特·格里格（Greiger, G.）

汉斯·格里姆（Griem, H.）

罗伯特·J. 格罗斯（Gross, R. J.）

唐纳德·格罗夫（Grove, D.）

大卫·格温（Gwinn, D.）

H

拉尔夫·霍尔（Hall, R.）

威廉·哈珀（Happer, W.）

塞缪尔·D. 哈克尼斯（Harkness, S. D.）

长谷川彰（Hasegawa, A.）

理查德·霍利鲁克（Hawryluk, R.）

理查德·D. 哈泽泰（Hazeltine, R. D.）

马乔里·马泽尔·赫克特（Hecht, M. M.）

卡尔·亨宁（Henning, C. D.）

汤姆·赫本海默（Heppenheimer, T.）

雷蒙德·赫伯特（Herbert, R.）

弗兰克·赫伯特（Herbert, F.）

约翰·赫林顿（Herrington, J.）

纳里·辛格兰尼（Hingorani, N.）

罗伯特·L. 赫希（Hirsch, R. L.）

唐纳德·霍德尔（Hodel, D.）

约翰·P. 霍尔德伦（Holdren, J. P.）

迈克尔·霍兰德（Holland, M.）

理查德·P. 霍拉（Hora, R. P.）

邓肯·亨特（Hunter, D.）

罗伯特·亨特（Hunter, R.）

雷蒙德·胡斯（Huse, R.）

I

李·艾柯卡（Iacocca, L.）

戴夫·伊格纳特（Ignat, D.）

池田佳奈美（Ikeda, K.）

J

杰里·詹宁斯（Jennings, J. D.）

史蒂文·S. 乔布斯（Jobs, S. P.）

米尔特·约翰逊（Johnson, M.）

汤姆·约翰逊（Johnson, T.）

约瑟夫·B. 约翰逊（Johnston, J. B.）

K

亚伯·卡迪什（Kadish, A.）

鲍里斯·卡多姆塞夫（Kadomtsev, B.）

A. R. 坎特罗维茨（Kantrowitz, A. R.）

查尔斯·卡奈尔（Kennel, C.）

唐纳德·克斯特（Kerst, D.）

乔治·凯沃斯（Keyworth, G.）

苏珊·金凯德（Kinkead, S.）

爱德华·E. 金特纳（Kintner, E. E.）

迈克·诺泰克（Knotec, M.）

艾伦·科尔布（Kolb, A.）

史蒂文·库宁（Koonin, S.）

尼古拉斯·A. 克拉尔（Krall, N. A.）

大卫·克莱默（Kramer, D.）

玛莎·克雷布斯（Krebs, M.）

杰拉尔德·库尔辛斯基（Kulcinski, G.）

伊戈尔·库尔恰托夫（Kurchatov, I.）

L

约翰·W. 兰迪斯（Landis, J. W.）

詹姆斯·郎（Lang, J.）

林登·拉鲁什（LaRouche, L.）

奥列格·拉夫伦蒂耶夫（Lavrentiev, O.）

约翰·D. 劳森（Lawson, J. D.）

米哈伊尔·列昂托维奇（Leontovich, M.）

弗洛拉·刘易斯（Lewis, F.）

约翰·林德（Lindl, J.）

鲁隆·林福德（Linford, R.）

切斯特·洛布（Lob, C.）

格兰特·洛根（Logan, G.）

帕特里克·鲁尼（Looney, P.）

M

杰弗里·曼宁（Manning, G.）

约翰·马伯格（Marburger, J.）

厄尔·马尔马（Marmar, E.）

查尔斯·马歇尔（Marshall, C.）

约翰·麦克布莱德（McBride, J.）

迈克·麦科马克（McCormack, M.）

罗伯特·麦克罗伊（McCrory, B.）

保罗·麦克丹尼尔（McDaniel, P.）

托马斯·W. 麦克奈特（McKnight, T. W.）

艾德·麦克林（McLean, E.）

戴尔·米德（Meade, D.）

理查德·梅瑟夫（Meserve, R.）

乔治·米利（Miley, G.）

班尼特·R. 米勒（Miller, B. R.）

金·莫尔维格（Molvig, K.）

沃尔特·蒙代尔（Mondale, W.）

欧内斯特·莫尼兹（Moniz, E.）

迈克尔·蒙斯勒（Monsler, M.）

布鲁斯·蒙哥马利（Montgomery, B.）

塞格鲁·莫里（Mori, S.）

爱德华·摩西（Moses, E.）

肯·G. 摩西（Moses, K. G.）

本岛修（Motojima, O.）

N

法鲁克·纳杰马巴迪（Najmabadi, F.）

杰拉尔德·纳夫拉蒂尔（Navratil, G.）

理查德·尼克松（Nixon, R.）

约翰·H. 纳科尔斯（Nuckolls, J. H.）

O

巴拉克·奥巴马（Obama, B.）

史蒂芬·奥本斯迁（Obenschain, S.）

大川泰弘（Ohkawa, T.）

大井直隆（Oki, N.）

埃罗尔·奥克泰（Oktay, E.）

哈泽尔·奥利里（O'Leary, H.）

约翰·奥利里（O'Leary, J.）

克雷格·奥尔森（Olson, C）

保罗·奥尼尔（O'Neill, P.）

雷蒙德·L. 奥巴赫（Orbach, R. L.）

P

迈克尔·帕克（Pack, M.）

谢尔盖·派达西（Paidassi, S.）

汤姆·帕尔米里（Palmieri, T.）
劳伦斯·帕佩（Papay, L.）
罗纳德·帕克尔（Parker, R.）
约翰·帕斯托雷（Pastore, J.）
尼科尔·皮科克（Peacock, N.）
巴斯·皮斯（Pease, B.）
费德里科·佩纳（Peña, F.）
Y-K. 马丁·彭（Peng, Y. -K. M.）
理查德·N. 佩尔（Perle, R. N.）
比尔·彼得森（Peterson, B.）
道格拉斯·佩维特（Pewitt, D.）
米克洛斯·波科拉布（Porkolab, M.）
理查德·F. 波斯特（Post, R. F.）
理查德·S. 波斯特（Post, R. S.）
赫尔曼·波斯特马（Postma, H.）
斯图尔特·普雷格（Prager, S.）

R
迪克西·李·雷蒙德（Ray, D. L.）
罗纳德·里根（Reagan, R.）
保罗-亨利·雷贝特（Rebut, P. -H.）
多姆·雷皮奇（Repici, D.）
弗雷德·里贝（Ribe, F.）
比尔·理查森（Richardson, B.）
海曼·G. 里科弗（Rickover, A. H. G.）
迈克·罗伯茨 [Roberts, M.（Mike）]

威廉·罗比内特（Robinette, W.）

德里克·罗宾逊（Robinson, D.）

路易斯·罗迪斯（Roddis, L.）

希利亚德·罗德里克（Roderick, H.）

罗伯特·罗伊（Roe, R.）

达纳·罗拉巴彻（Rohrabacher, D.）

大卫·J. 罗斯（Rose, D. J.）

马歇尔·N. 罗森布鲁斯（Rosenbluth, M. N.）

鲍勃·罗斯纳（Rosner, B.）

诺曼·罗斯托克尔（Rostoker, N.）

亚瑟·鲁阿克（Ruark, A.）

列昂尼德·鲁达科夫（Rudakov, L.）

欧内斯特·卢瑟福（Rutherford, E.）

保罗·卢瑟福（Rutherford, P.）

S

安德烈·萨哈罗夫（Sakharov, A.）

内德·索特霍夫（Sauthoff, N.）

詹姆斯·施莱辛格（Schlesinger, J.）

托马斯·施奈德（Schneider, T.）

鲍勃·斯科特（Scott, B.）

格伦·T. 西伯格（Seaborg, G. T.）

鲍勃·谢曼斯（Seamans, B.）

基普·西格尔（Seigel, K.）

詹姆斯·森伯伦纳（Senbrenner, J.）

安德鲁·M. 塞斯勒（Sessler, A. M.）

约翰·塞希安（Sethian, J.）

米尔顿·肖（Shaw, M.）

约翰·谢菲尔德（Sheffield, J.）

理查德·西蒙（Siemon, R.）

汤姆·西蒙宁（Simonen, T.）

亚瑟·史利普（Sleeper, A.）

路易斯·斯莫林（Smullin, L.）

Y. A. 索科洛夫（Sokolov, Y. A.）

罗伯特·索科洛（Sokolow, R.）

沃尔特·苏伊（Sooy, W.）

D. 斯宾塞（Spencer, D.）

莱曼·斯皮策（Spitzer, L.）

比尔·斯塔西（Stacey, B.）

约翰·史丹博（Stamper, J.）

唐纳德·斯坦纳（Steiner, D.）

H. 盖福德·史蒂夫（Stever, H. G.）

琳达·斯顿茨（Stuntz, L.）

爱德华·西纳科夫斯基（Synakowski, E.）

T

伊戈尔·塔姆（Tamm, I.）

迪克·塔斯切克（Taschek, D.）

约翰·泰勒（Taylor, J.）

爱德华·泰勒（Teller, E.）

基思·托马森（Thomassen, K.）

乔治·汤普森（Thompson, G.）

詹姆斯·R. 汤普森（Thompson, J. R.）

彼得·汤恩曼（Thonneman, P.）

艾伦·托德（Todd, A.）

肯尼斯·托马比奇（Tomabechi, K.）

莱维·唐克斯（Tonks, L.）

罗马诺·托西（Toschi, R.）

史蒂芬·托特（Toth, S.）

查尔斯·汤斯（Townes, C.）

阿尔文·W. 特里韦尔皮斯（Trivelpiece, A. W.）

保罗·桑格斯（Tsongas, P.）

詹姆斯·塔克（Tuck, J.）

V

切斯特·范·阿塔（Van Atta, C.）

叶甫盖尼·维利霍夫（Velikhov, E.）

查尔斯·维斯特（Vest, C.）

W

艾伦·韦尔（Ware, A.）

詹姆斯·D. 沃特金斯（Watkins, J. D.）

露丝·安·沃特金斯（Watkins, R. A.）

阿尔文·温伯格（Weinberg, A.）

查尔斯·沃顿（Wharton, C.）

克里斯汀·托德·惠特曼（Whitman, C. T.）

彼得·威尔科克（Wilcock, P.）

詹姆斯·M. 威廉姆斯（Williams, J. M.）

埃里克·威利斯（Willis, E.）

约翰·威利斯（Willis, J.）

蒂姆·沃思（Wirth, T.）

乔治·K. 威瑟斯（Withers, G. K.）

史蒂夫·沃尔夫（Wolfe, S.）

赫伯特·伍德森（Woodson, H.）

吴丽莲（Wu, L.）

格伦·伍登（Wurden, G.）

Y

千代卫·山中伸弥（Yamanaka, C.）

丹尼尔·耶尔金（Yergin, D.）

赫伯特·约克（York, H.）

金泳三（Young-sam, K.）

Z

K. M. 兹威尔斯基（Zwilsky, K. M.）

主题词与缩略语

A

加速聚变能发展计划（Accelerated Fusion Power Development Plan）

先进反应堆创新性评估研究（Advanced Reactor Innovations Evaluation Study, ARIES）

原子能委员会（Atomic Energy Commission, AEC）

原子能委员会政策和行动文件（AEC Policy and Action Paper）

阿尔卡特装置（Alcator）

替代概念（Alternate concepts）

美国核学会（American Nuclear Society, ANS）

美国物理学会（American Physics Society, APS）

分期偿还基金（Amortizing fund）

阿斯顿装置（Astron）

奥斯汀小组（Austin panel）

可利用性（Availability）

B

棒球II装置（Baseball II）

包层（Blanket）

燃烧核心实验装置（Burning Core eXperiment, BCX）

英制热量单位（British Thermal Unit, BTU）

更广泛的方法（Broader approach）

预算削减（Budget cuts）

预算历史（Budget history）

波纹环（Bumpy torus）

燃烧等离子体评估委员会（Burning Plasma Assessment Committee, BPAC）

燃烧等离子体实验（Burning Plasma eXperiment, BPX）

燃烧等离子体研究小组（Burning plasma panel）

燃烧等离子体物理学（Burning plasma physics）

布什-戈尔巴乔夫峰会（Bush–Gorbachev summit meeting）

C

聚变工程中心（Center for Fusion Engineering, CFE）

保密级别（Classification）

气候变化（Climate change）

煤炭（Coal）

无碰撞冲击波（Collisionless shock waves）

哥伦布装置（Columbus）

紧凑型点火托卡马克（Compact Ignition Tokamak, CIT）

复杂性（Complexity）

概念设计活动（Conceptual Design Activity, CDA）

与美国的契约（Contract with America）

受控热核研究（Controlled Thermonuclear Research, CTR）

库仑力（Coulomb force）

实用聚变能系统标准（Criteria for practical fusion power systems）

D

DCX-Ⅱ装置（DCX-Ⅱ）

示范电站（Demonstration power plant）

能源部（Department of Energy, DOE）

海水淡化（Desalination）

氘（Deuterium）

氘核（Deuterons）

直接驱动（Direct drive）

杰出职业奖（Distinguished Career Awards）

偏滤器（Divertor）

受控热核研究部（Division of Controlled Thermonuclear Research, DCTR）

E

埃尔莫波纹环（Elmo Bumpy Torus, EBT）

工程设计活动（Engineering Design Activities, EDA）

效率（Efficiency）

电（Electricity）

电力（Electric power）

电力研究所（Electric Power Research Institute, EPRI）

电力公司（Electric utilities）

电动汽车（Electric vehicles）

电解（Electrolysis）

EMC2 公司（EMC2）

2005 年能源政策法案（Energy Policy Act of 2005）

能源研究咨询委员会（Energy Research Advisory Board，ERAB）

能源研究开发署（Energy Research and Development Administration, ERDA）

能源技术开发信托基金（Energy Technology Development Trust Fund）

工程（Engineering）

工程试验装置（Engineering Test Facility, ETF）

欧盟（European Union, EU）

评估研究（Evaluation study）

实验性电力反应堆（Experimental power reactor）

F

反馈稳定（Feedback stabilization）

美国聚变工业理事会（Fusion Industry Council US, FICUS）

场反转概念（Field Reversed Concept, FRC）

聚变点火研究实验（Fusion Ignition Research Experiment, FIRE）

来自太阳的火焰（Fire from the Sun）

第一壁（First wall）

裂变（Fission）

下一步重大实验论坛（Forum for Next Step Major Experiments）

化石能源（Fossil energy）

福斯特小组（Foster panel）

聚变能源咨询委员会（Fusion Energy Advisory Committee, FEAC）

聚变能源科学咨询委员会（Fusion Energy Sciences Advisory Committee, FESAC）

聚变能协会（Fusion Power Associates, FPA）

聚变政策咨询委员会（Fusion Policy Advisory Committee, FPAC）

聚变能协调委员会（Fusion Power Coordinating Committee, FPCC）

聚变 - 裂变混合堆（Fusion–fission hybrid）

聚变政策声明（Fusion policy statement）

聚变系统（Fusion systems）

聚变之火（Fusion torch）

G

通用原子公司（General Atomics, GA）

戈德斯顿定标律（Goldston Scaling）

H

哈利特 - 百夫长（Halite–Centurion）

高平均功率激光器（High-Average Power Laser, HAPL）

重离子聚变（Heavy Ion Fusion, HIF）

高能量密度实验室物理（High-Energy-Density Laboratory Physics, HEDLP）

黑腔（Hohlraum）

流体动力学（Hydro）

氢（Hydrogen）

氢弹（Hydrogen bomb）

I

创新约束概念（Innovative Confinement Concepts, ICC）

惯性约束聚变（Inertial Confinement Fusion, ICF）

惯性约束聚变咨询委员会（Inertial Confinement Fusion Advisory Committee, ICFAC）

惯性静电约束（Inertial Electrostatic Confinement, IEC）

惯性聚变能（Inertial Fusion Energy, IFE）

点火（Ignition）

间接驱动（Indirect drive）

工业参与（Industrial participation）

开发聚变能源工业-政府研讨会（Industry-Government Seminar on Fusion Energy Development）

惯性约束（Inertial confinement）

惯性聚变能研讨会（Inertial fusion energy workshop）

不稳定性（Instabilities）

国际原子能机构（International Atomic Energy Agency, IAEA）

国际合作（International collaboration）

国际聚变研究理事会（International Fusion Research Council, IFRC）

国际热核实验反应堆（International Thermonuclear Experimental Reactor, ITER）

国际托卡马克反应堆（International Tokamak Reactor, INTOR）

离子束（Ion beam）

ITER 理事会（ITER Council）

ITER 工业理事会（ITER Industry Council, IIC）

J

杰森小组（JASONS）

（参众两院）原子能联合委员会 [Joint（House–Senate）Committee on Atomic Energy，JCAE]

欧洲联合环（Joint European Torus, JET）

JT-60 装置（JT-60）

K

扭曲不稳定（Kink instability）

KMS 公司（KMS）

诺泰克小组（Knotec panel）

氟化氪（Krypton fluoride）

韩国超导托卡马克先进研究（Korea Superconducting Tokamak Advanced Research, KSTAR）

L

实验室微聚变装置（Laboratory Microfusion Facility, LMF）

大型螺旋装置（Large Helical Device, LHD）

激光（Laser）

激光聚变（Laser fusion）

劳森判据（Lawson Criterion）

劳森积（Lawson Product）

领导力奖（Leadership Awards）

悬浮偶极（Levitated dipole）

线性箍缩（Linear pinch）

锂（Lithium）

劳伦斯·伯克利国家实验室（Lawrence Berkeley National Laboratory, LBNL）

劳伦斯·利弗莫尔国家实验室（Lawrence Livermore National Laboratory, LLNL）

洛斯·阿拉莫斯国家实验室（Los Alamos National Laboratory, LANL）

M

磁瓶（Magnetic bottles）

磁聚变能（Magnetic Fusion Energy, MFE）

磁聚变能源工程法（Magnetic Fusion Energy Engineering Act）

磁聚变项目计划（Magnetic Fusion Program Plan）

磁镜（Magnetic mirror）

磁化套筒惯性聚变（Magnetized Liner Inertial Fusion, MAGLIF）

磁化靶聚变（Magnetized target fusion, MTF）

磁惯性聚变（Magneto-Inertial Fusion, MIF）

维护（Maintenance）

市场（Marketplace）

麻省理工学院（Massachusetts Institute of Technology, MIT）

材料（Materials）

兆高斯磁场（Megagauss magnetic fields）

磁聚变咨询委员会（Magnetic Fusion Advisory Committee, MFAC）

磁镜聚变测试装置（Mirror Fusion Test Facility, MFTF）

MFTF-B 装置（MFTF-B，MFTF 的改进装置）

任务/使命（Mission）

微软全国广播公司（MSNBC）

N

国家中心（National center）

国家能源政策发展小组（National Energy Policy Development Group, NEPDG）

国家能源战略（National energy strategy）

国家点火装置（National Ignition Facility, NIF）

国家核安全管理局（National Nuclear Safety Administration, NNSA）

国家资源保护委员会（National Resources Defense Council, NRDC）

天然气（Natural gas）

中性束（Neutral beam）

国家球形环实验（National Spherical Torus eXperiment, NSTX）

纽约大学（New York University）

Nova 激光器（Nova laser）

核武器（Nuclear weapons）

O

聚变能办公室（Office of Fusion Energy, OFE）

聚变能科学办公室（Office of Fusion Energy Sciences, OFES）

管理和预算办公室（Office of Management and Budget, OMB）

OHTE 装置（OHTE）

石油（Oil）

OMEGA 激光器（OMEGA Laser）

橡树岭托卡马克（Oak Ridge Tokamak, ORMAK）

橡树岭国家实验室（Oak Ridge National Laboratory, ORNL）

科技政策办公室（Office of Science and Technology, OSTP）

P

并行机方案（Parallel Machine Scenario）

聚变能之路（Pathways to Fusion Power）

总统科学技术顾问委员会（President's Council of Advisors on Science and Technology, PCAST）

或许器（Perhapsatron）

面向等离子体组件（Plasma-Facing Components, PFC）

物理试验反应堆（Physics Test Reactor）

试验厂（Pilot plant）

箍缩（Pinch）

箍缩效应（Pinch effect）

计划（Plan）

规划（Planning）

等离子体（Plasma）

普林斯顿等离子体物理实验室（Princeton Plasma Physics Laboratory, PPPL）

普林斯顿大圆环（Princeton Large Torus, PLT）

极直接驱动（Polar direct drive）

政治（Politics）

优先事项（Priorities）

进展（Progress）

舍伍德计划（Project Sherwood）

承诺（Promise）

脉冲功率（Pulsed power）

Q

Q值增强（Q enhancement）

R

放射性废料（Radioactive waste）

放射性（Radioactivity）

里根-戈尔巴乔夫峰会（Reagan–Gorbachev summit meeting）

远程操作（Remote handling）

可再生能源（Renewables）

再处理（Reprocessing）

路线图（Roadmap）

S

"腊肠"不稳定（Sausage instability）

科学可行性（Scientific feasibility）

斯库拉装置（Scylla）

斯库拉克装置（Scyllac）

能源部长咨询委员会（Secretary of Energy Advisory Board, SEAB）

SEAB 核聚变工作小组（SEAB fusion task force）

安全（Security）

磁聚变能环境、安全和经济高级委员会（Senior Committee on Environmental, Safety, and Economic Aspects of Magnetic Fusion Energy, ESECOM）

太阳能（Solar energy）

特别奖（Special Awards）

球型马克（Spheromak）

衍生品（Spinoffs）

超导超级对撞机（Superconducting Super Collider, SSC）

分段 θ 箍缩（Staged theta pinch）

常设委员会（Standing Committee）

用于聚变研究的托卡马克系统的现状和目标（Status and Objectives of Tokamak Systems for Fusion Research）

仿星器（Stellarator）

战略（Strategy）

强力管理（Strong management）

供需（Supply and demand）

系统（Systems）

系统工程（Systems engineering）

T

T-3 托卡马克（T-3 Tokamak）

得克萨斯州原子能研究基金会（Texas Atomic Energy Research Foundation, TAERF）

托卡马克聚变核心实验装置（Tokamak Fusion Core eXperiment, TFCX）

串联磁镜（Tandem mirror）

技术规划活动（Technical planning activity, TPA）

托卡马克聚变试验反应堆（Tokamak Fusion Test Reactor, TFTR）

热屏障（Thermal barriers）

θ-箍缩（Theta pinch）

三里岛（Three Mile Island）

托卡马克（Tokamak）

托卡马克物理实验（Tokamak Physics Experiment, TPX）

托卡马克物理试验反应堆（Tokamak Physics Test Reactor）

托勒·斯普拉托卡马克（Tore Supra）

环形箍缩（Toroidal pinch）

氚（Tritium）

氚核（Tritons）

三谷保护会（Tri-Valley Cares）

U

马里兰大学（University of Maryland）

聚变的实用性要求（Utility requirements for fusion）

UWMAK 装置（UWMAK）

V

真空（Vacuum）

W

华盛顿邮报（Washington Post）

废料（Waste）

武器（Weapons）

湿木燃烧器（Wet wood burner）

风（Wind）

人力开发（Workforce development）

X

磁镜 2X-II（2X-II）

Z

泽塔（Zeta）

Z-箍缩（Z-pinch）

译后记

《追寻终极能源——美国聚变能计划的历史》一书的翻译工作终于落下帷幕，此刻的心情难以言表。在美国激光惯性约束聚变研究连续实现多次点火，聚变能源研究重新作为焦点受到关注之际，我们将这部关于聚变能研究历史的著作引入并与广大读者分享，无疑是一件非常开心的事。

聚变能，被誉为能源的圣杯——"终极能源"，自20世纪50年代初聚变首次以氢弹的形式在地球上释放巨大能量以来，科学家们梦寐以求的就是如何将这种巨大的不可控能量转变为可控能源造福人类。然而将聚变能转化为可控、可持续的能源形式，却蕴含了无数的艰辛和挫折，这不仅仅是因为在实现商业聚变能这条道路上存在着众多技术攻关瓶颈，还存在诸如政治博弈、政策倾向、资金支持等诸多因素的影响。

而《追寻终极能源——美国聚变能计划的历史》这本书不仅详细记录了美国聚变能计划的历史，即从20世纪50年代的初步探索，到60年代的兴起，再到80年代的曲折发展，直至21世纪初的国际合作与新的挑战；更是对每一段历史所蕴含的影响聚变能发展趋势的诸多要素的详细剖析。作者史蒂芬·迪恩博士作为美国聚变能源历史发展的见证者，不但创建了助推聚变能源技术发展的聚变能协会，更是以深厚的学术知识和丰富的亲身阅历，以文字将聚变能的过往记录下来。阅读着这些娓娓道来的故事，我们仿佛又置身于了那个充满激情与梦想的时代。

在翻译过程中，我们也深刻感受到了迪恩博士对聚变事业的热爱与执着，他的这份情感深深感染了我们，使我们也对自身所从事事业再添敬意，对聚变能源的未来充满信心。当然翻译中我们也遇到了许多挑战。由于聚变能科学涉及许多专业术语和技术，如何准确、恰当、忠实地呈现作者的本意，如何确保翻译的准确性、专业性，如何让译文以符合中文表述的形式更加流畅、易读地传递给读者，这些都是我们面临的问题。所幸，在各位领导、同仁的支持和帮助下，这些都得以有效解决。

此外，本书的翻译工作得到了中国工程物理研究院惯约实施管理中心和激光聚变研究中心领导的大力支持，对此我们深表谢意。我们特别感谢激光聚变研究中心科技处谢旭飞副处长，他不但对本工作给予了大力支持，并且在百忙之中为我们组织了一支专业技术过硬的审校团队。同时，我们也对我们专业、敬业、细致的审校团队各位成员——助理研究员孙奥、刘耀远、邓克立、孙亮，副研究员刘祥明、陈伯伦、李丽灵，研究员尚万里——致以最诚挚的谢意，正是他们的辛勤付出与专业审校确保了本书的专业性和准确性。最后，对激光聚变研究中心周维民、粟敬钦、王丽雄在本书翻译出版过程中给予的无私帮助，以及西南交通大学出版社付出的辛勤工作表示感谢。

由于译者水平所限，书中存在的不妥之处，恳请读者批评指正。

程　功

2024 年于绵阳科学城